新能源与发电站建设实践

金怀锋　马俊鹏　王曦明　主编

中国石化出版社

图书在版编目(CIP)数据

新能源与发电站建设实践 / 金怀锋，马俊鹏，王曦明主编. —北京：中国石化出版社，2022. 12
ISBN 978-7-5114-6919-9

Ⅰ. ①新… Ⅱ. ①金… ②马… ③王… Ⅲ. ①新能源-发电站-建设 Ⅳ. ①TM61

中国版本图书馆 CIP 数据核字(2022)第 255696 号

中国石化出版社出版发行
地址:北京市东城区安定门外大街 58 号
邮编:100011 电话:(010)57512500
发行部电话:(010)57512575
http://www. sinopec-press. com
E-mail:press@ sinopec. com
北京柏力行彩印有限公司印刷
全国各地新华书店经销
*
787×1092 毫米 16 开本 12. 75 印张 314 千字
2022 年 12 月第 1 版 2022 年 12 月第 1 次印刷
定价:128. 00 元

《新能源与发电站建设实践》
编　委　会

主　编　金怀锋　云南省能源投资集团有限公司

马俊鹏　宁夏回族自治区电力设计院有限公司

王曦明　中国电建集团海南电力设计研究院有限公司

副主编　杨贵斌　四川省能投美姑新能源开发有限公司

苟　华　中国水利水电第九工程局有限公司

编　委　王安华　广西国能能源发展有限公司

邢　丹　国能大渡河流域水电开发有限公司

刘伏云　湛江市珠江电力设备安装有限公司

郝源飞　中国水利水电第一工程局有限公司

杨明新　深圳市市政工程质量安全监督总站

施　磊　中国三峡上海勘测设计研究院有限公司

前言

preface

2020年9月，习近平总书记作出碳达峰、碳中和重大宣示，12月又明确提出到2030年我国非化石能源占一次能源消费比重达到25%左右，风电、太阳能发电总装机容量达到12亿千瓦以上。2021年12月，习近平总书记在中央经济工作会议上强调传统能源逐步退出要建立在新能源安全可靠的替代基础上。2022年1月，习近平总书记在中央政治局第三十六次集体学习中明确提出，要加大力度规划建设以大型风光电基地为基础、以其周边清洁高效先进节能的煤电为支撑、以稳定安全可靠的特高压输变电线路为载体的新能源供给消纳体系。习近平总书记的重要讲话和指示为新时代新能源发展提出了新的更高要求，提供了根本遵循。

在当前全球气候变化问题日益趋紧，世界主要经济体均已积极参与加快碳中和工业化进程的重要背景下，减少非化石能源消费的比重，降低中国对海外能源的依赖性，降低单位GDP的二氧化碳排放量，大力发展新能源，实施能源替代，已经逐渐成为我国在保障能源安全，实现“碳达峰、碳中和”目标任务的一种必然选择。大力发展新能源、建设新能源发电站，已经被视为推动我国加快生态文明建设、保障能源安全的一个必然选择。

本书共分为五章，首先阐述了水电站土建项目设计与施工的基础知识和施工要点，然后对混凝土浇筑施工仿真系统的原理和建模进行重点介绍，最后以老挝色拉龙一级水电站、钦州市钦南区民海300MWp光伏发电平价上网项目、中卫麦垛山200MW风电项目三个工程实践为例，分别对水能发电、光能发电和风能发电站的具体设计或施工进行探讨。本书可供能源及动力类相关专业学生及从事能源工程及新能源开发利用领域的工程技术人员参考。

在编写过程中，参阅了部分同行专家编著的资料，引用了相关工程案例进行分析，在此致以诚挚的谢意！

由于编者水平有限，不足之处，敬请读者指正并提出宝贵意见。

目 录
contents

第一章　水电站土建项目设计与施工

作为水电站的电能输出部分，厂房的重要性显而易见，由于其结构复杂，板梁结构多，厂房的施工有很高的难度。水电站厂房的施工过程中有以下几个特点：

（1）地基开挖较深，施工道路布置及基坑排水困难。

（2）模板形状复杂，工作量大，制作及安装精度要求高、工期长，对厂房施工进度有较大的影响。

（3）许多部位结构断面尺寸小、钢筋密、埋件多，吊罐不能直接入仓，浇筑设备的综合生产能力约为大坝混凝土的50%~70%。

（4）结构形状复杂，孔洞多；某些部位为厚截面大跨度框架结构，要求大量的模板支承或高精度的混凝土预制构件；厂房混凝土品种多、标号高、水泥用量多，温度控制要求比较严。

（5）一期混凝土中的机电埋件较多，仓面准备与埋件安装往往采取平行作业；二期混凝土部位钢筋较密，场地狭窄，工序复杂，施工干扰突出。

（6）过流面混凝土、厂房二期混凝土和闸门槽二期混凝土等施工精度和平整度要求高。

（7）金属结构与机电埋件的安装精度要求较高。

（8）设有宽槽、灌浆缝和封闭块时，必须妥善安排进度，以保证块体冷却和混凝土回填时间，否则将影响工期。

第一节　水电站厂房施工技术与原则

一、水电站厂房施工的分层分块

（一）分层分块原则

水电站厂房通常以发电机层为界，分为下部结构和上部结构。下部结构大多数是大体积混凝土，有尾水管、锥管、蜗壳等大的孔洞；上部结构，中小型厂房由一般钢筋混凝土板、柱、梁、屋架等轻型结构组成，大型厂房由钢筋密集的大尺寸混凝土墙、板、柱、梁和屋架等组成。

水电站厂房下部结构尺寸大、孔洞多、受力条件复杂，必须分层分块进行浇筑。合理的分层分块是削减温度应力、防止或减少混凝土裂缝、保证混凝土施工质量和结构整体性的重要措施。

分层分块原则为：

（1）根据结构特点、形状及应力情况进行分层分块，避免在应力集中、结构薄弱部位分缝。

（2）采用错缝分块时，必须采取措施防止竖直施工缝张开后向上向下继续延伸。

（3）分层厚度应根据结构特点和温度控制要求确定。基础约束区一般为1～2m，约束区以上可适当加厚；墩墙侧面可以散热，分层也可厚些。

（4）应根据混凝土的浇筑能力和温度控制要求确定分块面积的大小。块体的长宽比不宜过大，一般以小于2.5∶1为宜。

（5）分层分块均应考虑施工方便。例如在钢蜗壳下1m左右要分层，便于钢蜗壳安装；又如弯管底板的分缝，要考虑弯管模板的安装。

（6）对于可能预见到产生裂缝的薄弱部位，应布置防裂钢筋。

二、厂房下部结构的分层分块

厂房下部结构分层分块可采用通仓、错缝、预留宽槽、封闭块和灌浆缝等形式：

（1）采用通仓施工可以加快进度，有利于结构的整体性。当厂房尺寸小，又可安排在低温季节浇筑时，采用分层通仓浇筑最为有利。对于中型厂房，其顺水流方向的尺寸在25m以下，低温季节虽不能浇筑完毕，但有一定的温度控制手段时，也可采用这种形式。

（2）大型电站厂房下部结构的尺寸较大，多采用错缝分块。错缝搭接范围内的水平施工缝允许有一定的变形，以解除或减少两端的约束而减少块体的温度应力。在温度和收缩应力作用下，竖直施工缝往往脱开。错缝分块的施工程序对进度有一定影响。采用错缝分块时，相邻块要均匀上升，以免垂直收缩量的不均匀在搭接处引起竖向裂缝。当采用台阶缝施工时，相邻块高差（各台阶总高差）一般不得超过4～5m。

（3）对于大型厂房，为加快施工进度，减少施工干扰，可在某些部位设置宽槽。如葛洲坝二江厂房的进口底板以下，在进口段与主机段之间，顺坝轴线方向预留了宽槽；大江厂房进口段与主机段之间蜗壳顶板以下、排沙孔底板以上也留有一条宽槽。宽槽的宽度一般为1.0m左右。

（4）水电站大型厂房中的框架结构由于顶板跨度大或墩体刚度大，施工期出现显著温度变化时对结构产生较大的温度应力。当采用一般大体积混凝土温度控制措施仍然不能妥善解决时，还需增加“封闭块”的措施，即在框架顶板上预留“封闭块”。待水化热散发和混凝土体积变形基本结束后，选择适当的时间予以回填，如三门峡、丹江口、潘家口、葛洲坝、刘家峡和石泉等水电站厂房均采用这种方法。

第二节　水电站厂房施工程序与进度

一、综合进度计划

影响厂房混凝土施工进度的因素很多，有基础填塘、立模、绑扎钢筋、埋件、金属结构及机组安装和混凝土浇筑等。根据厂房布置特点、分缝分块和工程量大小，上述各工序及其工期安排，一般要求如下：

（1）基础填塘：填塘混凝土按设计要求安排。

（2）弯管段和扩散段底板：基岩约束区，一般浇筑层厚为1～2m，每层工期为7～14d，应尽力做到短间歇连续上升。

（3）尾水弯管段：弯管整体模板安装工期可按16~60d考虑。基岩约束区浇筑层厚2m左右，其他层厚为3~4m。每层平均工期10~30d，各层的间歇期及封闭块的回填时间按设计要求安排。

（4）尾水管扩散段：扩散段墩墙模板工期7~10d，分一层或几层浇筑，每层工期7d左右。如采用"T"形梁作为顶板支承模板，须待墩顶混凝土达到一定强度后（一般7d以上龄期），再架设"T"形梁，浇筑梁混凝土并达到设计要求强度后，方可浇筑上层混凝土。如顶板采用常规方法浇筑，需增加立模时间10~15d。顶板如有封闭块，其混凝土回填时间应满足设计要求。中墩头部金属护面安装工期3~5d。

（5）蜗壳侧墙：钢蜗壳侧墙分层厚3~5m，混凝土蜗壳侧墙分层厚2~4m，每层工期10~15d。钢蜗壳上游墙下面的输水钢管管节的安装工期3~8d。

（6）厂房上下游墙：厂房上下游墙分重型和轻型结构两种。重型结构上下游墙在吊车梁牛腿部位，作为一层浇筑。其他各层高度3~5m，牛腿以上至屋顶以下一般为一层。每层平均工期10~15d。牛腿混凝土达设计强度后才允许承重。轻型结构的柱和墙的施工工期比重型结构施工工期短。

（7）厂房屋顶：轻型结构施工比较简单，每台机组工期为20~30d。重型结构施工比较复杂，工序较多，工期为30~70d。重型屋顶的承重模板应专门设计。

（8）二期混凝土：一般分为5~8个浇筑层，与机组埋件安装穿插进行。混凝土的施工时间可考虑1~3个月（不包括座环和蜗壳安装等）。

（9）机组安装：后期各机组的安装可彼此相隔1.5~2个月，机组充水试运时间一般为0.5~1.5个月。

（10）厂用桥吊、安装间、操作大楼和开关站的施工进度：厂用桥吊的安装时间，视桥吊大小和安装技术条件而定。大中型电站厂房桥吊安装时间一般为1~2.5个月（包括调试时间）。桥吊交付使用时间应满足机组部件拼装或安装的要求，最好在安装第一台机组座环、蜗壳以前。安装间要求在桥吊安装前一个月完成屋顶和桥吊轨道，机组组装前交付使用。与首批机组发电有关的副厂房及中央控制室，最好与二期混凝土同时完成。中央控制室及厂内电气设备安装约需3~6个月，设备调度2~3个月。专用的操作大楼土建工期需6~12个月。开关站工程的土建应提前安排，场地回填应考虑填方沉陷稳定时间。与首批机组发电有关的设备基础构架土建工期一般需要2~5个月。设备的安装调试应在第一台机组发电前1~2个月全部完成。主副厂房的通风防潮设施和内部装修，与首批机组发电有关部位，原则上应在机组安装前完成，尽量避免土建和安装平行作业相互干扰而影响工期。

二、加快水电站厂房施工的措施

（1）合理规划布置，采用先进施工方法，因地制宜选择最优方案。

（2）在满足设计要求的前提下，采用大仓面、高块浇筑。采用设置封闭块的方案，可简化温控措施。力争在一个低温季节期间完成厂房下部混凝土的施工。

（3）做好各种模板特别是尾水模板的设计、制作等前期准备工作。尽量采用混凝土预制构件，如"T"形梁作框架顶板和钢筋混凝土吊车梁等。采用钢筋整体安装、模板组装，减少现场扎筋、立模时间。

(4) 为减少某些特殊部位混凝土的温度应力，除降低浇筑温度外，还可以采取通水冷却及其他措施，尽量避免或减少采用宽槽和接缝灌浆的结构。

(5) 厂房屋顶施工控制机组安装进度，应尽量采用大跨度预制钢筋混凝土预应力屋架或钢屋架梁，屋面应采用预制钢筋混凝土面板等。

(6) 在安装间屋顶封顶之前，应充分利用外部的场地和设备使桥吊能吊入就位安装，以加快施工进度。

第三节　二期混凝土施工

为了机电埋件安装和加快土建施工，通常把埋件周围的混凝土划分为两期施工。二期混凝土施工有如下特点：要求与机电埋件安装密切配合，施工面狭小，互相干扰大；有些特殊部位，如混凝土蜗壳内圈的导水叶、钢蜗壳与座环相连的阴角处、基础螺栓孔等部位回填的混凝土，承受荷载大，质量要求高，但这些部位仓面小、钢筋密、进料条件差、振捣困难；钢蜗壳上部有弹性垫层，对在该垫层上部的模板、钢筋施工带来一定困难。

水电站厂房的二期混凝土主要有以下部位：

1. 锥管里衬二期混凝土

该部位用锥管里衬作为模板，为防止里衬变形，可在里衬内侧布置杵架或加设拉杆、支撑加固。锥管里衬底部与一期混凝土之间留有20cm左右空间须立模板，应采用韧性材料作模板，使里衬下口与弯管段混凝土上口衔接平整。为防止里衬二期混凝土产生不规则裂缝，在二期混凝土内设径向引缝片。里衬分层浇筑，引缝片应错开布置。

2. 转轮室二期混凝土

一般应考虑设径向引缝片，且上下浇筑层的引缝片应适当错开布置。浇筑层高度一般不超过3m，若固定导水叶地脚螺栓的水平孔通至仓内，分层面应低于水平螺栓孔下20~30cm，以利水平螺栓施工。混凝土通过钢衬顶部预留孔下料入仓。浇筑过程中应随时观测转轮室环体的水平和垂直位移，若位移超出允许范围应停止浇筑并采取补救措施。

3. 座环二期混凝土

座环承受机组大部分垂直荷载，座环下部的二期混凝土必须确保质量，特别是座环的底环与混凝土的结合要严实。对于整体型座环，常通过底环上进料孔进料，也可通过座环侧面模板上开口进料。对于大尺寸组合型座环，往往无底环，垂直荷载靠每一个固定导水叶传至基础。为使每一个固定导水叶基础板下的二期混凝土浇好，常将该部位的二期混凝土与座环其余混凝土分开浇筑。

4. 钢蜗壳二期混凝土

一般分为两层施工，从蜗壳大断面处向小断面处渐进浇筑。钢蜗壳与座环相连的阴角处是浇筑较困难的部位，可预先在座环上和钢蜗壳上开孔进料。

5. 钢筋混凝土蜗壳二期混凝土

由于蜗壳顶板内圈支承在座环的顶环上，只有待座环安装完毕后才能浇筑蜗壳顶板。

蜗壳顶板的底模必须坚固可靠、梁系简单便于装拆，为使座环不因浇筑而变形，底模应单独构成其承重体系，不能支承在座环上，并预先留出模板沉降的下沉量。由于蜗壳顶板面积大、形状特殊、厚薄不均，容易产生裂缝，应做好分层分块和温度控制设计。止水系统的施工质量应高度重视。一般采取对称浇筑，均匀下料，薄层上升。直径较大的组合型座环的顶环整体性差，可先浇筑上锥体混凝土，达到一定强度后再浇筑上层混凝土。

6. 发电机机墩二期混凝土

机墩为圆环形结构，模板采用一次或两次架立需要考虑模板的整体稳定；定子地脚螺栓孔模板应便于拆除与清渣；通风槽等底面积较大的模板要考虑浇筑时的上浮力。由于钢筋和埋件较多，钢筋网宜增加焊固点，且埋件露出面应牢固地固定在模板上。混凝土经溜筒和滑槽入仓，采用薄层浇筑，避免用台阶法浇筑。

7. 特殊部位的二期混凝土

对于钢蜗壳、基础环、座环、转轮室衬板和基础钢板等二期混凝土浇筑不易密实和易脱空的部位，宜预先埋设灌浆管路系统或钻孔灌浆系统，在混凝土浇筑后进行灌浆。第一次灌浆后，再用敲击法检查，若仍有脱空现象，还要布置钻孔补灌。灌浆压力必须严格控制，以防埋件变形(灌浆前要保留原有的支撑)。

第四节　水电站厂房混凝土温度控制

水电站厂房基础部位混凝土属大体积混凝土，而厂房内孔洞多，板、墩、墙的外露面积大，有利于散热但不利于防裂。这些不利的结构形状，使厂房混凝土控制较坝体更为复杂。如尾水管底板浇筑在基岩上，其表面在施工期暴露于空气中，运转期处于水下，温度应力较坝体正常浇筑块为大。尾水管顶板浇筑后，尾水管就成为大截面的框架结构，施工期的温度应力状态复杂。钢筋混凝土蜗壳基本上不受基岩的约束，但由于结构形状复杂，边墙的水平温度应力和顶板的环向温度应力仍相当大，极易在边墙发生垂直裂缝、在顶板发生辐射状裂缝等。

一、水电站厂房混凝土温度控制

(一) 厂房建筑物结构特点

水电站厂房基础部位混凝土属大体积混凝土，而厂房内孔洞多，板、墩、墙的外露面积大，有利于散热但不利于防裂。这些不利的结构形状，使厂房混凝土控制较坝体更为复杂。如尾水管底板浇筑在基岩上，其表面在施工期暴露于空气中，运转期处于水下，温度应力较坝体正常浇筑块为大。尾水管顶板浇筑后，尾水管就成为大截面的框架结构，施工期的温度应力状态复杂。钢筋混凝土蜗壳基本上不受基岩的约束，但由于结构形状复杂，边墙的水平温度应力和顶板的环向温度应力仍相当大，极易在边墙发生垂直裂缝、在顶板发生辐射状裂缝等。

(二) 厂房下部混凝土温度控制

(1) 基础温差、上下层温差及表面保护等，采用《混凝土重力坝设计规范》(NB/T

35026—2014）中的有关规定。为便于施工，可按当地的气温条件提出各月或各季浇筑块体的允许最高温度。

（2）对于浇筑在基岩上的薄板结构，当结构物的高宽比小于0.5时，其基础允许温差应较规范规定加严控制。

（3）在混凝土施工过程中遇到气温骤降时，应加强表面保护、孔洞形成后在低温季节应封闭孔口防止空气对流。

（4）在结构设计中，可采取一些措施以加强混凝土的抗裂能力和削减施工期温度应力，如尾水管扩散段底板采用分离式底板，顶板采用倒"T"形预制钢筋混凝土梁。河床式电站厂房采用钢筋混凝土蜗壳，除了应合理分层分块和注意浇筑程序之外，结构设计中应考虑其温度应力，在边墙中增加水平钢筋，在顶板中增加环向钢筋。

（5）对于稳定温度，基础温差应采用准稳定温度作为标准，大中型厂房设计和施工控制中常用施工期最低温度代替运转期的准稳定温度。在寒冷地区应采取有效的保温措施，如封闭孔洞空腔防止空气对流和加温等，使块体施工期的最低温度不低于运转期的准稳定温度。

（三）厂房大截面框架结构的温度控制

（1）可设封闭块来改善施工期温度应力，封闭块可设在跨中，也可设在边墩上。当设封闭块时，要合理选择封闭季节和满足顶板必要的间歇期的要求，通常封闭温度以略低于介质多年平均温度为好。一般情况下，施工期的温度应力主要受温降产生的收缩应力控制，所以常于高温季节预留封闭块位置。

（2）框架顶板整体浇筑时应采用各种措施降低最高温度，如加冰和预冷骨料、降低混凝土入仓温度、减薄浇筑层厚度、选择低温季节浇筑等。

（3）顶板底层铺设混凝土预制梁作为结构的一部分，既可代替模板，又可减少水泥水化热温升高，有助于减少温度应力。

（4）结构表面保护和封堵孔口：防止混凝土受寒潮的袭击和避免框架结构在施工期的超冷。

（5）采用低热水泥或低热微膨胀水泥，减少水泥用量。

（6）配置温度钢筋：一般来说，施工期的温度应力单靠配筋措施来解决是不经济的，只宜在个别情况下对局部断面采用。

第五节　水轮机发电机组安装

一、安装间的布置及要求

水轮发电机组设备的组装，绝大部分在主厂房安装间内进行。

（一）安装间的布置形式

安装间的布置形式有：安装间在厂房的一端；安装间在厂房的中间，机组分别布置在其两侧；安装间由两部分组成，称为主、副安装间，副安装间常在与主厂房相毗邻的副厂房内。

（二）厂房安装间的布置要求

安装间面积应保证水轮机转轮、发电机转子、发电机上下机架等同时进行组装工作。对于发电机定子在现场装配的水电站，还应考虑定子在安装间叠片组装、整体下线的施工场地。主安装间的平面布置，应使其沿厂房轴线方向的长度大于宽度，以提高安装场地的面积使用率。

安装间应尽可能置于厂房起重设备主、副吊钩的起吊范围以内，且吊钩范围内的面积应占安装间总面积的80%以上，因此，安装间在厂房两端的布置形式要比在厂房一端的优越。安装间地面高程应满足吊装发电机转子或变压器吊罩、吊芯的要求。

安装间应与进厂公路、铁路或运输洞相连，满足机组设备运进厂房的需要。进厂公路、铁路亦应处于起重设备吊钩的起吊范围内。安装间应有施工用水、用风和施工用电系统和消防用具。其通风、采暖、照明应满足一般施工要求。

二、水轮机组一般安装程序

水轮发电机组的安装程序随土建进度、设备结构及场地布置的不同而变化，实施中，应尽量考虑与土建施工合理配合。水轮机和发电机安装通常都采用平行交叉作业，充分利用已有场地及施工设备，进行大件预组装，然后把预装好的大件按顺序分别吊入机坑进行总装，以缩短工期。

第二章　混凝土浇筑施工仿真系统

第一节　系统仿真基本原理

一、系统模拟的概念

系统模拟是指通过系统模型间接地研究真实系统的过程。系统模型建立起来后，在人为控制的条件下，通过改变特定参数，观察和研究模型的情况，以预测系统在真实环境下的特性、规律、作用、效率等。这是组建系统的必经过程，也是系统研究的重要手段。根据系统模型和系统真实情况相似关系的特点，通常把模拟分为物理模拟和数学模拟两大类。物理模拟是以系统模型和真实系统之间物理相似或几何相似为基础的一种模拟方法。数学模拟是以系统模型和真实系统之间在数学形式相似的基础上进行的一种模拟方法。电子计算机发展起来之后，系统工程中数学模拟方法的应用变得更为广泛，并成为主要的模拟方法。

按照系统状态的变化与时间的关系，可将系统分为连续系统和离散系统。连续系统是指系统状态随时间呈连续性的变化；离散系统是指系统状态仅在离散的时间点上发生跳跃性的变化。模拟技术应用到这两类系统中就产生连续系统模拟和离散系统模拟。

对于厂房混凝土施工系统模拟，着重研究的是各个时间点上的厂房各浇筑块高程、浇筑状态和各台机械在各时间点上的状态(浇筑强度、利用率)、服务对象、累积浇筑方量等。在施工过程中的某一随机时刻会产生影响整个系统变化的事件驱动，而这些事件驱动会带动厂房各实体属性的变化，这些内容所反映的变量都随时间呈非连续、跳跃性的变化，因此可以将厂房混凝土浇筑系统作为离散事件系统进行模拟研究。

二、离散事件系统的要素

离散事件中的实体是指一个系统边界内部的对象，如厂房浇筑块、施工机械等，主导实体是指其状态的改变会直接影响到整个系统状态的实体。离散事件系统的属性是指系统内实体的特性。系统状态是指在不同时间点上对系统实体、属性的描述。系统活动是指导致系统状态发生变化的过程。系统事件是指系统状态发生变化的瞬间事变，如系统实体属性值的改变、实体状态的变化、一项活动的开始或结束等。系统时钟是指在模拟进行中，用来跟踪模拟时间当前值，并把模拟时间从一个值推进到下一个值的变量。时钟有总时钟和子时钟之分，采用面向事件的模拟机制时，需要对模拟系统设置一个总时钟和对每个实体设置一个子时钟；采用面向时间的模拟机制时，则只需设置一个系统总时钟。

三、模拟时钟推进方法

离散系统在离散的时刻点上会发生状态上的突变，在这类系统的模拟中，并不需要详细描述两个离散时刻之间所发生的细节，只需要知道各个事件的发生时间并按事件发生的顺序描述各时间点上的系统状态，即可掌握系统的动态变化过程。模拟时钟推进方法有下次事件时间推进法和固定增量时间推进法(时间步长法)两种。

(1) 下次事件时间推进法：在模拟过程中每一事件发生时即确定下一个事件发生的时间，同时模拟时钟推进到最临近的将来事件(第一个事件)发生的时间，系统状态发生变化。此时，在系统状态改变的时间点上，第一个事件成为事实，根据此事件又计算出下一个事件发生的时间，模拟时钟继续推进，系统状态继续改变。

(2) 固定增量时间推进法：首先确定模拟时钟每次推进的时钟步长 Δt，时钟每次由 t 推进 Δt 到达 $t+\Delta t$ 后就检查一次是否有事件发生，若有事件发生，相应地改变系统中相关实体的状态，并认为相应事件发生在 $t+\Delta t$ 时刻。这种方法视时钟步长 Δt 的大小可能会使模拟的信息不很准确或丢失一些发生在 $t\sim t+\Delta t$ 时段内的信息。但随着计算机性能、计算速度的飞速提高，可以将模拟时钟步长取得很小，使模拟达到所要求的精度。

在厂房混凝土浇筑施工中，采用固定增量时间推进法比采用下次事件时间推进法更具有优越性。它可以使模拟过程统一在一个模拟时钟控制之下，在模拟时钟推进过程中，扫描所有浇筑块和机械，若其状态有变化则作为发生的事件记录下来。这种方法可以根据对模拟过程描绘的详细程度而设置固定时钟步长 Δt 的大小。

第二节　厂房施工仿真原理分析

水电站厂房下部为大体积混凝土，尺寸大、孔洞多、受力条件复杂，为了削减温度应力、防止或减少混凝土裂缝、保证混凝土施工质量和结构的整体性，必须在厂房浇筑过程中对其进行合理的分层分块浇筑，从而每台机组都划分成了众多混凝土浇筑块。由此厂房混凝土的浇筑过程实际上可看作是一个众多混凝土浇筑块间断、有节奏的上升过程，在这个过程里，混凝土拌和系统将骨料生产系统生产的骨料和水泥、水以及各种添加材料、掺合材料拌和形成混凝土，然后通过运输机械运至供料平台上，由浇筑机械按照设计要求对符合约束条件的浇筑块进行浇筑。水电站厂房混凝土施工过程除受到结构形式、工艺技术、组织方式及混凝土供应、浇筑设备能力和效率的影响和制约外，还受到施工过程中不确定性的自然环境因素的影响，如夏季高温影响和降雨影响，从而可以把厂房混凝土施工看作一个系统，这个系统处在一定的环境之中，具有一定的内部结构。运用随机服务系统的观点来看，可以把设计中的厂房施工系统看作一个多级服务系统，在这个多级服务系统中，各个环节子系统既可以为它的下一个环节提供服务，又可以接受上一个环节子系统的服务。

在厂房浇筑这个服务系统中，由于各个环节存在相互协调、相互影响，同时还受到施工系统所处的环境因素的影响，为此我们可以用系统模拟的方法，模拟厂房混凝土施工浇筑系统的行为，并通过模拟来了解厂房浇筑过程中各个混凝土块浇筑面貌和机械利用情况，从而为制定厂房具体浇筑进度计划、实施施工管理与控制提供科学的参考依据。

影响水电站厂房浇筑的因素众多，对厂房浇筑各个环节不分主次进行模拟是不现实的，也是没有必要的。为此，需要在系统分析的基础上对那些不影响系统状态变化或影响系统状态变化程度很小的因素进行适当的简化，对重点系统进行模型的构建，而对非重点系统进行一定的假设，简化系统之间的制约关系。在研究中，本书取厂房浇筑子系统为研究对象，重点研究厂房施工生长过程。

第三节　厂房混凝土浇筑仿真模型分析

一、系统仿真目标

对于水电站厂房混凝土施工系统而言。通过对真实系统进行实验，为了准确地获取在不同机械配置及布置方案下混凝土的浇筑强度、机械的利用率以及总体浇筑工期、阶段性指标，判断其是否能够满足整体的目标设计以及厂房机组完工发电需求。在充分满足施工组织设计目标要求的前提下，寻求机械设备配置、布置方案、经济指标综合最优，且使厂房的浇筑工期最紧凑，机械停顿最少的方案。

二、模拟机制

为了能够反映厂房浇筑过程模拟中的细节，本书采用了面向时钟的模拟机制，模拟过程以固定时钟步长向前推进。采用这种机制只需设定一个总时钟值来跟踪模拟的进程，在这里我们用有效工作时间的序数值作为时钟计数器，设我们确定的一个时钟值为 T，对于时刻 T，我们根据确定的模拟规则(由模拟对象的行为特征所决定〉预测 T 时间的一个时间增量(时间步长)Δt 内系统中各个对象活动将发生的状态变化，记录 $T+\Delta t$ 时刻各个对象活动状态的变化，则完成一个过程的模拟。如此进一步增加时间步长，我们可以了解某一个时间段内系统的行为特征。

三、厂房混凝土浇筑施工的数学逻辑模型

在进行施工组织设计时，必须充分考虑到施工及厂房运行时的温度、应力、浇筑设备能力等多方面因素的影响，因此需将厂房按一定的原则对各个机组进行分缝、分块，从而形成众多独立的浇筑块。厂房各个浇筑块的浇筑是以浇筑机械是否空闲和浇筑块是否满足相关约束条件为基础的。因此，可以看作一个服务系统。系统中的服务台(或服务员)为浇筑机械，而浇筑块为服务对象(或顾客)。本系统的实体主要包括浇筑机械和浇筑块两类实体，模拟中以机械为主要实体。故主要描述这两类实体的属性及其随时间的变化过程。

厂房混凝土浇筑施工仿真系统中我们把浇筑机械(门机、胎带机)视为“服务台”，把某一浇筑机械浇筑范围内的浇筑块视为“顾客”，则每一时段服务台选择顾客的过程即是浇筑机械选择其浇筑范围内满足约束条件的浇筑块的过程，即是浇筑机械从若干顾客中选择最优服务对象的过程。

在众多顾客排队过程中，如何为浇筑机械选择最优的浇筑顾客，要看此时各个顾客的状态属性，即各种约束条件的满足情况，如模板拆模时间、混凝土初凝时间、厂房机组优

先浇筑顺序、相邻浇筑块高差限制等，满足约束条件最佳者即可作为某一机械的当前浇筑块。

具体算法实现规则可表述如下：

1. 模拟状态变量

对于某一浇筑块浇筑高程和累计浇筑方量、某一浇筑机械工作时间和浇筑方量的计算采用上一时段累加本时段增量的方法。

2. 模拟决策变量

当前时段的浇筑机械按空闲机械工作时间最短和满足浇筑机械工作范围的原则来选择，浇筑块按最低块上升原则来选择。对于浇筑的时间约束，基础块的浇筑时间必须大于基础处理完毕时间，浇筑时间的间隔必须满足混凝土初凝约束。对于相邻块高差约束，必须满足相邻块高差小于最大正高差的限制。对于浇筑机械，遵循按指定的规则选择浇筑的筑块，同时，由于机械运行因素，厂房的上升也受到一定的约束。

四、模拟规则

系统中各个对象有各自的行为特征和运动方式，但是这些对象的运动并不是彼此无关的，实际上它们是彼此相关、互相协调、共同控制系统的行为。因此，建立模型模拟系统的行为特征需要注意的是通过研究系统中各个对象的联系和系统中每个对象的行为特征，建立系统和每个对象的活动特征约束规则。

（一）系统的行为特征模拟规则

系统的行为特征主要体现在系统中各个对象的协同作用上，其基本规则如下：

1. 服务机制规则

作为一个离散事件系统和多级服务系统，系统行为的变化必须遵守一定的服务规则，本书采用的服务规则是“先到先服务”。这里的“先到先服务”规则的含义与通常的含义有所不同，厂房本身是静态的，但我们这里把它看作一个“动态”对象，所谓“先到”是指最先满足被服务（浇筑）条件的浇筑块，其中最先满足浇筑条件包含以下内容：一是工程计划人员确定的优先上升浇筑块顺序条件；二是厂房整体均衡上升条件，即通常所说的高程最低浇筑块优先上升准则；三是浇筑块上升的约束条件，如高差限制、间歇期限制、工艺限制等。

2. 服务机构规则

一个活动的实现只能在具有服务与被服务关系的事件之间的相互作用下才能发生。因此，每一个对象具有特定的被服务对象，我们把每一个对象具有特定的被服务对象规则称为服务链规则，例如，某台机械被特定的拌和楼供料，某些浇筑块被特定的机械浇筑等；对服务对象交叉的服务台，安排实施服务的服务台顺序的规则成为服务台“出勤”规则；服务链规则和服务台“出勤”规则称为服务机构规则。这里采取的服务台“出勤”规则为先空闲的服务台最先投入服务，同时空闲的服务台，累计服务时间短的服务台优先投入服务。

3. 多服务台联合与影响规则

当存在多个服务台且多个服务台服务存在一定干扰时，模拟模型需要拟订一定的规则，消除服务台之间的干扰；当需要两个以上服务台联合服务时，也需要确定一定的联合规则。

4. 活动发生规则

厂房浇筑块上升、浇筑机械的浇筑、拌和楼的拌和等活动的发生必须遵守一定的规则，这个规则即：处于一条服务链上的所有对象都具备服务条件和被服务条件活动才能发生。

（二）浇筑机械行为特征模拟规则

浇筑机械行为特征模拟规则因机械种类不同而不同，对于厂房浇筑常用机械门机来说，应考虑到同一轨道限制到每一台门机的浇筑范围，分配门机的浇筑范围时应尽量让门机独立浇筑某台机组，避免交叉浇筑，以减少门机轨道运行冲突时产生的施工干扰。

（三）厂房浇筑块行为特征模拟规则

作为厂房混凝土浇筑模拟，厂房浇筑块行为特征模拟规则是最为主要的规则。之所以这样说主要是因为厂房浇筑块活动是服务链的最终产品，浇筑块是否具备被服务条件决定服务链的其他服务台的服务活动的发生。

厂房浇筑块行为特征模拟规则包括：

（1）高差约束规则：在模型中，高差约束主要用到最大高差约束规则和至少高差约束规则，最大高差约束是为了保证浇筑块和仓面之间混凝土结合和施工的要求，至少高差要求是模板安装和灌浆要求。

（2）时间约束规则：时间约束规则包括间歇期、初凝时间、终凝时间等约束，这些约束主要是为了保证厂房温度控制、层间结合等。

（3）工艺约束规则：一个厂房包括各种构件，它们在施工上有不同的工艺要求，浇筑块上升必须满足这些约束。

（4）面貌控制规则：厂房不同部位的浇筑要求按照不同的面貌形状上升，根据相关工程的施工组织设计，厂房各个时期的浇筑面貌应得到严格控制，以满足施工进度要求。

五、模拟流程

通过对厂房混凝土施工系统的数学逻辑模型和模拟规则进行分析，可以绘出系统模拟流程图，并确定该系统的具体实现流程：

（1）初始化浇筑机械、浇筑块和拌和系统的状态以及模拟参数。

（2）根据坝段的特点，对厂房各个机组部分进行规划，划分为若干浇筑单元。

（3）对空闲的浇筑机械和处于待浇的浇筑单元排序。机械排序的具体规则为：以最早空闲且累计浇筑时间最短的机械优先安排浇筑；浇筑单元排序的规则为最低块优先浇筑的总体原则，但对接近老混凝土的浇筑块赋予最高优先权。

（4）按照空闲机械的优先顺序和浇筑单元优先顺序，尝试确定各个机械能否对优先浇筑的单元进行浇筑，即新的浇筑单元是否具备开仓条件。

（5）若某个机械能够浇筑某浇筑单元，判断是否需要其他机械配合，且这些机械的加入是否会影响其他已浇筑单元的浇筑；如果不影响，则进入浇筑状态，否则不能开仓。

（6）重复步骤(4)、(5)直至所有空闲浇筑机械找不到可以开仓的浇筑块。

（7）改变浇筑机械和浇筑块的状态并记录开仓浇筑块的参数。

（8）模拟时钟累进，重复步骤(2)~(7)直至达到规定的时间或所有浇筑块均达到顶高程。

第四节 面向对象的建模方法

面向对象方法学的出发点和基本原则是尽可能模拟人类习惯的思维方式，使开发软件的方法与过程接近人类熟悉世界解决问题的方法与过程。面向对象方法是一种崭新的思维方法，它是把程序看作是相互协作而又彼此独立的对象的集合。由于对象的独立封装，模块的可构造性、可扩充性、可重用性也大大加强，所以使该建模方法能够胜任大规模复杂系统开发应用的要求。面向对象建模方法首先要求对现实进行合理的简化，它提供了系统的框架蓝图。一个好的模型只需抓住影响事物发展的主要矛盾，而忽略那些次要矛盾。每个系统可以从不同方面用不同的模型来描述，因而每个模型都是在语义上闭合的系统抽象。

(1) 对象。客观世界的实体或类的一个实例称为所研究问题空间的对象，在面向对象的程序设计中，对象是具有特殊属性(数据)和行为方式(方法)的实体。对象具有模块性、继承性和类比性、动态连接性、易维护性等特点。

(2) 类和类层次。类由方法和数据组成，是关于该类对象性质的描述，包括外部特性和内部实现两个方面。通过类比，发现对象间的相似性(共同属性)是构成对象类的根据。一个类不是孤立的，它的上层可以有父类，下层可以有子类，这样就形成一种层次结构，这种层次结构的重要特点是继承性。

(3) 消息和方法。消息就是通知对象去完成一个允许作用于该对象的操作的机制，方法则是指允许作用于该对象上的各种操作，即通过定义方法来说明对象的功能，对象间的相互联系是通过传递消息来完成的。

(4) 封装和继承。封装是信息隐蔽，它将对象行为实现的细节隐蔽在对象中，对对象的使用者是不可见的，继承是类中的数据和方法的共享机制，通过继承，子类可以全部具有父类(即上一层类)的属性和方法。

(5) 多态性。多态性是指同一类方法的被利用取决于对象，例如，在大坝混凝土浇筑机械生产率计算中，尽管塔带机、缆机、塔机等生产率计算方法完全不同，但是，最终反映的是生产率和塔带机、缆机、塔机等属于混凝土运输浇筑机这一特征，利用多态性，我们就可以不管我们选中的是塔带机、缆机、塔机，只要利用运输浇筑机械类的计算生产率方法就可以得到生产率。在面向对象技术中，多态性是一个很重要的概念，它与封装和继承构成了面向对象的基本特征，体现了面向对象技术的根本优点。

面向对象方法包括分析、设计、实现三个阶段。

面向对象分析是系统设计的输入，主要进行软件系统应用环境(即问题域)的分析和用户对系统需求的分析，了解问题域内该问题所涉及的对象、对象间的关系和作用(操作)。面向对象设计是设计软件的对象模型，在软件系统内设计各个对象、对象间的关系(层次关系、继承关系等)，每个对象的内部功能的实现，确立对象哪些处理能力应在哪些类中进行描述。面向对象实现是建立对象间的通信方式(如消息模式)，确定并实现系统的控制机理、界面、输出形式等。

第五节　厂房混凝土浇筑仿真系统介绍

系统主要构成包括四个模块：模型参数、模拟计算、结果统计输出、三维可视化：

（1）模型参数模块用于构建模拟模型以及对运行所必需的参数进行编辑。此模块划分为大坝形体参数、机械参数、施工控制参数三个部分。

（2）模拟计算参数模块为系统的核心模块，确认模型输入后，点击形体数据处理菜单的分块计算对坝体进行分块。然后点击模拟计算菜单的基于原始模型，输入模拟计算的开始时间和结束时间，确认后，系统开始自动计算，实现了厂房浇筑过程的模拟计算及二维同步演示。

（3）结果统计与输出模块在计算完毕后，用户可以点击工程输出菜单，按照需要输出浇筑过程的各种信息，实现对模拟计算的结果进行统计与输出，其与 Microsoft Excel 实现接口，更加方便用户使用。

（4）三维可视化模块可对周围地形、建筑物和厂房浇筑过程进行三维演示，使用户能够直观地了解大坝的上升面貌。

第三章 水电站土建项目施工实例——以老挝色拉龙一级水电站为例

第一节 综合说明

一、概述

（一）地理位置

老挝色拉龙一级水电站位于老挝中部的沙湾拿吉省色邦亨河的支流色拉龙河下游河段，色拉龙河与色邦亨河汇合处上游约10km处，距离沙湾拿吉省孟平县约42.8km，距离省会城市沙湾拿吉市约140km，距离老挝首都万象约568km。

（二）工程概况

色拉龙一级水电站的开发任务以发电为主，采用坝式开发。坝址控制流域面积2879km^2，坝址多年平均流量90.6m^3/s。水库正常蓄水位215.00m，相应库容8.81亿m^3，死水位206.00m，调节库容2.84亿m^3，具有年调节能力。枢纽工程由混凝土挡水坝、溢流坝、引水发电系统、发电厂房及开关站组成，最大坝高64.5m，额定水头46m，最大引用流量171m^3/s，电站装机容量70MW，安装2台混流式机组，年平均发电量为2.699亿kW·h，工程静态总投资9.1486亿元，总投资10.0783亿元。本工程筹建准备期16个月，主体工程施工期36个月，工程完建期2个月，总工期54个月。

（三）勘测设计过程

早在2006~2008年，日本JRC咨询公司和挪威Nor Power AS公司对色拉龙河进行了开发研究，并提出过有关前期研究成果，但项目一直未推进实施。2011~2013年间，中国多家项目业主单位经与老挝政府有关部门洽谈，取得色拉龙河部分河段开发意向许可，并委托国内有资质的咨询、设计单位对拟开发河段进行开发方案复核及优化。色拉龙河历次主要规划成果如下：

（1）2011年以前色拉龙河流域开发的前期工作成果。根据2011年以前色拉龙河流域开发的前期工作成果，色拉龙河干流上已开展前期工作的水电站有两个站址，分别距汇入色邦亨河河口约5km和127km。

2006年日本JRC及NCC公司编制完成的《色拉龙二级水电站可行性研究报告》。报告初拟二级水电站水库正常蓄水位600m，电站尾水位408m，电站利用毛水头约192m，电站装机容量48MW，年发电量为2.24亿kW·h，装机年利用小时数约4667h。

2008年5月，挪威Nor Power AS公司完成了《色拉龙水电项目勘察研究报告》。报告初选坝址位于色拉龙下游距汇入色邦亨河河口约5km处，初拟水库正常蓄水位220m，电站尾水位158m，电站利用毛水头约62m，电站装机容量100MW，年发电量2.95亿kW·h，装机年利用小时约2950h。

(2)《老挝色拉龙河流域水电开发初步规划报告》主要成果。2011年11月，中国有关咨询机构受中国葛洲坝集团国际工程有限公司业主委托，编制完成《老挝色拉龙河流域水电开发初步规划报告》(以下简称《初步规划报告》)，提出色拉龙河干流拟分三个梯级开发。

(3)《老挝色拉龙河B. lagnon以上河段水电开发规划报告》主要成果。2012年6月，云南省水利水电勘测设计研究院编制的《老挝色拉龙河B. lagnon以上河段水电开发规划报告》推荐色拉龙河分三级开发方案。

(4)《老挝色拉龙一、三级水电站考察报告》主要成果。2012年6月，云南省水利水电勘测设计研究院编制的《老挝色拉龙河B. lagnon以上河段水电开发规划报告》推荐色拉龙河分三级开发方案。

2012年11月，中国有关咨询单位对老挝色拉龙河干流进行了考察，并提出《老挝色拉龙一、三级水电站考察报告》，对色拉龙河干流最早两级开发方案、后期研究的干流三级开发的第一、第三梯级进行了复核研究，并与前期成果进行了对比分析。

(5)《老挝色拉龙河流域水电站规划阶段现场考察报告》主要成果。2012年12月，广西电力工业勘察设计研究院受中国葛洲坝集团国际工程有限公司业主委托，编制完成《老挝色拉龙河流域水电站规划阶段现场考察报告》，对《初步规划报告》提出的梯级开发方案进行复核。

(6) 2013年10月，受项目业主云南能投对外能源合作开发有限公司委托，广西电力勘测设计研究院完成了色拉龙一级水电站的预可行性研究。

(7) 2016年5月，受项目业主云南能投对外能源合作开发有限公司委托，成都勘测设计研究院有限公司完成了色拉龙一级水电站的可行性研究报告。

第二节　工程任务和建设的必要性

一、开发任务

色拉龙一级水电站为色拉龙河最下游梯级，坝址距色邦亨河口约14km，本电站拟采用坝式开发，水库具有年调节性能，在设计枯水年枯水期，电站平均发电流量超过30m³/s(水库调节后)，占坝址年平均流量的33%以上，且电站尾水直接排入下游河道，下游不会形成脱水河段。另外，根据现场踏勘及结合前期规划成果，无引水灌溉需求，河段无大型船只通航发展规划，目前仅为小型渔船及居民生产生活使用的小型船只季节性通航。

综上分析，本阶段提出色拉龙河一级水电站的开发任务为以发电为主，并促进地方经济社会发展。

二、电站建设必要性

(1) 满足当地用电需求，促进当地经济社会发展。色拉龙一级水电站位于老挝南部电网沙湾拿吉省境内，水库具有年调节性能。本工程的建设，将为当地工农业生产及居民生活每年可提供约2.699亿kW·h清洁电量，并提高当地供电保证率改善电网结构，促进当地经济社会发展，改善当地居民生产生活条件。因此建设色拉龙一级水电站有利于满足当地用电需求，并可促进当地经济社会发展。

(2) 带动当地道路及电网等基础设施建设。色拉龙河一级水电站坝址区域当地居民主要依靠林木、耕作等为生，但由于交通、电网等基础设施较落后，目前当地居民生产生活水平较低。水电站工程建设需运输大量的建设材料及设备，这将促使对当地道路进行改扩建或新建进场道路，改善当地居民的出行条件。电站配套建设送出工程，亦将推动当地电网的建设，改善当地电网结构。此外，色拉龙一级水库建成后，可带动当地渔业养殖的发展，增加当地居民收入。

因此，开发色拉龙一级水电站的水能资源，不仅将当地资源优势转化为经济优势，还可改善该地区对外交通、电网建设等基础设施条件，本电站开发建设资金的投入，将为当地群众的脱贫致富带来一个难得的机遇。

(3) 可节约一次能源消耗和保护环境。色拉龙一级水电站工程的建设，将为当地提供清洁的电能资源，减少一次能源消耗，并可减少污染物的排放，此外，项目投产后为当地提供清洁的电能资源，可减少当地传统的伐薪能源消耗，保护环境。

综上所述，色拉龙一级水电站符合老挝电力发展的需求，本项目开发将资源优势转化为经济优势，对增加地方财政收入、促进沙湾拿吉及周边地区的社会经济发展、改善当地居民生产生活条件及保护环境均具有重要作用，色拉龙一级水电站的建设是必要的。

第三节 工程规模及水文地质情况

一、水文泥沙

(一) 流域概况

色拉龙河为色邦亨河左岸一级支流。色邦亨河是老挝境内湄公河左岸的一级支流，发源于越南广治省东京山，大致由东向西流经老挝沙湾拿吉省的车邦、孟平、孟农、班会惠和班当威等县，在班丹甘的Ban Thaphe汇入湄公河，流域面积19400km²，干流河长约300km，平均比降为1.3‰。

色拉龙河发源于沙拉湾省境内，由南向北流入沙湾拿吉省，在孟农县附近改为由东向西流，在Tonkham注入色邦亨河。色拉龙河流域面积3820km²，河长156km，平均比降为4‰。

色拉龙一级电站位于色拉龙河中游河段，采用坝式开发，坝址控制集水面积2879km²。

(二) 气候特征

色拉龙河流域地处低纬度地区，属热带季风气候，流域气候终年温和，受季风影响，降水年内分配极为不均，形成明显的旱季和雨季。雨季一般从5月开始，雨季一般至10月底结束。5~10月降雨量达全年降雨量的91.3%。流域多年平均气温为22~26℃，年内1月气温最低，月平均气温为14~21℃；4月气温最高，月平均气温为24~30℃，流域多年平均相对湿度一般都在70%以上，多年平均日照2490h。

（三）水文基本资料

色拉龙河流域设有孟农水文站，为国家基本站，控制集水面积1966km^2，观测项目主要为降水、水位和流量。色拉龙一级电站坝址位于色拉龙河孟农水文站下游河段40km处，本阶段选取孟农水文站作为色拉龙一级电站设计依据站。

孟农水文站1990年11月开始观测，2005年后水尺遭到损坏后停止观测，孟农水文站水位一般每天观测2~4次，流量测量以巡测为主，历年流量资料根据本站水位流量关系整编。

（四）径流

根据邻近地区车邦、Paske等水文站径流资料及沙湾拿吉、孟农等雨量站长短系列对比分析，区域1992~2005年与长系列对比均值差异不大，具有一定的代表性。

鉴于色拉龙一级电站坝址位于色拉龙河孟农水文站下游河段40km处，两者控制集水面积相差不大，地形、地貌和植被条件等产流条件及降水的天气成因较为相似；根据降水量等值线图，面雨量接近，本阶段色拉龙一级电站坝址径流系列根据孟农水文站径流系列可直接按照面积比将孟农水文站径流推至色拉龙一级电站坝址。

（五）设计洪水

1. 孟农水文站设计洪水推求

孟农水文站经过插补延长具有1982~2005年最大日平均流量系列，需分析年最大流量与年最大日平均流量的比值。统计邻近流域南立（$F=3448$km^2）、南乌江七级站（$F=1993$km^2）年最大流量与年最大日平均流量的比值，南立、南乌江七级站比值分别为1.14、1.12，同时参考邻近工程取值情况，孟农水文站年最大流量与年最大日平均流量的比值取1.2。

根据孟农水文站年最大日平均流量系列，采用比值1.2修正后得到孟农水文站年最大洪峰系列，用数学期望公式计算经验频率，并以P-Ⅲ型频率曲线确定统计参数。

2. 坝址洪水计算

本阶段根据孟农水文站洪水成果按面积比指数搬至坝址面积比指数采用0.67，校核标准洪水增加10%的安全修正值。

（六）分期洪水

本阶段分期设计洪水选取12月1日~4月30日、12月1日~5月31日共2个时段，按面积比将孟农水文站分期设计最大日平均流量成果搬至色拉龙一级水电站坝址，并采用比值1.2修正后得到色拉龙一级水电站坝址施工分期设计洪水成果。

第四节　工程布置及建筑物

一、工程等别及设计标准

（一）工程等别

本工程正常蓄水位以下库容为8.81亿m^3，电站装机容量70MW，依据《水电枢纽工程等级划分及设计安全标准》(DL 5180—2003)，工程等级为二等，工程规模为大(2)型，挡水、泄水及发电厂房等永久性主要水工建筑物按2级设计，其他永久性次要水工建筑物按3级设计，临时建筑物为4级、5级建筑物。

(二) 设计标准

1. 洪水标准

(1) 挡水、泄水建筑物按500年一遇洪水(8500m^3/s)设计，2000年一遇洪水(11220m^3/s)校核；

(2) 电站厂房按200年一遇洪水(7300m^3/s)设计，500年一遇洪水(8500m^3/s)校核；

(3) 泄水建筑物消能防冲按50年一遇洪水(5700m^3/s)设计。

2. 地震设防标准

结合中国国家地震局地质研究所徐煜坚、汪良谋主编的《世界活动构造、核电站、高坝和地震烈度分布图》分析，工程区地震基本烈度小于6度，相应的地震动峰值加速度 $<0.05g$。

地震设防烈度采用Ⅵ度，工程抗震设防类别为乙类。

3. 安全标准

(1) 大坝稳定应力标准。本工程地震设防烈度为Ⅵ度，根据《水电工程水工建筑物抗震设计规范》(NB 35047—2015)，设计烈度为进行大坝建基面、坝体层面、坝基深层稳定应力计算时，主要采用《混凝土重力坝设计规范》(NB/T 35026—2014)作为计算控制标准，采用概率极限状态设计原则，以分项系数极限状态设计表达式进行结构计算。

(2) 厂房稳定应力标准。厂房稳定应力标准遵照《水电站厂房设计规范》(NB 35011—2016)要求执行，采用概率极限状态设计原则，以分项系数设计表达式进行计算。

(3) 渗控标准。本工程的基础防渗主要分为坝基及左、右岸坝肩帷幕防渗。

坝基上游帷幕设计标准为 $q\leqslant3$Lu；左、右岸坝肩上游帷幕设计标准为 $q\leqslant5$Lu，延伸至正常蓄水位与地下水位相交处。

二、坝址选择

(一) 坝址拟定

根据河流水能利用规划及河床两岸地形地貌、地质条件，结合工程总体布置、施工、场地布置和运行要求，在色拉龙河与色邦亨河汇合处上游约10~11km处初选了两个坝址进行比选。上、下坝址间距为800m，下坝址位于色拉龙河与色邦亨河汇合处上游约10km处，上坝址位于下坝址上游河段800m处。该处河道顺直，基岩裸露，是布置拦河坝的有利场址。若下坝址下移，下游地形突然开阔并且地形不封闭；若上坝址上移，则河床会逐渐扩宽带来枢纽建筑物工程量增加、工程投资增大、施工导流布置困难等问题。

(二) 上坝址

根据坝址处的地形地质条件及各枢纽建筑物的布置要求，对枢纽建筑物总体布置进行了初步分析，初拟枢纽布置方案为左岸主河床布置泄洪建筑物，右岸布置坝后式厂房。枢纽主要建筑物由混凝土挡水坝、溢流坝、坝式取水口、坝后式发电厂房、开关站及尾水渠等组成。由左向右分别布置左岸1#~11#左岸挡水坝段、12#~14#溢流坝段、15#导流底孔坝段、16#及17#进水口坝段、18#~28#右岸挡水坝段，坝顶总长度为556.00m，坝顶高程219.50m，最大坝高67.5m，溢流坝段共布置4个溢流表孔，孔口尺寸14m×17m（宽×高），消能方式采用挑流消能。

（三）下坝址

根据坝址处的地形地质条件及各枢纽建筑物的布置要求，对枢纽建筑物总体布置进行了初步分析，初拟枢纽布置方案为左岸主河床布置泄洪建筑物，右岸布置坝后式厂房。枢纽主要建筑物由混凝土挡水坝、溢流坝、坝式取水口、坝后式发电厂房、开关站及尾水渠等组成。由左向右分别布置左岸1#~9#左岸挡水坝段、10#~12#溢流坝段、13#导流底孔坝段、14#及15#进水口坝段、16#~23#右岸挡水坝段，坝顶总长度为459.00m，坝顶高程219.50m，最大坝高64.5m，溢流坝段共布置4个溢流表孔，孔口尺寸14m×17m（宽×高），消能方式采用挑流消能。

（四）坝址综合比较

上、下坝址均具备修建混凝土重力坝的地形地质条件，下坝址强风化岩体厚度小于上坝址且建基面岩体质量好于上坝址，地形地质条件优于上坝址；上、下坝址枢纽工程总体布置均相对简单、协调和紧凑，下坝址坝顶长度及最大坝高均小于上坝址，因此坝基开挖及坝体混凝土工程量比上坝址少，枢纽布置条件优于上坝址；上、下坝址施工导流、施工进度及施工布置等基本相当，仅施工运距上坝址较下坝址稍远；上坝址淹没损失较小，移民安置费用较少，水库淹没条件略优于下坝址；下坝址的工程量及投资均小于上坝址。

综合地形地质条件、枢纽布置条件、施工条件、征地移民、工程投资等因素进行比较，下坝址优于上坝址，以下坝址作为本工程的可研阶段选定坝址。

三、坝型选择

（一）坝型初拟

坝址区两岸基岩出露，河谷呈底宽不对称的宽缓“V”字型，本阶段在选定的下坝址基础上，结合坝址区地形地质条件、枢纽布置条件等因素综合考虑，可供比选的坝型主要有混凝土重力坝、当地材料坝两种，主要从地形地质条件和工程特点两方面对坝型进行比较，选定本阶段的代表性坝型。

由于坝址区附近防渗土料缺乏，不适合修建心墙堆石坝，根据地形地质条件及料源情况，选定混凝土面板堆石坝作为代表坝型；混凝土重力坝坝型研究采用碾压混凝土施工的可行性。因此，本阶段主要选择了常态混凝土重力坝、碾压混凝土重力坝和混凝土面板堆石坝三个坝型方案进行比选。

（二）常态混凝土重力坝

拦河大坝为混凝土重力坝，混凝土坝顶全长459.00m，坝顶高程219.50m，最大坝高64.5m，从左岸至右岸依次为长180m的左岸挡水坝段，长71m的溢流坝段，长14m的导流底孔坝段，长34m的进水口坝段，长160m的右岸挡水坝段。

挡水坝段坝顶高程为219.50m，坝顶宽为6.0m，最大坝高64.5m，上游面直立，下游坝坡为 1∶0.7。左岸挡水坝段长 180.00m，右岸挡水坝段长 160.00m。

溢流坝布置在主河槽位置，长 71.00m，溢流前沿净宽 56.00m，分 4 孔，每孔净宽 14.0m，闸墩厚 3.00m。溢流坝桥面高程为 219.50m，堰顶高程为 198.00m，坝基置于弱风化岩体上，最大坝高 64.50m。

引水建筑物进口采用坝式进水口，进水口底板高程 196.00m，引水管道布置为坝内埋管形式，单机单管引水，钢管直径 4.80m，压力钢管壁厚 14~16mm。

坝后式地面厂房，装机 2 台，总容量 70MW，主厂房尺寸（长×宽×高）为 59.32m×19.1m×44m，安装间布置于厂房左端，副厂房布置在厂房上游侧，对外采用水平进厂方式。主变场及 GIS 室内开关站布置在安装间上游侧，副厂房的右侧，内设 2 台主变。尾水渠位于主机间下游，以 1∶4 的反坡与原河床相接，将机组水流导入下游主河道。

（三）碾压混凝土重力坝

碾压混凝土重力坝方案所采用的建筑物基本布置与常态混凝土重力坝方案一致，主体工程混凝土总量为 50.43 万 m^3，因枢纽布置为坝后式开发，坝内需布置引水钢管及引水、泄洪设施的廊道、闸门，故能够采用碾压混凝土的部位主要为大坝坝体大体积混凝土部位，分析其中 31.71 万 m^3 可采用碾压混凝土。

碾压混凝土重力坝方案的挡水坝坝体和溢流坝段溢流堰体下部混凝土采用碾压混凝土施工，由于碾压混凝土的层面结合部位往往是抗渗的弱点，拟在大坝上游面浇筑抗渗性能较好的 1m 厚变态混凝土和 3m 厚富胶凝碾压混凝土作为防渗体。

（四）混凝土面板堆石坝方案

以混凝土面板堆石坝为代表坝型，以左岸布置一条溢洪道、一条导流放空洞、右岸布置引水系统为代表性枢纽布置方案。坝体从上游到下游依次为坝前压重保护料、上游铺盖区、钢筋混凝土面板、垫层、过渡层、主堆石区、下游次堆石区、下游底部堆石区八大区。

混凝土面板堆石坝坝顶高程 219.50m，坝顶长 384.80m，宽 6.00m。趾板建基面最低高程 155.50m，最大坝高 64.00m；上游坝坡为 1∶1.4，下游坝坡为 1∶1.5，下游坝坡在 190.00m 高程设置马道，马道宽 5.00m。

泄洪消能建筑物由开敞式溢洪道组成。开敞式溢洪道利用地形条件布置在左岸坝肩，由引水渠、控制段、泄槽段和出口消能段组成。

引水发电建筑物布置在右岸，采取单机单管引水。岸边式地面厂房位于面板坝下游侧右岸，厂区地形较为平缓，厂房后坡整体坡度约 15°。厂房长 59.32m，宽 19.10m。厂房最低建基面高程为 150.50m，厂房顶面高程为 194.50m，最大高度为 44m。由主机间、安装间、副厂房、主变 GIS 楼和尾水渠五部分组成。

放空洞布置在左岸，与导流洞完全结合，施工期为导流洞，运行期为放空洞。根据地形地质条件及枢纽布置格局，放空洞布置凹向左岸，避免从面板坝正下方穿过，平面设置一拐点，拐弯半径为 30.00m，将闸门竖井与溢洪道左侧边墩结合。放空洞由进口段、盲肠段、闸门竖井、无压段、出口段组成。

（五）坝型比选

着重从枢纽布置、施工组织、料源、经济指标等方面进行综合比较选定坝型。

1. 地形地质条件

坝址区河谷呈底宽不对称的宽缓"V"字形，河道顺直，河床冲积层不厚，无阶地分布，岸坡坡角80°~30°，坝顶以上两岸地形较平缓，坝址下伏基岩为砂岩与泥质粉砂岩互层。色拉龙一级水电站可行性研究阶段研究了常态混凝土重力坝、碾压混凝土重力坝和混凝土面板堆石坝三种坝型，通过对上述三种坝型比较得出：混凝土面板堆石坝方案存在岸边溢洪道和泄洪洞进出口开挖边坡问题，土石方开挖量、边坡处理工程量和难度均较大。重力坝方案虽也存在坝基抗滑稳定问题，但其受力条件较明确，基础处理相对较简单。因此混凝土重力坝对坝址区工程地质条件的适应性相对较好。

2. 枢纽布置

混凝土重力坝和混凝土面板堆石坝方案枢纽布置均较好地利用了坝址区地形地质条件，整体布置均相对简单、协调和紧凑，在技术上都是可行的。由于河道顺直，混凝土重力坝方案枢纽布置格局顺畅、简洁、协调；混凝土面板堆石坝方案溢流道进出口水流相对不畅，溢洪道与面板坝的连接部位边墙较高。

3. 施工条件

常态混凝土坝和碾压混凝土坝施工导流、施工进度及施工布置基本相当，从施工方法上说碾压混凝土重力坝便于施工。

碾压混凝土坝与面板堆石坝对比，面板堆石坝方案利用永久泄水建筑物进行导流，相对碾压混凝土重力坝方案施工导流工程规模较小、工程量较小。

从施工料源上来说，面板堆石坝相对碾压混凝土重力坝方案料场开采及支护工程量较大。

从施工进度上来说，混凝土重力坝主体工程工期38个月，混凝土面板堆石坝主体工期44个月，面板堆石坝方案相对碾压混凝土重力坝方案开工时间早6个月，首台机组发电时间和完工时间均相同。

从施工布置来说，面板堆石坝和碾压混凝土重力坝方案布置条件均能满足施工需要，不制约坝型方案选择。

四、坝线选择

（一）坝线拟定

根据坝址区地形地质条件，下坝址右岸为一突出山脊，山脊上、下游地形均逐渐开阔，坝轴线长度增加。因此，建坝需利用右岸突出山脊，从而减小坝轴线长度及大坝工程量，即坝线应在右岸山脊分布范围内选择。由于右岸山脊分布范围较小，拟定了横Ⅰ、横Ⅱ两条坝线进行比选，坝线间距为40m。由于坝址区地层结构为缓倾下游，进行坝线选择以确定不同坝线对地层结构的适应性。

（二）上坝线方案

坝轴线位于下坝址横Ⅰ线，枢纽主要建筑物由混凝土挡水坝、溢流坝、坝式取水口、坝后式发电厂房、开关站及尾水渠等组成。枢纽总体布置如下：

拦河大坝由左向右分别为1#~9#左岸挡水坝段、10#~12#溢流坝段、13#导流底孔坝段、

14#及15#进水口坝段、16#~23#右岸挡水坝段，坝顶总长度为459.00m，坝顶高程219.50m，最大坝高64.5m。厂房型式为河床坝后式厂房，位于河床右岸进水口坝段下游侧。发电厂房建筑物由主机间、安装间、副厂房、主变GIS楼和尾水渠五部分组成。主厂房包括主机间与安装间，呈“一”字形布置，安装间位于主机间右端。主厂房与进水口坝段之间设置伸缩缝，形成相互独立的结构。GIS楼位于进水口坝段末端平台上，与主厂房平行布置。副厂房位于安装间上游，位于GIS楼右端。尾水渠位于主机间下游，以1∶4的反坡与原河床相接，将机组水流导入下游主河道。

（三）下坝线方案

下坝线坝轴线位于下坝址横Ⅱ线，地形地质条件与上坝线基本相同，只是河谷宽度较上坝线稍窄，但河底高程较上坝线略低，坝体开挖量和混凝土量与上坝线相差不大，总体布置与上坝线相同。另外，从地层结构上看，由于坝址区地层结构缓倾下游，下坝线坝基J2-4层中的泥岩夹层埋深较上坝线深，抗剪齿槽开挖难度和工程量较大。

（四）坝线比选

上坝线和下坝线地形地质条件差别不大，下坝线河床相对上坝线窄，但河底高程较上坝线低，混凝土齿槽总体工程量和开挖难度均大于上坝线，且绕坝渗漏问题突出。综合考虑地形地质条件、水工枢纽布置、施工组织设计、工程投资等因素，可研阶段选择上坝线（横Ⅰ线）为选定坝线。

第五节 枢纽总体布置方案比选

一、枢纽布置方案拟定

枢纽布置比选与坝型选择相关，色拉龙一级水电站大坝已经选定为碾压混凝土重力坝，由于坝址区河谷较宽阔，确定采用坝后式厂房方案，为保证下泄水流与下游河道平顺连接，溢流坝段布置在主河床，因此只能从引水发电建筑物的布置来优化工程设计。

结合电站枢纽地形、施工、经济等因素，拟定了左、右岸厂房两种枢纽布置方案进行研究。

二、左岸厂房枢纽布置方案

左岸厂房方案，采用横Ⅰ线作为坝轴线，轴线方位角为N12°32′47″W。溢流坝段布置在主河床，坝后式厂房布置在溢流坝段左岸。枢纽主要建筑物由混凝土挡水坝、溢流坝、坝式进水口、坝后式发电厂房、主变GIS楼及尾水渠等组成。由左向右分别布置1#~9#左岸挡水坝段、10#及11#进水口坝段、12#导流底孔坝段、13#~15#溢流坝段、16#~24#右岸挡水坝段，坝顶总长度为459.00m，坝顶高程219.50m。

三、右岸厂房枢纽布置方案

右岸厂房方案，采用横Ⅰ线作为坝轴线，轴线方位角为N12°32′47″W。溢流坝段布置在主河床，坝后式厂房布置在溢流坝段左岸。枢纽主要建筑物由混凝土挡水坝、溢流坝、坝式进水口、坝后式发电厂房、主变 GIS 楼及尾水渠等组成。由左向右分别布置 1#~9#左岸挡水坝段、10#~12#溢流坝段、13#导流底孔坝段、14#及 15#进水口坝段、16#~23#右岸挡水坝段，坝顶总长度为 459. 00m，坝顶高程 219. 50m。

四、枢纽布置方案比选

（一）枢纽布置方案拟定

枢纽布置比选与坝型选择相关，色拉龙一级水电站大坝已经选定为碾压混凝土重力坝，由于坝址区河谷较宽阔，确定采用坝后式厂房方案，为保证下泄水流与下游河道平顺连接，溢流坝段布置在主河床，因此只能从引水发电建筑物的布置来优化工程设计。

结合电站枢纽地形、施工、经济等因素，拟定了左、右岸厂房两种枢纽布置方案进行研究。

（二）左岸厂房枢纽布置方案

左岸厂房方案，采用横Ⅰ线作为坝轴线，轴线方位角为 N12032′47″W。溢流坝段布置在主河床，坝后式厂房布置在溢流坝段左岸。枢纽主要建筑物由混凝土挡水坝、溢流坝、坝式进水口、坝后式发电厂房、主变 GIS 楼及尾水渠等组成。由左向右分别布置 1#~9#左岸挡水坝段、10#及 11#进水口坝段、12#导流底孔坝段、13#~15#溢流坝段、16#~24#右岸挡水坝段，坝顶总长度为 459. 00m，坝顶高程 219. 50m。

拦河大坝为混凝土重力坝，混凝土坝顶全长 459. 00m，坝顶高程 219. 50m，最大坝高 64. 5m，从左岸至右岸依次为长 170m 的左岸挡水坝段，长 34m 的进水口坝段，长 14m 的导流底孔坝段，长 71m 的溢流坝段，长 170m 的右岸挡水坝段。

挡水坝段坝顶高程为 219. 50m，坝顶宽为 6. 0m，最大坝高 64. 5m，上游面直立，下游坝坡为 1∶0. 7。左岸挡水坝长 170m，右岸挡水坝长 170m。

溢流坝布置在主河槽位置，长 71m，溢流前沿净宽 56m，分 4 孔，每孔净宽 14. 0m，闸墩厚 3m。溢流坝桥面高程为 219. 50m，堰顶高程为 198. 00m，坝基置于弱风化岩体上，最大坝高 64. 5m。

引水建筑物进水口采用坝式进水口，进水口底板高程 196. 00m，压力管道布置为坝内埋管型式，单机单管引水，钢管直径 4. 80m，压力钢管壁厚 14~16mm。

发电厂房为坝后式地面厂房，装机 2 台，总装机容量 70MW。主厂房尺寸（长×宽×高）为 59. 32m×19. 1m×44m，安装间布置于厂房左端，主变 GIS 楼和副厂房布置在主厂房上游侧。尾水渠位于主厂房下游，以 1∶4 的反坡与原河床相接，将机组水流导入下游主河道。厂区对外交通采用水平进厂方式。

（三）右岸厂房枢纽布置方案

右岸厂房方案中，坝轴线、轴线方位、溢流坝段位置、枢纽主要建筑物种类与左岸一致。由左向右分别布置 1#~9#左岸挡水坝段、10#~12#溢流坝段、13#导流底孔坝段、14#及 15#进水口坝段、16#~23#右岸挡水坝段，坝顶总长度为 459. 00m，坝顶高程 219. 50m。

（四）枢纽布置方案比选

由于左右岸厂房方案在水库淹没、环境影响方面基本一致，因此主要从地形地质条件、枢纽布置、施工、工程量及投资等方面对两个代表性方案进行综合比选。

1. 地形地质条件

从地形条件方面比较，本电站选定坝址河段主河床偏向左岸，右岸河床为整片基岩出露，右岸有利于枢纽建筑物及施工导流布置。另外，右岸厂房方案厂房基岩埋深也小于左岸厂房方案，因此右岸厂房方案开挖工程量比左岸厂房方案小。同时，左岸厂房方案尾水渠处为凸岸，尾水渠的开挖工程量比右岸厂房方案大。地质条件左右岸厂房方案基本一致。

从地形、工程地质条件方面比较，右岸厂房方案优于左岸厂房方案。

2. 枢纽布置条件

左右岸厂房方案枢纽总体布置相对简单、协调和紧凑。

左右岸厂房方案枢纽布置差异主要为厂房位置不同。坝顶总长及坝高一致，左岸厂房枢纽建筑物工程量比右岸厂房略大。

右岸厂房方案有以下优点：

（1）溢流坝布置在河床左侧，泄流洪水可从主河床宣泄，能适应下游天然河床流态，不会造成河道严重冲刷或淤积，尤其对避免厂房尾水渠回流淤积也较有利。

（2）合理利用现有的地形条件，在枯水期能利用右岸河漫基岩滩地修建挡水围堰，厂房工程的基础提前开挖，以缩短工期，提早发电。

（3）从枢纽布置条件比较，右岸厂房方案优于左岸厂房方案。

3. 施工、交通条件

本工程的主要施工设施、生活区布置、对外交通及场内交通系统均布置在右岸。从施工布置、对外交通方面比较右岸厂房方案优于左岸厂房方案。施工导流由于主河床偏向左岸，右岸河床为河漫基岩滩地，所以右岸厂房方案较左岸厂房方案导流工程量略小。施工进度和施工方法，两方案基本相当。

从工程地质、枢纽布置及施工条件、工程量及投资比较，右岸厂房方案优于左岸厂房方案。因此，推荐右岸厂房方案为本工程选定的枢纽布置方案。

第六节 挡水建筑物

一、建基面选择

根据《混凝土重力坝设计规范》（NB/T 35026—2014）规定，大坝坝高 50~100m 时，坝基可建在弱风化中部基岩上，坝高小于 50m 时，坝基可建在弱风化中部—上部基岩上。本工程最大坝高为 64.5m，可选择弱风化中部基岩作为建基面。根据坝址区地质情况，参考厚层状砂岩空间分布，中高坝段基础尽可能置于厚层状砂岩上。两岸地形较高部位的坝段，可适当放宽。根据以上原则和坝址区岩石风化程度等实际情况，结合岩层物理力学指标、混凝土与基岩接触面抗剪断强度指标、大坝稳定计算情况，最终确定大坝建基面。

主河床坝高超过60m的左右岸挡水坝段、溢流坝段、导流底孔坝段、进水口坝段的坝基均置于弱风化的厚层状砂岩上，岩类为Ⅲ级，建基面最低高程(在9#~15#坝段)为155.00m，最大坝高64.5m，向两侧逐渐抬高。坝高30~60m的左右岸挡水坝段的坝基也置于弱风化岩体上，由中间向两侧逐渐抬高，由于坝基岩体呈互层状，岩类为Ⅲ或Ⅳ级。两岸坝高小于30m的岸坡挡水坝段的坝基置于弱风化与强风化岩体交界部位，局部置于Ⅴ类强风化岩体上，最大坝高24.5m。

二、混凝土重力坝坝体构造设计

各挡水建筑物坝顶高程219.50m，坝顶总长度459.00m，从左向右分别为：1#~9#坝段为左岸挡水坝段，坝顶长度180m，最大坝高64.5m。10#~12#坝段为溢流坝段，坝顶长度71m，布置4孔14m×17m的溢流表孔，最大坝高64.5m。13#坝段为导流底孔坝段，在高程坝顶长度14m，最大坝高64.5m，导流底孔布置于坝体内，底高程160.00m，孔口尺寸为5m×5m(宽×高)。14#、15#坝段为进水口坝段，厂房采用坝后式厂房，坝顶长度34m，最大坝高64.5m。16#~23#坝段为右岸挡水坝段，坝顶长度160m，最大坝高58.5m。

(一) 坝顶高程及坝顶布置

经计算确定混凝土坝坝顶高程为219.50m。根据坝顶交通及电站运行要求，导流底孔坝段和左右岸储门槽挡水坝段坝顶宽度为13.5m，进水口坝段坝顶宽度为19m，两岸挡水坝段坝顶宽度为6m，并在坝顶上、下游设人行道及栏杆。在17#坝段坝顶中部设置楼梯井连接坝内排水廊道；在9°坝段坝顶中部设置溢流表孔检修闸门储门槽，在16#坝段坝顶中部设置取水口检修闸门储门槽。溢流坝段闸墩长度为36m，坝顶从上游至下游依次布置交通桥、门机桥梁等桥面系统。

(二) 坝体断面设计

混凝土重力坝坝体断面设计的原则：

混凝土重力坝一般以材料力学法和刚体极限法计算成果作为坝体断面的设计依据；重力坝的断面设计，原则上应由持久状况控制，并以偶然状况复核，若偶然状况下不能满足要求，可考虑坝体的空间作用或采用其他适当措施，不宜由偶然状况控制设计断面；在满足强度、稳定和防渗的条件下，得出经济断面，同时满足实际运行方便和施工简单的要求。按照上述原则进行坝体断面设计。

(三) 坝内廊道系统

按不同部位、不同功能要求，在坝体内布置了基础灌浆廊道、坝体排水廊道及楼梯井等，同时兼顾坝内交通和原型观测。

(四) 坝体防渗、排水和止水系统

坝体上游面采用二级配Cg20W8F100混凝土防渗，防渗混凝土厚度由坝前最大水头确定，厚4m。为降低坝体内渗透压力，在坝体内上游面防渗层后设置竖向反滤排水管构成排水幕，排水管间距3m，内径15cm。大坝上游面的横缝采用两道止水，均采用1.6mm厚止水铜片，廊道穿越横缝处设封闭铜片止水一圈。

（五）交通

大坝的对外交通主要有三条途经：

（1）经坝顶与右岸的新建公路相连。

（2）大坝在 17#坝段设置楼梯竖井，与基础灌浆廊道和坝体排水兼观测及交通廊道相连。

（3）在 3#坝段和 21#坝段，基础灌浆廊道接交通廊道通往大坝下游出口。

三、大坝混凝土分区

由于大坝各部位混凝土受力状况不同，所处外界环境不同，大坝混凝土需按不同部位和不同的工作条件分成不同的区域，并提出相应的技术要求(主要包括强度等级、配合比、耐久性、极限拉伸值等)，以满足大坝正常运行的要求。

（一）大坝混凝土分区的影响因素

确定大坝混凝土分区主要考虑以下因素：

（1）根据坝体应力的大小及其分布规律，混凝土应满足其强度要求按《混凝土重力坝设计规范》(NB/T 35026—2014)强度承载能力极限状态计算，各坝段在不同高程混凝土强度应满足规范要求，同时类比已建工程的经验确定大坝混凝土分区及强度指标。

（2）混凝土抗渗、抗冻强度要求

根据大坝工作条件及地区气候条件，混凝土应满足耐久性要求。混凝土耐久性指标主要由抗渗、抗冻指标体现。工程区属热带季风气候，气候终年温和，最冷月平均气温为 14~21℃，属于气候温和地区。另外，大坝承受上、下游最大水头差为 53.5m。依据《混凝土重力坝设计规范》(NB/T 35026—2014)确定混凝土最小抗渗指标不小于 W4，上游迎水面防渗混凝土抗渗指标采用 W6，大坝内部混凝土最小抗冻指标不小于 F50，大坝的上游坝面、闸墩及溢流面混凝土抗冻指标不小于 F100。

（3）抗冲耐磨要求

本工程泄洪单宽流量大且泄洪流速较高，为满足溢流坝过流表面混凝土抗冲耐磨要求，依据规范并参考类似工程，混凝土强度等级为 C40，采用抗冲耐磨混凝土。

综合考虑以上因素，并结合构造要求、力求简化并达到快速施工的要求，确定大坝的混凝土分区。

（二）溢流坝段坝体混凝土分区

溢流面采用厚 0.5m 的抗冲耐磨 C40W6F100 常态混凝土；为方便施工和更好地与坝体内碾压混凝土结合，在该层抗冲耐磨混凝土下设置一层平均 1.5m 厚的 C25W6F100 常态混凝土。坝体内部碾压混凝土采用 C18015W4F50 碾压混凝土。闸墩及边墙采用 C25W6F100 常态混凝土。坝体内廊道周边 1m 范围内采用所在部位同标号变态混凝土。坝顶板梁采用 C25W4F100 常态混凝土，坝顶交通桥及闸墩牛腿采用 C30W4F100 常态混凝土。

（三）进水口坝段坝体混凝土分区

坝体内压力钢管周边 1m 范围内采用 C25W6F100 常态混凝土，坝体闸门孔周边 1m 范围内采用 C25W6F100 常态混凝土，坝体内廊道周边 1m 范围内采用所在部位同标号变态混凝土。拦污栅胸墙采用 C25W6F100 常态混凝土，坝顶及坝体下游大体积混凝土采用 C9020W6F50 常态混凝土。

（四）导流底孔坝段坝体混凝土分区

导流底孔周边 1.5m 范围内采用 C25W6F100 常态混凝土，底孔进口闸墩采用 C25W6F100 常态混凝土。坝顶设置 1m 厚 C9020W6F50 常态混凝土，坝体内廊道周边 lm 范围内采用所在部位同标号变态混凝土。

（五）挡水坝段坝体混凝土分区

坝顶设置 1m 厚 C9020W6F50 常态混凝土，坝体内楼梯井、储门槽、廊道周边 1m 范围内采用所在部位同标号变态混凝土。

四、坝基防渗与基础处理

（一）坝基开挖

根据已确定的最低建基面高程为 155.00m，对大坝建基面进行开挖。两岸岸坡坝段的建基面在平行于坝轴线方向结合分缝位置开挖成台阶状，河床规段台阶之间以 1∶15 的坡度连接，两岸岸坡坝段台阶之间以 1∶1 的坡度相连，以利于坝体侧向稳定。坝基上下游方向临时开挖边坡岩石为 1∶0.5，覆盖层为 1∶1。

（二）坝基固结灌浆

为提高基础的完整性、均匀性，减小坝基开挖爆破的影响，改善坝基浅层防渗条件及提高基础承载能力，对坝高超过 50m 的 6#～17#河床坝段的坝踵、坝趾部位进行固结灌浆，分别在坝踵和坝趾各布置 3 排固结灌浆，灌浆深度为 6m，固结灌浆间、排距 3m。

（三）坝基、坝肩防渗和排水

本工程防渗主要包括坝基防渗及左、右坝肩防渗，拟采用帷幕灌浆进行处理。根据《混凝土重力坝设计规范》（NB/T 35026—2014）的规定，本工程坝基上游帷幕设计标准为 $q \leq$ 3Lu；左、右岸坝肩上游帷幕设计标准为 $q<$5Lu，延伸至正常蓄水位与地下水位相交处。帷幕采用单排布置，孔距 2m，坝基帷幕最低高程为 105.00m，最大深度 50m，位于主河床部位。左、右岸坝肩均在坝顶以上施工平台进行帷幕灌浆施工，左岸坝肩帷幕向山体内延伸 75m，帷幕底高程由 200.00m 向河床逐渐降低至 105.00m 高程；右岸坝肩帷幕向山体内延伸 100m，帷幕底高程由 205.00m 向河床逐渐降低至 105.00m 高程。

为降低坝基扬压力，在坝基防渗帷幕的下游设置一排排水孔，深度取主帷幕孔深度的一半，孔距 3m。在 13#导流底孔坝段帷幕灌浆廊道下设集水井，集水井尺寸（长×宽×高）为 8m×5m×3m，集中抽排至下游。

（四）断层及软弱夹层处理

按照规范拟采用混凝土塞予以处理，以便将坝应力通过混凝土塞传到混凝土塞两侧较好的岩体上，减小坝基不均匀变形，改善坝体局部应力。混凝土塞深不小于 lm，两侧开挖成 1∶1 的斜坡作为与较完整岩石的结合面，并加强断层及影响带的固结灌浆。

第七节　泄洪消能建筑物

一、泄洪消能规模及特点

色拉龙一级水电站开发任务为发电，工程等级为二等，主要建筑物为 2 级，挡水建筑物防洪标准设计重现期为 500 年一遇，经过水库调洪后，相应下泄洪水流量为 8086m^3/s；校核洪水重现期 2000 年一遇，相应下泄洪水流量为 9556m^3/s；下游消能防冲按 50 年一遇设计，相应洪水流量为 5700m^3/s。

色拉龙一级水电站泄洪消能具有以下特点：泄洪流量大，河床较宽阔，河床基岩出露且整体性较好，两侧岸坡整体平缓、高度不大。

二、泄洪消能建筑物布置方案比选

在本阶段，溢流坝表孔的孔数选择了 3 孔、4 孔、5 孔三个方案进行比较。比较时均按照调洪演算得到的洪水流量进行比较。

综合运行调度、施工技术难度、下游冲刷影响、工程量等方面，4 孔方案虽然运行调度相对 3 孔和 5 孔方案较为不便，但其施工技术难度及下游冲刷影响均得到了有效控制，且总体工程量最省。因此，本阶段选定 4 孔 14m×17m 的表孔作为本工程的主要泄洪设施。

三、消能型式选择

底流消能、挑流消能和戽池面流消能三种消能方式均可应用于本工程，其中底流消能的消能效果最好，但其工程量和直接投资也最大。戽池面流消能效果相对较差，不确定水力因素较多，对下游河道和岸坡冲刷过大。挑流消能可以将水流挑离建筑物较远位置，其所产生的雾化和水位波动问题需通过增设一定的保护手段和调整电站运行方式进行解决，其工程量和直接投资最低。

综上所述，本工程最终选择挑流消能方案作为泄洪消能推荐方案。

四、泄洪建筑物设计

（一）泄洪建筑物布置

根据枢纽建筑物布置型式，色拉龙一级水电站洪水宣泄全部由溢流表孔承担。泄洪建筑物为布置于主河床中部偏左 10#~12#坝段范围内的 4 个溢流表孔，表孔孔口尺寸为 14m×17m（宽×高），中墩、边墩厚度均为 3m。溢流表孔为开敞式，堰顶高程为 198.00m，堰顶设平面检修闸门和弧形工作门各一扇。堰面采用 WBS 堰面曲线，原点上游采用三段圆弧连接（圆弧半径分别为 $R_1=7.125$m，$R_2=2.85$m，$R_3=0.57$m），原点下游接方程为 $y=0.0523\times 1.85$ 幂曲线。堰面幂曲线直接与下游挑流反弧段平顺连接，反弧段半径 30m，反弧末端挑坎高程为 178.00m。

（二）表孔泄流能力计算

本工程设计下泄洪水流量为 8086m^3/s，校核下泄洪水流量 9556m^3/s，消能设计下泄洪水流量5700m³/s，全部由4个溢流表孔下泄。溢流表孔堰顶高程为198.00m，经泄流能力计算得到校核洪水上游水位：217.15m，设计洪水上游水位215.22m。

（三）泄水建筑物运行方式

色拉龙一级水电站泄洪建筑物由4个表孔组成，水库正常蓄水位215.00m，当水库水位低于正常蓄水位215.00m高程时，水库不开闸泄洪，当水库水位超过正常蓄水位215.00m高程时，采用表孔控制库水位。

第八节　引水发电建筑物

一、总体布置

引水发电建筑物布置于河床靠右侧，包括进水口、压力管道、主厂房、副厂房、主变GIS楼、尾水渠、回车场及进厂公路等。

进水口型式为坝式进水口，位于14#、15#坝段，进水口纵向分缝与大坝分缝一致。压力管道采用坝内埋管布置方式，单管单机供水，两条压力管道轴线平行布置。压力管道在大坝与厂房结构缝跨缝处设置过缝垫层管。主厂房位于进水口坝段下游，为坝后式地面厂房，厂房轴线与大坝轴线平行，机组中心线距大坝轴线50.5m。主厂房长度59.4m，宽度19.1m，高度44m，建基面高程150.50m，基础置于弱风化岩体上。主变GIS楼和副厂房位于主厂房上游，与主厂房平行布置，副厂房位于主变GIS楼右端。尾水渠位于主厂房下游，渠道底部通过1∶4的反坡段与主河道衔接。回车场位于主厂房右端，下游侧连接进厂公路。

二、进水口

根据枢纽总体布置，厂房紧靠大坝下游为坝后式厂房，因此进水口与挡水坝结合，采用坝式进水口。进水口坝段宽34m，顺水流向长度17m。进水口底槛高程196.00m，顶高程219.50m，与坝顶同高。进水口分缝与大坝相同，分为17m长两段。

进水口沿水流向设置一道拦污栅、一道检修闸门和一道快速闸门。拦污栅孔口尺寸为5.5m×10m(宽×高)，共设置4孔，过栅流速1m/s。拦污栅前设置清污抓斗导槽。拦污栅中墩厚度2m，长度4.8m；边墩厚度1.5m和2.5m，长度6m。拦污栅墩墩头为圆弧形。拦污栅槽下游侧设置胸墙，厚度0.5m。进水口坝顶宽度19.5m，上游侧布置一台2×160kN门机，用于拦污栅及清污抓斗起吊，门机轨距4m。下游侧共用溢流坝段2×630kN门机，用于检修闸门起吊及快速闸门检修，门机轨距9m。进水口坝顶交通通道位于下游侧门机轨道内，通道宽度5m。

三、压力管道

压力管道采用坝内埋管布置型式，从进水口到发电厂房，单管单机供水，2条压力管道平行布置。钢管采用坝内浅埋管的结构型式，为减少钢管安装与坝体混凝土浇筑的矛盾，在下游坝面预留钢管槽。

电站设计引用流量为171m³/s，单机设计引用流量为85.5m³/s，压力钢管直径为4.8m，设计流速4.7m/s。

压力管道单条长度65.7m(进水口后缘至机组中心线)，由渐变段、上弯管段、斜直段、下弯段、下平段组成。渐变段长7.2m，断面由4.8m×4.8m矩形渐变为D4.8m圆形；上弯段转弯半径12m，长度6.3m；斜直段与水平面夹角65°，坡比为1∶0.46，长度为25.4m；下弯段转弯半径12m，长度13.6m；下平段长度为13.2m，末端与蜗壳连接。由于大坝与厂房基础均置于岩体上，相对沉降变形较小，压力管道在厂坝分缝处不设波纹管，布置一节过缝垫层管跨缝。

压力管道渐变段为混凝土衬砌段，渐变段末端至蜗壳进口为钢衬段。钢衬段长度58.5m，钢板材料为Q345R。斜直段上部外包混凝土厚1.6m，混凝土强度等级C25。压力管道钢衬按单独承受内水压力设计，并考虑机组突然甩负荷的水击压力，经计算确定上弯段和斜直段钢衬厚度14mm，下弯段和下平段钢衬厚度16mm。

四、引水系统水力学计算

1. 进水口淹没深度计算

经计算，进水口最小淹没深度为4.9m。水库最低运行水位为206.00m，计算得到进水口底槛高程206.00-4.9-4.8=196.30m，实际底槛高程确定为196.00m。

2. 水头损失

经计算，引水系统总水头损失$h_w=h_r+h_m=0.75$m。

3. 水锤

压力管道最大水击升压出现在水库水位为215.00m，机组满负荷运行时，突然丢弃全部负荷的情况，此时水轮机导叶关闭时间$T_s=7$s，取压力波传播速度$C=1200$m/s，经计算最大水击升压为极限水击，其水击升压系数$\xi=0.104$，最大升压水头为$\Delta H=5.5$m，压力钢管末端最大内水压力为0.6MPa。

压力管道最大水击降压出现在水库水位为206.00m，机组负荷由$Q=0$m³/s增至$Q=85.5$m³/s的情况，此时取导叶开启时间$T_s=7$s，$C=1200$m/s，经计算最大水击降压为极限水击，其水击降压系数$\xi=0.11$，最大降压水头值为$\Delta H=5.0$m。压力钢管上弯段最小压力水头为4.5mH_2O，满足最小压力大于2mH_2O的要求。

五、压力管道结构设计

计算时考虑静水压力和水锤压力，压力管道末端最大内压为0.6MPa。钢板厚度除满足结构所需的厚度外，另计入锈蚀、磨损及管壁厚度误差等2mm。钢管材料采用Q345R钢材，经计算确定上弯段，斜直段钢板壁厚度为14mm，下弯段，下平段钢板壁厚度为16mm。根据规范要求外压标准值不小于0.2MPa，整个钢衬段均设置加劲环，间距2000mm，高度160mm，厚度16mm。在钢衬起点处设置一道止水环，止水环断面250mm×20mm。

六、发电厂房

发电厂房为坝后式地面厂房，位于河床右岸14#、15#坝段下游，厂房轴线与坝轴线平行布置。主变 GIS 楼和副厂房位于主厂房上游，与主厂房平行布置，副厂房位于主变 GIS 楼右端。主厂房与上游坝体之间设置结构分缝。

（一）主机间

主机间内安装 2 台混流式水轮发电机组，单机容量 35MW，总装机容量 70MW。机组安装高程 161. 50m，单机引用流量 85. 5m^3/s。主机间长度 39. 3m，上部结构宽度 19. 1m，下部结构宽度 27m，高度 44m。

主机间建基面高程 150. 50m，基础置于弱风化砂岩夹泥质粉砂岩层。尾水管最低点高程 151. 92m，底板厚度 1. 42～2. 4m。水轮机层高程 165. 50m，发电机层高程 173. 00m，尾水平台暨厂区防洪高程 179. 00m，高于厂区校核洪水位 1. 13m。主机间内安装一台 200t/50t L_A = 16. 1m 单小车桥式起重机，轨顶高程 189. 00m。主机间屋盖拟采用轻型钢网架结构。

主机间内设置一处渗漏集水井，位于 2#机组尾水管左端大体积混凝土内。渗漏集水井底高程 152. 50m，长 10. 1m，宽 3m，高 5m，集水井壁设置爬梯从水轮机层进入。尾水管上游侧设置纵向检修廊道，连接尾水锥管进入门。检修廊道底高程 156. 00m，断面 1. 8m×2m，廊道右端连接楼梯井至水轮机层。1#～2#机组尾水管间布置一处水泵房，断面 3. 8m×2. 5m，与检修廊道相连。

水轮机层左端布置一处渗漏排水泵房，底高程 161. 50m，长度 11. 1m，宽度 3m，高度 4m。水轮机层下游侧布置 2 部楼梯，通向发电机层。机墩内径 4. 8m，厚度 2m；风罩内径 10. 4m，厚度 0. 5m。水轮机层上、下游及左端边墙厚度 1. 5m，右端边墙厚度 0. 8m。下游及左端边墙顶高程 179. 00m，高于校核洪水位；上游及右端边墙顶高程 173. 00m，与发电机层同高。水轮机层主要布置调速器及油压装置、机组技术供水设备等，机墩周围布置油、气、水及量测仪表、管路和操作阀门等。

发电机层楼面为现浇混凝土结构，楼板厚度 0. 25m。发电机层下游侧布置机组控制盘柜，上游侧设置 2 处吊物孔，平面尺寸 3m×2. 5m。上游侧右端设置 1 部楼梯，通向安装间。主机间上部为排架结构，沿纵向等间距布置 8 榀，柱中心距 5. 5m。排架下柱截面 0. 8m×1. 5m，柱顶高程 187. 50m，柱顶设置牛腿，其上搁置预制混凝土吊车梁，安装桥机轨道及其附件。排架上柱截面 0. 6m×0. 8m，柱顶高程 194. 50m，承受钢屋盖结构重量。左端布置 2 根构造柱，截面尺寸 0. 6m×0. 6m，柱顶至屋盖下缘。排架柱间设置联系梁，并砌筑厚度 0. 24m 砖墙，下游侧砖墙内开设窗户，增强内部采光效果。

主机间下游为尾水闸墩部分。尾水管出口底槛高程 152. 90m，闸墩底板厚度 2. 4m，闸墩顺水流向长度 7. 9m，高度 26. 1m。尾水管设置一中墩，将尾水管出口分隔成 2 孔 4. 4m×4. 4m 的出水孔。尾水闸墩中墩厚度 2m，右边墩厚度 5m，左边墩厚度 3m，1#/2#机组间隔墩厚度 5. 2m。闸墩末端进行圆角，圆角半径 1m。闸墩顶部为牛腿和现浇混凝土尾水平台，牛腿宽度 2m。尾水平台宽度 9. 9m，板厚 0. 3m，其上布置一台门机，用于尾水检修闸门起吊，门机轨道下部为现浇混凝土梁。主机间与安装间、上游进水口坝段之间结构缝内设置 2 道止水片，一道铜片止水和一道 651 型橡胶止水，防止地下水渗入主机间内。

（二）安装间

安装间位于主机间右端，长度 20m，宽度 19. 1m，高度 23. 5m。安装间分为二层，地面一层，地下一层。安装场高程 179.00m，安装间底板顶高程 173.00m，建基面高程 171.00m，底板厚度 2m。安装间基础置于覆盖层挖除后的低标号回填混凝土，基础回填混凝土厚度约 1.5~5.8m。

安装间下游侧及右边墙厚度均为 1.5m，室内框架柱截面 0.6m×0.6m，上游侧为排架柱，截面 0.8m×1.5m。安装间下层主要布置油处理设备、透平油罐、空压机和储气罐等设备。安装间下游边墙外侧设置 4 道 3.5m 长墙体，墙体顶部为 1.5m 宽的牛腿，通过墙顶的现浇板梁形成 5m 宽的通道，至主机间尾水平台。

安装场楼面为现浇混凝土结构，楼板厚度 0.4m，纵梁和横梁截面 0.5m×1m。安装间上部为排架结构，沿纵向等间距布置 5 榀，柱中心距 5.5m。排架柱截面及柱顶高程与主机间相同。排架柱及右端构造柱之间设置联系梁，并砌筑厚 0.24m 砖墙，并在砖墙相应位置开设窗户。进厂大门位于安装间右端，宽度暂定 5m。

（三）副厂房

副厂房位于安装间上游，长度 20m，宽度 11.2m，高度 26m，布置为五层，其中地下一层，地面以上四层。副厂房为框架结构，基础位于基岩和回填混凝土上，为筏板基础，混凝土为 C30。副厂房与主厂房、副厂房与主变 GIS 楼间设 120mm 抗震缝。筏板厚 2m，框架柱为 0.8m×1m，框架主梁 0.6m×1.4m，楼板厚 150mm，混凝土墙厚 1.2m。

（四）主变 GIS 楼

主变 GIS 楼位于主机间上游坝体平台上，长度 39.3m，宽度 11.2m，高度 29.5m，布置为四层，其中地下二层，地面以上二层。主变 GIS 楼为框架结构，基础位于大坝混凝土上，梁板柱混凝土为 C30。主变 GIS 楼与主厂房、主变 GIS 楼与副厂房间设 120mm 抗震缝。框架柱为 0.8m×1m，框架主梁 0.6m×1.4m，楼板厚 150mm，混凝土墙为 1.2m 厚。屋面为出线场，有两组 10m 高人字形出线架，梁跨度为 8m，为 Q235 钢材。

七、尾水渠

尾水渠位于主机间下游，长度约 103.5m，渠道底宽 35~43m。尾水渠沿水流向分为三段：第一段为反坡段，长 32m；第二段为平直段，长 35.5m；第三段为转弯段，长度约 36m。尾水渠左端为混凝土纵向导墙，将机组发电水流与溢流坝泄洪水流分开；右侧为混凝土护坡，对渠道开挖边坡进行防护。

尾水渠进口端底高程 152.90m，渠首 3.6m 长范围内为平坡，后接 28.4m 长、坡比1：4 的反坡段上升至 160.00m。平直段和转弯段底板高程均为 160.00m，转弯段半径 40m。机组运行时正常尾水位 163.32m，最低尾水为 161.50m。

尾水渠左侧纵向导墙长度 67.5m，该导墙施工期兼作混凝土纵向围岩。导墙末端根据溢流坝挑流入水点向下延伸 15m 确定。导墙型式为重力式，顶高程 174.00m，高度 21~18.5m，基础置于基岩上。导墙顶宽 2m，两侧面坡坡比均为 1：0.5，导墙内设置 5m×5m 导流底孔。

尾水渠右侧混凝土护坡段长度 49m。尾水渠右侧边坡按照稳定坡比进行开挖，166.00m 以下为岩质边坡，开挖坡比 1：0.5；166.00m 以上为覆盖层边坡，开挖坡比 1：1.5。

166.00m以下混凝土护坡厚度0.4m，166.00m以上混凝土护坡厚度顶部1m，底部2m。护坡顶高程178.00m，高于校核洪水位。覆盖层边坡护坡内埋设50PCV排水管，间排距3m。

尾水渠底板混凝土厚度0.3m，底板混凝土铺设长度64m。底板内埋设50PCV排水管，间排距3m。

八、进厂公路及回车场

进厂公路沿尾水渠右岸布置，路面宽度6m，从回车场下游进入厂区。

回车场位于主厂房右端，宽度20m，长度约46m，下游边界至安装间下游边墙，上游边界至挡水坝下游坝面。回车场采用混凝土硬化路面，高程179.00m，高于厂区校核洪水位。回车场基础大部置于回填土层上，地坪混凝土厚度0.25m，其下铺设0.1m厚碎石垫层。

九、厂房整体稳定及地基应力计算

根据《水电站厂房设计规范》(NB 35011—2016)，采用刚体极限平衡法和材料力学法进行厂房整体抗滑、抗浮稳定及地基应力计算。

经计算，厂房整体抗滑、抗浮稳定满足规范要求。各工况下最大地基应力均小于地基允许承载力，各工况下基础面未产生拉应力，地基应力满足规范要求。

第九节　边坡工程

一、近坝库岸边坡

根据地质调查，水库区岸坡平缓，岸坡高度小，岩层产状较平缓，未见大规模的堆积层堆积体，且森林茂密，水土保持良好，库区边坡稳定性较好。仅局部陡峭土质岸坡在库水变幅冲刷下可能产生塌岸，但是由于土层较薄，规模小，不影响水库运行。因此，本工程不需对水库区近坝库岸边坡进行处理。

二、工程枢纽区边坡

坝址区河谷呈底宽不对称的宽缓“V”字型，无阶地分布，两岸均为森林，坡脚岸边分布连续的砂岩崩积大块石，岸坡坡角8°~30°。坝顶以上两岸地形较平缓，高程220~240m。

枢纽区两岸开挖边坡相对不高，最低建基面以上最大边坡高度约70m，坝顶以上边坡高度仅为7m。两岸岸坡坝段的建基面在平行于坝轴线方向结合分缝位置开挖成台阶状，河床坝段台阶之间以1：1.5的坡度连接，两岸岸坡坝段台阶之间以1：1的坡度相连，均缓于地质建议稳定坡比。坝肩岩石边坡开挖坡比采用1：1。覆盖层开挖坡比采用1：1.5，边坡开挖每15m高差设一级马道，马道宽度3m。开挖揭示边坡采用喷混凝土+排水孔支护，局部有外倾结构面部位采用随机锚杆支护。另外，对开挖边坡采取有效的截排水措施，在永久边坡外设置截水沟以减小降雨对边坡稳定的影响。

通过采取以上措施，可保证工程枢纽区边坡的稳定安全。

第十节　工程安全监测

一、设计目的和原则

（一）设计目的

为工程建筑物的安全运行提供监控保障，及时分析和反馈坝体及坝基变形(位移)、渗流渗压等监测成果及变化趋势，结合结构设计成果，捕捉各效应量可能的异常现象和可能危及建筑物的不安全因素，提出处理措施和决策建议，以确保大坝的安全运行。

获取坝址区各环境量观测成果，包括气温、降雨量、坝前水位、坝后水位等，建立原因量和效应量之间的相关关系，为判断各主要建筑物安全评价提供决策支持。

通过监测资料的系统分析，部分验证设计边界假定和参数的合理性。

（二）设计原则

监测系统的设计，结合工程实际，依据有关规范、规定及其他类似工程经验，做到目的明确、重点突出、兼顾全面；相关监测项目统筹安排、系统有序，配置合理。

选择监测仪器设备，首先选择满足精度和长期稳定性要求，监测数据充分可靠，其次满足仪器埋设、观测维护简单等技术要求。力求耐久可靠、实用有效。保证在恶劣环境中仍能进行监测，满足工程需要。

二、设计依据

(1)《水位观测标准》(GB/T 50138—2010)；
(2)《中、短程光电测距规范》(GB/T 16818—2008)；
(3)《国家三角测量规范》(GB/T 17942—2000)；
(4)《国家一、二等水准测量规范》(GB 12897—2006)；
(5)《混凝土坝安全监测技术规范》(DL/T 5178—2016)；
(6)《混凝土坝安全监测资料整编规程》(DL/T 5209—2020)；
(7)《混凝土坝监测仪器系列型谱》(DL/T 948—2019)；
(8)《大坝安全监测系统运行维护规程》(DL/T 1558—2016)。

三、设计主要内容

色拉龙工程为大(2)型，二等工程，主要建筑物拦河大坝为碾压混凝土重力坝、引水建筑物进口采用坝式进水口，引水管道布置为坝内埋管型式，单机单管引水，及坝后式厂房，装机2台，总容量70MW等永久性建筑物按2级设计，次要水工建筑物按3级设计，地震设防烈度VI度。根据有关规程规范和工程经验，开展如下监测内容设计。

(1) 环境量监测：上下游水位、气温及降雨量；
(2) 变形监测控制网：平面监测网、高程起算基准点；
(3) 大坝及坝基变形监测：挡水建筑物的变形(水平位移、垂直位移)和坝基变形；

（4）渗流监测：坝基渗漏量、基础渗透压力，两岸绕坝渗流地下水位；

（5）巡视检查：日常巡视检查、年度巡视检查及特殊情况下的巡视检查。

四、变形监测控制网设计

（一）水位监测

在9号坝段上游面设置1支水位管，用于监测上游水位的变化情况；在厂房下游尾水渠左右岸导墙上分别布设1副水尺，用于监测下游水位变化情况。

（二）气象要素监测

拟在坝顶建立1座简易气象站，对坝址区气温、降雨量进行监测。

五、挡水建筑物监测设计

变形监测控制网用以监测水电站工作基点稳定性及主要建筑物变形的设施，本工程变形监测控制网设为平面监测控制网与高程起算基准点，采用独立坐标系统及独立高程系统，其挂靠的坐标系统及高程系统同施工控制网挂靠的坐标系统及高程系统一致。

（一）平面监测控制网

根据大坝的规模和坝区的地形地质条件，在近坝区附近两岸共选定4个点组成平面监测控制网，坝上游2个、坝下游2个。基点需根据地形、地质情况和通视条件实地选定，并选择在受水库影响的坝下游区域。

平面监测控制网的观测拟采用测量机器人按边角网观测，按《中、短程光电测距规范》和《国家三角测量规范》一等观测精度要求执行。计算边长应归算至坝顶高程面上，采用坝区平均曲率半径及并考虑大气折光系数的影响。平面监测控制网点的高程按二等水准测量或用代替二等水准的三角高程测量方法求得。起算点和起算方向通过联测施工控制网点而获取。为减少变形监测控制网与施工控制网的系统误差对位移量的影响，变形监测控制网与施工控制网应保持数据一致性、连续性；保证本工程平面监测控制网为独立坐标系统，水准监测为独立高程系统，挂靠施工控制网坐标系统和高程系统。平面监测控制网首期计算采用经典自由网平差；复测采用按约束平差计算。最弱点点位中误差小于2.0mm。

（二）高程起算基准点

为了给大坝垂直位移监测（即沉降监测）提供基准，在大坝右坝肩约50m处布设双管金属标，作为其高程起算基准点。高程基准与大坝水准测点组成一个水准网，按《国家一、二等水准测量规范》中一等水准测量精度要求执行。起始高程就近与施工控制网联测。

平面监测控制网和高程起算基准点建立后，首次连续独立观测两次，取合格的平均值为首次基准值。首次观测后的复测频次按《混凝土坝安全监测技术规范》相关要求执行。

六、仪器设备技术要求

（一）大坝水平位移监测

为了解大坝运行期间各碾压混凝土坝段顺水流方向和坝轴线方向的水平位移，在坝顶布置观测墩监控大坝表面变形，同时布置水准标志监测坝顶垂直位移。水平位移观测标志与垂直位移观测标志同墩布置，共布设 23 个观测墩。

测点坐标观测按一等边角观测精度和要求执行，工作基点为监测控制网点，观测方法采用前方交会法或两点极坐标法。

测点高程按一等精密水准精度和要求进行观测，将起算基准点与坝顶水准标点组成闭合水准线路进行观测，平差后每公里水准测量的偶然中误差 ΔM 不得超过±0. 45mm。计算的最弱点高程中误差小于±2. 0mm。

（二）坝基变形监测

为监测大坝基础与坝体混凝土交接部位基岩变形情况，拟挡水、泄水和厂房坝段布置三个监测剖面，分别在坝踵及坝址部位，各铅垂布置一套基岩变形计，共 6 套。

（三）渗流渗压观测

1. 坝基渗透压力监测

根据枢纽各建筑物的布置型式、基础的地质条件和渗流控制的工程措施，为了解帷幕灌浆防渗效果和基础扬压力的情况，在碾压混凝土挡水坝段、溢流坝段、厂房坝段各布设一个监测横断面，共布置 50mm 的 PVC 测压管 23 根。测压管端部采用带丝扣的钢保护罩保护。所有扬压力监测孔在建基面以下深度，不大于 1m。另外，在坝基底部共埋设 8 支渗压计、以监测基础扬压力。

2. 坝体渗漏量监测

通过对坝体渗漏量和坝基渗漏量的监测，掌握灌浆廊道重点部位的防渗、排水效果，以及渗漏对大坝的影响。拟在左右岸灌浆廊道排水沟、基础廊道集水井附近和厂房基础廊道排水沟，各布置量水堰 1 个，共计 4 个，进行坝肩及坝基分段和总渗漏量观测。

3. 绕坝渗流和地下水位监测

为监测两岸坝肩的绕坝渗流情况，在左、右岸坝肩下游岸边坡体各设置 6 个绕渗孔，共 12 个。钻孔至最低天然地下水位以下 1m。绕渗管采用优质 PVC 管，采用平尺水位计进行地下水位观测。

七、巡视检查

（一）一般要求

（1）仪器设备的安装和埋设应按施工图纸和生产厂家使用说明书的要求进行。

（2）监测仪器设备安装、埋设应与建筑物施工协调好，尽量避免相互干扰，并将监测仪器设备的埋设计划列入建筑物施工的进度计划中，以便及时提供监测仪器设备安装和埋设所必需的工作面。

（3）所有仪器和设备应进行检验后方可进行安装和埋设。

（4）仪器设备的安装和埋设应严格按批准的安装和埋设措施和厂家使用说明书规定的程序和方法进行。每项（支）监测仪器设备安装和埋设完毕后，应立即对仪器设备的安装和埋设质量进行检查和检验，经检查确认其质量合格后，方能继续施工。

（5）由于施工不慎造成的任何监测仪器设备的损坏，应修复或更换，造成仪器移位应立即校正，并做好详细记录。

（6）仪器电缆敷设应根据现场情况尽可能减少接头，拼接和连接应按设计和厂家要求进行。

（7）从仪器设备安装和埋设地到观测站之间的电缆埋设的走向和电缆沟、电缆保护管的布置应根据施工图纸进行。

（8）仪器设备及电缆在安装和埋设之后应进行检查和校正，检查验收后应立即测读初始值。

（9）施工期间应在所有仪器的电缆上，至少安装 3 个耐久的、防水的标签，以保证识别不同仪器所使用的电缆和仪器的编号。

（10）在施工过程中，所有仪器设备(包括电缆)和设施应予保护，要求保护的部位应提供保护罩、标志和路障。所有未完成的管道和套管的开口端应加盖，管道和套管应保证没有异物进入。

（11）应根据相关要求对观测房安装避雷针等设施。

（12）所有仪器和设备在第一次使用前应进行检验和校正，现场观测的二次测读仪表在使用过程中应按有关要求进行定期标定，确保仪表在有效期内使用。

（二）变形监测点标墩

（1）监测控制网点的具体位置，先依据设计图纸提供的概略位置或概略坐标现场进行初选，既要考虑拟定的观测方向能通视，点位又要处在相对稳定的地方。标墩定位的具体位置要经过监理人的确认和批准。

（2）观测墩基础原则上应嵌入基岩中，其位置如遇有较厚的覆盖层，将其基础面开挖至坚实的原生风化岩土中(深度不少于 1m)。浇筑钢筋混凝土底座和柱身，用锚筋和基岩连接成整体。

（3）观测墩顶部强制对中底盘应调整水平，倾斜度不得大于 4°；水准标志直接嵌于混凝土观测标墩底座凹坑底面并露出 10mm，保证标志体平正且利于水准尺自由转动。

（4）混凝土标墩所用混凝土标号不低于 C20，混凝土级配不大于 2 级配，并严格捣实，表面刷白，再用红油漆喷印编号，字体大小(长×宽)15cm×10cm。观测墩底座混凝土标号不低于 C20，混凝土级配为 2 级配。

（三）基岩变形计

（1）基岩变位计主要由测缝计、传递杆及锚头、基座板及固定框架和测缝计护管等四部分组成。

（2）现场安装前，先按厂家附图完整仪器拼装一次，具体安装分两步进行，首先将锚头、锚杆放入孔中预定位置，灌浆浇注；然后安装测缝计，操作顺序如下：

① 按设计施工要求，用电缆接长测缝计电缆。

② 检查钻孔深度，清理孔壁。

③ 将锚头和传递杆连接好，与灌浆管一同放入孔中，使传递杆位于钻孔中心，以便与

测缝计连接。

④ 灌浆所用砂浆建议采用粒径小于 1mm 细砂和高标号水泥配制，水灰比 0.38∶1，以 0.2MPa 的灌浆压力进行灌浆。灌浆量控制在能将锚头埋入 30cm，并能和基岩孔壁牢固结合。

⑤ 灌浆结束后，拆除灌浆管。待水泥凝固后，用黄泥护孔。

⑥ 测缝计下端经接头和传递杆用螺纹连接；上端(出电缆端)卡在 U 形槽中。

⑦ 调整和设定工作零点需预先拉伸测缝计，预留压缩量。整套仪器组装调整好后，可以将测逢计和基座框架一起用混凝土覆盖，再用读数仪进行检测，如正常可继续浇注混凝土，否则应重新埋设。

（四）测压管

按仪器使用说明书做好仪器安装前的准备工作、安装、调试和标定。

(1) 在设计确定的位置钻孔，孔径 6mm。

(2) 钻孔工作结束后，测压管埋设之前，应用压力风水进行冲洗，将孔道内的钻孔岩屑和泥沙冲洗干净，直到回水变清 10min 后结束，并应向钻孔内送入压缩空气，将钻孔内的积水排干。

(3) 测压管包括进水管和导管两段，外径 ϕ50mm。

(4) 透水孔孔径 ϕ4～ϕ6mm，开孔率 18%，梅花形布置，内壁无刺。管外壁包裹土工布。

(5) 在钻孔底部充填洗净的粒径为 ϕ5～ϕ8mm 的砂砾石垫层，厚 30cm，捣实。将测压管放入孔内，进水管段底部位于砂砾石垫层上。

(6) 在进水管周围填入上述规格洗净的砂砾石，并使之密实。

八、管顶加盖护

（一）渗压计

(1) 渗压计埋设前，必须进行室内检验，并做压水试验，合格后方可使用。

(2) 取下仪器端部的渗水石，在钢膜片上涂上一层黄油或凡士林以防生锈，但要避免堵孔。按需要接长电缆。

(3) 安装前需将仪器在水中浸泡 2h 以上，使其达到饱和状态，再在测头上包上直径不大于 105mm 的饱和细砂袋，细砂袋中装满粒径不大于 2mm 的干净细砂。使仪器进水口通畅，防止水泥浆进入渗压计内部。

(4) 将渗压计埋入坑中后，坑口上方用水泥砂浆封住，待砂浆凝固后，即可填筑混凝土。

(5) 埋设于防渗帷幕和固结灌浆部位附近的渗压计，应在其施工完毕，并经检查合格后才能施工。

（二）水位计测管

测管采用中 ϕ90mm 的 PE 管厚度 5mm；测管底部和中部 3～5m 段均匀钻孔形成花管；水位计测管应预埋在坝上游，进行安装高程的标定，安装精度不大于±1.0cm。

（三）水尺

（1）水尺采用红、黑颜色的标准“E”型水尺。

（2）水尺尺体采用瓷漆喷绘。

（3）水尺有效分辨率为10cm。

（4）水尺安装后，应进行安装高程标定，精度不大于1.0cm。

（四）量水堰

（1）按照设计要求和现场的渗流量情况选购和加工堰板，量水堰的堰槽和堰板采用厚度3mm的不锈钢板制作。过水堰口下游侧切削成45°坡口。

（2）堰槽采用矩形断面，其总长度应大于7倍堰上水头。其中堰板上水头0.5m。堰槽宽度不小于堰口最大水面宽度的3倍。

（3）在堰槽的预留位置安装堰板，堰顶至排水沟沟底的高度大于5倍堰上水头，堰板应直立且与水流方向垂直。堰板为平面，局部不平处不大于±3mm。堰口的局部不平处不大于±1mm。堰板顶部保持水平，两侧高差不大于堰宽的1/500。直角三角堰的直角，误差不大于30°。

（4）堰板和侧墙保持铅直。倾斜度不大于1/200。侧墙局部不平处不大于±5mm。堰板与侧墙垂直，误差不大于30°。

（5）两侧墙应平行，局部的间距误差不大于±10mm。

九、简易气象站

（1）简易气象站应布设在专门的场地，场地应有围栏保护，四周空旷和无建筑物遮蔽。场地中央安置的百叶箱应水平地固定在一个特制的支架上。支架应牢固固定，顶端约高出地面125cm。多强风的地方，还须在四个箱角上采用钢丝纤绳固定，百叶箱的箱门朝正北。若处于雷暴区，气象站场地须安装避雷装置，多强风的地方，还须采用钢丝纤绳固定避雷针钢管。

（2）百叶箱内固定支架上安装干、湿温度表各一支，最高、最低、实时气温表各一支。

（3）雨量计牢固地安置在平坦的地方，周围应无影响降水测量的障碍物，器口距地面为710mm。雨量计应保持水平，脚底面与地面平齐。雨量计的安装支脚可用螺钉固定于桩上，或者地基上用混凝土浇筑安装台，并采用地脚螺栓进行固定。

十、电缆

1. 一般要求

电缆走线敷设时，应严格按照电缆走线设计图和技术规范施工，尽可能减少电缆接头；施工期电缆临时走线，应根据现场条件采取相应敷设方法，并加注标志，注意保护，选好临时观测站的位置，观测电缆的保护要有切实可靠的措施；在电缆走线的线路上，应设置警告标志，尤其是暗埋线，应对准暗线位置和范围设置明显标志，以防隧洞回填灌浆时将引线打断，设专人对观测电缆进行日常维护，并健全维护制度；电缆敷设过程中，要保护好电缆头和编号标志，防止浸水或受潮，应随时检测电缆和仪器的状态及绝缘情况，并记录和说明。

2. 塑胶电缆的连接

根据设计和现场情况准备仪器的加长电缆；将电缆头护层剥开50~60mm，不要破坏屏蔽层，然后按照绝缘的颜色错落(台阶式)依次剥开绝缘层，剥绝缘层时应避免将导体碰伤；电缆连接前将密封电缆胶的模具预先套入电缆的两端头，模具头、管套入一头，盖套入另一头；将绝缘颜色相同的导体分别叉接并绕接好，用电工绝缘胶布包扎使导体不裸露，并使导体间、导体与屏蔽间得到良好绝缘；接好屏蔽(可以互相压按在一起)和地线，将已接好的电缆用电工绝缘胶布螺旋整体缠绕在一起；将电缆竖起(可以用简单的方法固定)，用电工绝缘胶布将底部的托头及管缠绕几圈，托头底部距接好的电缆接头根部30mm；将厂家提供的胶混合搅匀后，从模口上部均匀地倒入，待满后将模口上部盖上盖子；24h后用万用表通电检测，若接线良好，即可埋设电缆。

3. 电缆的保护

电缆连接后，在电缆接头处涂环氧树脂或浸入蜡，以防潮气渗入；应严格防止各类油类腐蚀电缆，经常保持电缆的干燥和清洁；各电缆在水平牵引中，必须用橡胶或PVC套管进行保护，当电缆临时露头时应用木箱保护，并采取防水措施，严禁将电缆观测端浸入水中；电缆牵引应做出明显标记，要严防开挖爆破、施工机械损坏电缆，以及焊接时焊渣烧坏电缆；所有传感器电缆均按图纸所示方向就近及时引入观测站或保护箱内，并及时与集线箱连接；电缆的类型应与传感器的类型匹配；应在电缆仪器端、电缆中部和电缆测量端分别有标识仪器的编号牌。

4. 电缆的跨缝保护

电缆跨施工缝或结构缝布置时，应采用穿管过缝的保护措施，防止由于缝面张开或剪切变形而拉断电缆，具体要求如下：电缆跨缝保护管直径应足够大(为电缆束直径的1.5~2.0倍，使得电缆在管内可以松弛放置；电缆应用布条包扎，其包扎长度应延伸至保护管外，管口用涂有黄油的棉纱或麻丝封口；跨缝管段应有伸缩管，以免因保护管伸缩而使局部混凝土开裂；当电缆从先浇块引至后浇块而过缝时应采用预埋电缆储存盒内的方法过缝，盒内电缆段用布条包扎并松弛放置。还应采取措施防止水泥浆流入盒内。

十一、钻孔

(1) 钻孔的孔位、深度、孔径、钻孔顺序和孔斜等应按施工图纸要求执行。

(2) 钻机安装应平整稳固，钻孔前埋设孔口管，钻孔方向应按施工图纸要求确定，钻孔时必须保证孔向准确。

(3) 在钻孔过程中，钻孔应进行孔斜测量，并采取措施控制孔斜，如发现钻孔偏斜超过规定时，应及时纠偏或采取其他补救措施。纠偏无效时，应报废原孔，重新钻孔。

(4) 钻孔结束，应进行检查验收，检查合格，并经签认后，方可进行下一步操作。

(5) 施工图纸所示的所有钻孔，应妥加保护。

（6）钻孔工作结束后，应用压力风水进行冲洗，将孔内的岩屑和泥沙冲洗干净，直到返水变清10min后结束。在仪器埋设工作开始前，应向钻孔内送入压缩空气，将钻孔的积水排干。

（7）仪器埋设完毕，经验收后，及时对回填的钻孔进行回填作业。

钻孔回填材料应根据施工图纸的要求和监理人的指示分别采用回填水泥浆、水泥砂浆或回填砂或其他材料。采用水泥浆回填的钻孔，其水灰比应取0.5~1.0，浆液中不允许掺砂经同意可以掺入一定数量的速凝剂、膨胀剂或早强剂，其28d的结石强度应不低于1MPa。水泥砂浆28d的抗压强度应不低于25MPa。应采取措施保证钻孔回填的紧实性，防止回填料架空。在回填作业开始前进行“注浆密实性试验”以决定注浆工艺，并报审批。在回填作业的水泥浆或水泥砂浆应随拌随用，初凝前必须使用完毕。钻孔回填后，在水泥浆和水泥砂浆凝固前，不得敲击、碰撞和拉拔电缆等监测仪器的外露部件。

十二、监测要求

（1）施工期的监测工作必须按照规定的监测项目、测次和时间进行，并做到“4无”(无缺测、无漏测、无不符合精度、无违时)。必要时，还应适当调整监测测次，以保证监测资料的精度和连续性。

（2）仪器设备应妥加保护。电缆的编号牌应防止锈蚀、混淆或丢失。电缆长度不得随意改变，必须改变电缆长度时，应在改变长度前后读取监测值，并做好记录。集线箱及测控装置应保持干燥。

（3）在整个工程实施期间应对已埋设安装并处于工作状态的监测仪器的维护、定期观测记录全部原始观测数据，对现场观测值进行质量控制。并注明仪器异常、仪表或装置故障、电缆剪短或接长及集线箱检修等情况。应保留全部未经涂改的原始记录，并按期提交监测资料和无修改痕迹的原始监测数据的复印件。

（4）所有仪器和设备在第一次使用前应进行检验和校正。仪器设备安装就绪后，应对仪器设备进行测试、校正，并记录仪器设备在工作状态下的初始读数。用于读取数据资料的二次读数仪表应定时进行检验。如需更换仪表，应先检验是否有互换性。

（5）仪器埋设后，必须确定基准值。基准值应根据被测物理量的特性、仪器的性能及周围的温度等，从初期各次合格的观测值中选定。各类监测项目测次按规范中所要求的测次和时间进行监测，相互关联的项目应同时监测。若遇到特殊情况，如大暴雨、大洪水、汛期、水位长期持续较高、库水位骤变等监测数据发生显著变化或多次测读呈持续递增的情况以及测值出现异常或为施工提供必要的数据时，应增加测次，并及时提供经整理的观测资料。在开挖爆破以及支护和灌浆作业完成、多次测读数据表明监测值趋于稳定后可逐渐加长监测周期。

（6）现场监测或采集的数据要在现场校对无误，防止差错，并及时进行数据处理、分析和反馈。如发现异常情况，应找出原因，排除监测操作程序或监测设备的问题后，及时上报以便分析原因，并采取必要的措施。

（7）在进行日常观测的同时，还应记录相关的土建施工以及水文气象资料，供以后资料分析时参考。

第十一节　机电布置与消防设计

一、水力机械

（一）水轮发电机组

色拉龙一级水电站最大水头53.8m，最小水头42.2m，加权平均水头49m，额定水头46m；根据电站水头及动能条件，结合机组设计制造水平及大件运输条件，本阶段推荐色拉龙一级水电站装设2台容量为35MW立轴混流式水轮发电机组；水轮机额定出力35.71MW，转轮直径3.3m，额定转速166.7r/min，额定流量85.5m^3/s，比转速262.97m·kW，比速系数783.56，水轮机安装高程161.5m，吸出高度0m；发电机额定容量41.176MVA，额定电压10.5kV，额定功率因数0.85。

（二）调速器及油压装置

调速器采用PID数字式微机控制电液调速器。液压操作控制系统的额定工作油压为16MPa、导叶接力器的全关和全开时间能在6~40s范围内独立可调；油压装置型号初步确定为HYZ-2.5-16。

（三）主厂房桥机

机组安装和检修时起吊最重件为发电机转子，其连轴起吊重量约为187t。选用1台200t/50t单小车桥式起重机。

（四）调节保证设计

电站为坝后式地面厂房，机组采用一机一管布置。

根据调节保证设计限制及调节保证计算成果，采用直线关闭规律、导叶接力器从全开至全关时间整定为7.5s。色拉龙一级水电站输水发电系统及水轮发电机组调节保证设计如下：机组最大转速升高率β_{max}设计值不超过50.0%；蜗壳最大压力值设计值不超过75mH_2O；尾水管进口最大真空度设计值不超过7.8mH_2O。

二、电工

（一）电站接入电力系统方式

色拉龙一级水电站拟供电范围为老挝南部电网，富余电力可送至老挝国内中北部电网或通过国家电网统一协调出口至邻近越南、泰国等国家；现阶段暂根据业主提供的电站接入系统方案作为设计依据：色拉龙河一级水电站以115kV出线2回“π”接至M. Phine-Nathone当地115kV线路。

（二）电气主接线方案

色拉龙一级水电站装机容量70MW，装设2台混流式机组，单机容量35MW。发电机-变压器组合方式推荐采用单元接线，115kV侧比较了单母线接线、四角形接线和外桥形接线。从可靠性、技术和经济等方面综合比较，本阶段电气主接线推荐方案为：发电机与变压器组合采用单元接线，设发电机断路器，115kV 侧采用单母线接线。

（三）厂用电接线

电站共装设 2 台发电机，厂用电源从发电机-变压器单元的发电机端引接，共引 2 回厂用电源，作为厂用电主供电源；另设置 1 台柴油发电机作为电站的厂用电保安电源。

（四）主要电气设备

（1）115kV 配电装置。115kV 配电装置初步比较了 GIS 和敞开式设备两种方案。本阶段电站 115kV 配电装置推荐采用 GIS 设备；GIS 的额定电压 145kV，额定电流 2000A，额定短路开断电流 40kA。GIS 配电装置室布置在上游副厂房 189.0m 高程。

（2）主变压器。主变压器选择户外油浸双绕组铜线圈无载调压三相升压变压器，自然油循环自然空气冷却，额定容量为 50MVA；主变压器额定变比 115±2×2.5%/10.5kV（需电网确认），阻抗电压 10.5%。主变压器布置在上游副厂房 179.0m 高程。

（3）共箱封闭母线。发电机回路母线采用共箱封闭母线，额定电压 10.5kV，额定电流 2500A。

（4）发电机断路器。发电机断路器采用真空断路器，额定电压 12kV，额定电流≥3000A，额定短路开断电流 40kA。

三、控制保护及通信方案

（一）控制保护

色拉龙一级电站按“无人值班”（少人值守）原则设计，电站采用全计算机监控系统作为电站主要控制方式。

本电站计算机监控系统拟采用开放式分层分布系统，全分布数据库。由电厂级各节点计算机和各现地控制单元组成，各节点计算机和现地控制单元拟采用局域网（100Mbps 星型以太网）连接。

色拉龙一级电站元件保护及线路保护全部采用微机型继电保护装置。电站的继电保护和自动装置根据《继电保护和安全自动装置技术规程》（GB 14285—2006）、《水力发电厂继电保护设计规范》（NB/T 35010—2013）等规程规范要求，并考虑电站“无人值班”（少人值守）运行原则进行配置。

（二）通信

目前考虑采用光纤通信方式。色拉龙一级水电站通过 OPGW 光纤通信电路，接入电力系统；厂内通信选用数字程控调度交换机 1 套、对外通信通过程控调度交换机中继用户与当地电信公网相连实现、配置一组-48V/90A 通信电源和两组-48V/120AH 蓄电池，以及配线及接地等。

（三）金属结构

金属结构设备包括泄水系统、引水系统、尾水系统及导流系统等建筑物的拦污栅、闸门和启闭设备。共有各种闸门门叶、拦污栅的栅叶共 18 扇，各类门槽（储门槽）、栅槽埋件共 23 套，各种启闭机 10 台。

泄洪建筑物布置有4孔表孔，用于调洪削峰、水库调度。表孔工作闸门孔口尺寸为14m×18m-17.5m(宽×高-设计水头，下同)，堰顶高程为198.00m，底坎高程为197.50m。闸门由安装在两旁闸墩的液压启闭机油缸操作，其启闭容量为2×2200kN。表孔工作闸门上游设置设一道检修闸门以便于表孔工作闸门门槽及门叶的维护和检修，4孔共用一扇检修闸门门叶，检修闸门孔口尺寸为14m×17.55m-17.05m，门型为露顶平面叠梁闸门，由坝顶2×630/200kN双向门机通过自动抓梁操作。坝顶双向门机主钩用于起吊表孔检修闸门、进水口检修闸门及拦污栅，并用于进水口快速闸门的检修，门机下游侧回转吊可用于表孔工作闸门液压启闭机的检修。

电站进水口顺水流方向依次设置拦污栅、进口检修闸门和快速闸门。2台机组分别2孔进水口呈"一"字形布置，每孔进水口设置一道检修闸门和一道快速闸门，进水塔前缘为拦污栅框架结构，每个进水单元为2孔拦污栅。拦污栅孔口尺寸为5.5m×10m-4m，共4扇，采用坝顶2×630/200kN双向门机的主钩进行操作，利用清污机的清污抓斗进行清污。2孔进水口共用一扇检修闸门，门叶采用平面滑动闸门，采用坝顶2×630/200kN双向门机的主钩通过液压自动抓梁进行操作。每条引水隧洞进口设快速闸门，要求事故工况下能在3min内动水关闭(不包括充水阀关闭时间)，其孔口尺寸为4.8m×4.8m-21.15m，选用1000/630kN(持住力/启门力)液压启闭机通过拉杆进行操作，闸门平时用液压启闭机悬挂在孔口以上约1m处，当机组发生事故时，可在中控室或启闭机房内操作关闭闸门，闭门时间≤3min。

每台机组尾水管出口由闸墩分为两孔闸门，2台机组共设4孔，其孔口尺寸为4.4m×4.4m-24.97m，平面滑动闸门，由尾水平台上的400kN单向门机操作。

导流底孔封堵闸门的孔口尺寸为5m×5m-55m/10m，为平面滑动闸门，选用2×800kN固定式卷扬启闭通过拉杆操作。

(四) 采暖通风

1. 通风空调系统方案

本电站为地面式厂房，主厂房的通风是采用从发电机层大门及防雨型风口进风，机械排风的通风方式，全厂总通风量为145644m³/h。发电机层的排风作为上游副厂房及以下各层的进风。对副厂房重要房间如中控室等设多联变频空调机进行空气调节；水轮机层、蜗壳层水泵房等相对比较潮湿，设置除湿机除湿。

全厂共设有排风系统15个，空调系统1个，除湿系统1个。通风机有34台(其中离心风机箱1台，轴流风机33台)，除湿机6台，多联空调设备1套。

2. 防火排烟系统

本工程为地面厂房，不设置机械排烟系统，采用自然排烟。整个厂房排风系统均兼作事故排风系统；所有风管在穿越隔墙处均设置防火阀；油库、油处理室及蓄电池室均采用独立的防爆排风系统。

(五) 消防设计

根据消防设计原则，本电站消防总体设计方案是针对不同的生产场所火灾危险性类别及耐火等级，综合考虑采用适当的火灾预防措施和灭火措施。消防设计严格遵循"预防为主、防消结合”的方针和以上设计原则，并在设备布置和选型设计中，结合电站防火要求进行。

四、施工组织设计

（一）施工条件

色拉龙一级水电站位于老挝中部的沙湾拿吉省色邦亨河的支流色拉龙河下游河段，色拉龙河与色邦亨河汇合处上游约10km处，距离沙湾拿吉省孟平县约42.8km，距离省会城市沙湾拿吉市约140km，距离老挝首都万象约568km。

色拉龙一级水电站以发电为主要开发任务，采用坝式开发。枢纽工程由混凝土挡水坝、溢流坝、引水发电系统、发电厂房及开关站组成，最大坝高64.5m，额定水头46m，最大引用流量171m³/s，电站装机容量70MW，安装2台混流式机组，年平均发电量为2.699亿kW·h。地势东高西低，东部为长山山脉，中、低山地形，山顶高程800~1300m，沟谷高程约280~550m；西部为低山、剥蚀平原地貌。本工程施工总布置条件较好，根据对外交通、枢纽布置特点和施工场地条件，本工程的施工设施和生活区主要布置坝址右岸。坝址右岸约200.0m高程有较为平缓的条带坡地，可满足施工场地布置要求。工程施工所需的生活物资、火工材料、油料等在老挝本地采购，通过公路运输方式运至工地；除水泥外的主要建筑材料、机电设备及金属结构等从国内进口，通过公路运输方式经中老边境磨丁口岸进入老挝境内，枢纽附近无铁路通过，电站所在河流不具备通航条件，故通过公路经由13号路、10号路运至沙湾拿吉省孟平县，最后再经由23号路运至工地现场。

坝区位于孟平县东南部，属丘陵河谷地貌。色拉龙河大体从东往西流经坝区，上坝址以上河段流向N80°W，以下折向S86°W，枯水期河面宽10~80m，水面高程160.9~162.5m，河底高程147.3~158.2m，水深0.4~14m。两岸岸坡平缓，岸坡坡度一般8°~30°，局部较陡。坝址区域两岸沿河河滩和阶地较多，可供施工场地利用，施工布置条件较好。坝址及附近河流天然砂砾料缺乏，建议采用人工骨料。坝址右岸1#石料场具有开采方便、运距近等优点，储量满足工程需要。

当地的大型车辆设备修理能力较弱，工地现场需要设置机械修配厂和保养站。色拉龙河为不通航河流。大坝下闸蓄水期间为雨季，下游支沟众多，满足下游居民生活需要；色拉龙河水水质良好，可作为生产、生活用水。

（二）施工导流

1. 导流时段及方式

根据水文资料，枯水期12月~翌年5月和12月~翌年4月，10年一遇分期洪水分别为149m³/s和80.7m³/s。主坝基础处理工程量较大，枯水期历时短，结合主河床坝段工程施工进度分析，采用枯水期12月~翌年5月施工时段对工程进度保证性较高，本阶段推荐主河床坝段采用枯水期12月~翌年5月导流时段。

综合工程技术经济比较，本阶段推荐厂房全年导流、主河床坝段枯期导流的分期导流方式。

2. 导流标准

一期纵向围堰主要保护导流底孔坝段、厂房坝段、右岸挡水坝段、厂房全年围堰等项目施工，导流建筑物级别为4级；纵向围堰使用年限仅有1个枯期，最大堰高13.50m，基坑失事后损失不大。土石类导流建筑物设计洪水重现期标准为20~10年，本阶段施工导流设计洪水标准采用10年一遇洪水重现期，相应12月~翌年5月，10年一遇的枯期导流设计流量为149m³/s。厂房坝段采用全年导流时段，相应10年一遇设计流量为3700m³/s。

二期导流利用枯期施工溢流坝段、左岸挡水坝段、厂房坝段，汛期左岸挡水坝及厂房坝段继续施工。采用土石类导流建筑物，设计洪水重现期标准为20~10年，本阶段施工导流设计洪水标准采用10年一遇洪水重现期，溢流坝段、左岸挡水坝段部位采用枯期导流时段(12月1日至次年5月31日)流量为149m³/s，厂房坝段二期施工采用全年导流时段，设计流量为3700m³/s。

3. 导流方案及导流程序

左岸河道扩挖，在右岸布置一期枯期围堰。在一期土石围堰保护下，完成厂房小基坑全年围堰和导流底孔等项目，厂房全年施工；导流底孔布置在厂房坝段和溢流坝段之间，下游与厂房尾水导墙结合布置。二期枯期施工溢流坝段和左岸挡水坝段，形成坝体度汛缺口，汛期厂房及左岸挡水坝段继续施工，汛后浇筑完成缺口坝段。

推荐方案导流程序如下：

第一年9月至11月进行左岸河道扩挖。第一年12月至第二年5月，填筑一期枯期土石围堰并在其保护下，施工右岸挡水坝、厂房坝段、导流底孔、厂房全年围堰，由左岸束窄河床(需扩挖)过流。同期左岸挡水坝①~⑦段施工。

第二年5月底前，形成厂房全年围堰、导流底孔及导墙，并拆除一期枯期围堰用于汛期过流。

第二年6月至11月，在厂房全年围堰保护下，厂房小基坑继续施工，左岸挡水坝①~⑦段进行混凝土施工，该时段由左岸束窄河床(需扩挖)和已完建导流底孔联合过流。

第二年12月至第三年5月，填筑二期枯期围堰并在其保护下进行溢流坝段及左岸挡水坝⑧段、储门槽坝段的施工，由导流底孔过流；厂房小基坑继续施工。第三年5月底前，溢流坝与储门槽坝段形成底高程175.00m、宽91m的坝体度汛缺口，其他部位浇筑高程不低于186.00m，以便于度汛。

第三年6月至11月，由导流底孔和溢流坝度汛缺口过流，厂房和左岸挡水坝①~⑧段继续施工。

第三年12月~第四年5月，由导流底孔过流，完成缺口坝段和厂房的施工。

第四年5月底，坝体完建，水工永久泄洪建筑物具备设计泄流能力。

第四年5月底，导流底孔下闸，水库蓄水，8月下旬蓄水到死水位。期间进行导流底孔封堵施工。

4. 导流建筑物设计

导流建筑物主要有一期土石围堰、导流底孔及导墙、厂房全年上下游围堰和二期枯期上下游围堰等。

(1) 一期土石围堰。根据设计洪水资料及河床水位流量关系曲线，通过水力学计算复核得出一期围堰上下游段堰前水位分别为163.76m和162.74m，其堰顶高程分别取165.00m和163.50m。纵向围堰段由上游顶高程向下游逐渐降低。围堰防渗采用高压旋喷灌浆结构，围堰迎水面用0.5m厚的块石护坡，以保证围堰堰脚及坡面的抗冲刷稳定。

（2）导流底孔及导墙。导流底孔进口高程为160.00m，出口高程155.00m。所布置的导流底孔进口至坝体末端D)0+022.85m处底高程为平坡160.00m，底孔在坝体D)0+022.85m至出口段采用陡坡，孔口尺寸为5m×5m(宽×高)。导墙上游段堰前水位是173.80m，考虑水位壅高、安全超高、波浪爬高和沿程水面跌落等因素，导墙顶高程取175.50m，导墙下游段顶高程取174.00m。

（3）厂房全年上下游围堰。当导流底孔和左岸河床扩挖联合泄流10年一遇洪水3700m^3/s时，由水力学计算可知厂房上游围堰堰前水位是173.80m，堰顶高程取175.50m。厂房全年上游围堰堰体和堰基防渗采用高压旋喷灌浆防渗墙的土石围堰结构型式；厂房全年上游围堰轴线全长为84.50m，围堰顶宽为6.00m，迎水面坡比为1∶1.75，背水面坡比为1∶1.5，围堰最大高度为17.50m。围堰迎水面用0.5m厚的块石护坡，以保证围堰堰脚及坡面的稳定。厂房下游围堰堰顶高程取174.00m，结构型式与厂房全年上游围堰相同。

（4）度汛缺口。为满足工程第三年6~10月度汛要求，坝体度汛缺口布置于溢流坝段和储门槽的9#~12#坝段，底高程为175.00m，宽度为91.00m，由导流底孔和缺口联合泄流3700m/s时，水位为183.63m，考虑超高等因素，缺口高度为设置为11.00m。

（5）截流。选定本工程截流时段为12月初。选定本工程截流标准为5年一遇，相应12月截流流量为48.5m^3/s。根据工程区枢纽及道路布置情况，推荐采用由左岸向右岸单向进占、单戗立堵截流的方式。

（6）下闸蓄水。结合工程径流资料和水库特征参数分析，且考虑到下闸蓄水期间大坝的运行安全，根据导流规划时段及施工进度安排至第四年5月底，第一台机组具备发电条件，此时首部枢纽已完建，具备度汛运行条件。

考虑到汛期蓄水，下游供水可由降水、洪水等补给，且工程枢纽区人口稀少、未发现有特殊供水要求，本阶段暂不考虑为下游生态供水。在8月21日即可蓄水至死水位206.00m(约5.97亿m^{3}库容)，之后可进行机组调试发电并择机蓄水至正常蓄水位。

第四年6~8月，导流底孔进行封堵施工，封堵期最高水位按正常蓄水位215.00m计算，闸门最大挡水水头约55m。

（三）料源选择与料场开采规划

1. 混凝土骨料

由于工程区砂砾石料缺乏，工程石方开挖料不满足混凝土骨料质量要求，故本工程混凝土骨料料源考虑采用人工石料场。

根据地质报告结论，坝址右岸1#石料场和2#Pha Magno石料场的石料质量和储量均基本满足加工混凝土骨料要求，但2#Pha Magno石料场距坝址95km远；坝址右岸1#石料场距离坝址近，且开采运输方便，故本阶段选择坝址右岸1#石料场作为本工程人工骨料料场。

2. 土石填筑料

本工程围堰土石方填筑总量约14.3万m^3(压实方)，其中一期枯期围堰填筑石料和各期围堰块石护坡等石料共计约6.2万m^3(压实方)，该部分石料考虑从1#石料场开采，开采石料约5.0万m^3(自然方)。

其余围堰填筑料均考虑从就近的2#渣场回采工程开挖料，共需从渣场回采土石方开挖料约9.0万m^3。

3. 料场开采及支护

（1）料场开采。根据料源规划，需开1#采石料场块石料共计约65.0万m^3（自然方），回采2#渣场土石方开挖料约9.0万m^3（自然方）。

石料场开采采用D7型履带钻机钻孔梯段爆破，T180推土机集渣，毛料采用2m^3挖掘机装20t自卸汽车运输至砂石加工厂。剥离料及无用层采用2m^3挖掘机直接挖装20t自卸汽车运输至渣场，回采2渣场土石方开挖料，采用2m^3液压反铲挖掘机挖装，20t自卸汽车运输至填筑工作面。

（2）料场支护设计。1#石料场地形较缓，料场支护主要为喷锚支护并设置截排水系统。

料场开挖边坡采用喷5~10cm厚的混凝土进行封闭，局部裂隙发育破碎地段采用挂钢筋网（ϕ6.5@15cm×15cm），喷10cm厚的混凝土，随机锚杆（ϕ25，L=4.5m）加强支护。开口线外侧设置浆砌石截水沟。

（四）主体工程施工

1. 大坝工程施工

大坝工程从左向右分别为左岸挡水坝段、溢流坝段、导流底孔坝段、进水口坝段、右岸挡水坝段。

根据施工总进度计划和导流规划，本工程推荐分期导流方案。在一期枯期围堰保护下，完成右岸厂房基坑全年围堰和导流底孔等项目。右岸厂房基坑内项目全年施工。二期枯期施工溢流坝段和左岸8#、9#挡水坝段，形成坝体度汛缺口（溢流坝段和9#挡水坝段），汛期缺口坝段停工，第三个枯期缺口坝段上升到顶并完成闸门安装。除缺口坝段外的其余坝段确保在第三年汛前至少浇筑到EL.186m（度汛要求面貌），第三年10月底浇筑到顶。大坝左右岸挡水坝段、进水口坝段、导流底孔坝段混凝土拟采用10t或15t自卸汽车运输入仓，局部配合溜筒入仓或采用MQ600B型门机吊运3m^3罐入仓浇筑。

缺口坝段EL.175.00m以下混凝土拟采用10t或15t自卸汽车运输入仓。EL.175.00m以下碾压混凝土拟采用10t或15t自卸汽车运输，配合溜筒垂直运输，仓内10t自卸汽车转料。常态混凝土采用MQ600B型门机吊运3m^3罐入仓浇筑。

根据大坝施工进度安排，大坝混凝土浇筑高峰月平均浇筑强度3.7万m^3/月，最大月平均上升速度约8.0m/月。

2. 厂房工程施工

在一期围堰的保护下，第一年12月至第二年3月底进行厂房基础及尾水渠开挖，与导流底孔坝段和进水口坝段同期完成基础开挖。混凝土浇筑在开挖完成后开始，在右岸厂房基坑全年围堰的保护下，厂房混凝土连续施工。第二年3月至第三年12月底，完成厂房一期混凝土施工。第三年12月至第四年5月完成二期混凝土施工。尾水肘管、锥管、蜗壳等的安装随着混凝土浇筑同时进行，机组安装在发电机层混凝土浇筑完成后进行。由于厂房基坑全年围堰占压部分尾水渠，该部分尾水渠混凝土安排在第三年至第四年枯期施工。机组安装和调试在第三年12月至第四年10月，第四年8月底首台机组具备发电条件。

（五）施工交通运输

1. 对外交通运输

色拉龙一级水电站对外交通公路初步路线规划方案为：线路起于老挝孟平县城，沿现有23#公路往南行约7km（至K7+300），离开23路，左转进入地方村道，行驶约12km（至K19+200）后，继续左转接入另一村道。沿村道前行约8km（至K27+400）后，跨色邦亨河大桥，进入较差的林区便道，行约11km（至K38+200），沿地形展线约9km至色拉龙河，止于色拉龙一级水电站右岸工程区附近。色拉龙一级水电站对外交通全长约47km，为满足老挝色拉龙一级水电站对外交通需要，从孟平县至坝址道路和桥梁需新建或改建。改建公路段30.7km，新建公路约9km，按挂-80运输荷载要求加固桥梁4座（共计175m），新建桥梁1座（长193m）。

2. 场内交通

本工程的主要施工设施和生活区布置在坝址右岸，主要的场内交通也相应布置在右岸。右岸场内交通从对外交通道路接入，分别修建道路至石料场、生活区、砂石加工系统、混凝土生产系统、弃渣场及施工基坑；左岸场内交通通过新建的下游临时交通桥连接右岸交通，新建至左岸基坑和坝肩的施工道路。场内交通道路总长约10.5km，其中永久道路4km，临时道路6.5km，干线公路路面宽度为6.5m，且都采用泥结石路面结构；新建临时桥一座，桥长150m，荷载等级汽-40，桥面宽度4.5m。

（六）施工工厂设施

1. 砂石骨料加工系统

砂石加工厂位于坝址右岸下游200m处的缓坡地带，分布高程为218~235m；砂石加工厂承担全工程的砂石骨料生产。根据大坝施工进度安排，砂石加工厂成品料生产能力，需满足混凝土高峰月平均浇筑强度3.7万m^3要求。加工厂毛料处理能力310t/h，成品料生产能力240t/h，为两班制生产，骨料最大粒径为80mm。

2. 混凝土生产系统

本工程混凝土总量约54.5万m^3（含喷射混凝土）。结合工程枢纽总布置、场内交通和混凝土入仓方式的特点及砂石加工厂位置，本工程集中设一个混凝土系统。

混凝土系统布置于下游临时桥旁，高程为178.00m，供应全工程混凝土，并需满足混凝土月高峰浇筑强度为3.7万m^3（冷混凝土）的浇筑要求。系统设计生产能力110m^3/h碾压混凝土，按最大浇筑块体复核，最大仓面浇筑能力90m^3/h。本系统设置一座强制式混凝土搅拌站（HZ90-1Q1500型）和一座强制式混凝土搅拌站（HZ120-1Q2000型），三班制生产。

3. 综合加工及机械修配厂

在工程现场附近，设置机械修配厂、汽车保修厂。

（七）施工总布置

1. 施工分区规划布置方案

本工程施工总布置条件较好，根据对外交通、枢纽布置特点和施工场地条件，本工程的施工设施和生活区集中布置在坝址右岸。

2. 渣场规划

本工程土石方开挖总量为 85.8 万 m^3(自然方)，其中大坝及厂房等工程土石方开挖总量为 28.2 万 m^3(自然方)，导流工程土石方开挖总量为 6.5 万 m^3(自然方)，围堰拆除 11.1 万 m^3，道路弃渣量约 6.5 万 m^3(松方)，料场剥离量 35 万 m^3(自然方)。工程直接或间接利用量约 9.0 万 m^3(自然方)，总弃渣量为 105 万 m^3(松方)。根据施工场地条件，本工程拟布置两处渣场，负责堆存全工程开挖渣料。从本工程施工区域的地形、地貌上分析，右岸主要有位于大坝右岸上游约 0.5km 处的河沟沟口及位于大坝下游约 1.6km 处的河滩地。

3. 枢纽工程建设区用地范围

根据施工场地布置规划测算，共需用地 60.4ha，水工枢纽及永久道路用地 14.2ha，施工用地 46.2ha，用地类型以实际调查为主。

(八) 施工总进度

根据进度安排，从主体工程开工到第 1 台机组发电工期为 36 个月(3 年)。从主体工程开工至工程全部完工，工期为 38 个月(不含筹建准备期)。工程施工关键线路为一期导流工程施工→进水口坝段和厂房工程施工→导流底孔下闸→蓄水发电。次关键线路为二期导流工程施工→溢流坝段土建施工→溢流坝段闸门与启闭机安装。

施工工期分为筹建准备期、主体工程施工期(含导流工程)、工程完建期。筹建准备期历时 16 个月，从第零年 5 月～第一年 8 月底。主体工程施工期历时 36 个月，从第一年 9 月～第四年 8 月底，控制项目为厂房工程施工和缺口坝段施工与下闸蓄水。完建工程期历时 2 个月，从第四年 9 月～10 月底，控制项目为 2#机组安装与调试。从筹建准备工程开工至工程完建，总计 54 个月。

第四章　光伏发电项目土建设计及施工——以钦州市钦南区民海 300MWp 光伏发电平价上网项目为例

第一节　工程概况

一、基本情况介绍

本项目站址位于钦州市钦南区东场镇和犀牛脚镇，坐标介于北纬 21°35′~22°08′，东经 108°24′~109°08′之间，主要用地以未利用地为主，不涉及基本农田，山坡坡度较小，山顶地势开阔，建设条件良好。场址紧邻 291 县道，场区内有县道和村村通水泥道路可利用，交通运输条件良好，适合安装光伏发电系统。本期建设规模 300MW，由广西钦州民海新能源科技有限公司投资开发建设，占地面积约 7800 亩，为地面光伏发电项目，全部采用固定式支架安装。

光伏并网发电系统，拟装机容量为 300MW，推荐采用分块发电、集中并网方案。本项目采用 460Wp 单晶硅组件+固定式支架+集散式+组串式方案，共设 112 个单元，分别为 80 个 2.5MW 集散式方阵和 32 个 3.15MW 组串式方阵。

集散式方案(1100V 系统)：每 18 块组件串联为 1 个光伏组串，每 16 路组串接入 1 台 16 路智能 MPPT 直流汇流箱，每 23~24 台汇流箱接入 1 台 2500kVA/35kV/0.52kV 箱逆变一体化设备，将电升压至 35kV。

组串式方案(1500V 系统)：每 26 块组件串联为 1 个光伏组串，每 22~24 路组串接入 1 台 225kW 组串逆变器，每 13~14 台逆变器接入 1 台 3150kVA/35kV/0.8kV 箱变，将电升压至 35kV。

每个光伏发电单元输出 35kV 交流电，每 7~9 台 35kV 箱式变在高压侧串联为 1 条集电线路，共 14 路集电线路厂区新建一座 220kV 升压站，经 1 回架空线路接入 220kV 排岭变电站，并入钦州电网。

升压站规划的用地面积为 15768m²(合约 23.68 亩)，围墙内占地面积为 6019m²(合约 9.04 亩)。站区方位充分与现场地块相协调，与周围环境相适应，按功能全站分二个区域，根据 220kV 向北出线的特点，站区从东向西依次布置生产区和生活区，两大分区以站内道路为分界线。站内道路西侧为综合楼，综合楼主要布置办公室、会议室、休息室、厨房、活动间、工具间、餐厅、卫生间等生活办公房间及主控室、蓄电池室等设备房间；场地东侧为 35kV 配电装置室及配电装置区，配电装置区设有主变、GIS 设备、SVG 设备、接地变设备等。生产区内设置环形道路，既满足设备运输要求，又满足消防要求。本期工程未设置物资仓库，本项目设备较多，为便于后期备品备件储存，后期工程考虑设置物资仓库。

截至2022年2月，该项目已安全运行14个月。

二、设计简介

（一）建设规模

钦州市钦南区民海300MWp光伏发电平价上网项目工程建设规模见表4-1，220kV升压站建设规模见表4-2。

表4-1 钦州市钦南区民海300MWp光伏发电平价上网项目工程建设规模

序号	项目名称	本期	远期
1	装机容量	300MWp	300MWp
2	220kV升压站	1座	1座
3	220kV送出线路	1回	1回

表4-2 220kV升压站建设规模

序号	项目名称	本期	远期
1	主变压器	2×150MVA	2×150MVA
2	220kV部分	1回出线	1回出线
3	35kV部分	14回出线	14回出线
4	无功补偿	±2×26MVar	±2×26MVar

电站总用地面积约7800亩，升压站部分规划用地面积为15768m^2(合约23.68亩)。工程概算投资175643.03万元。

（二）强条执行情况

《工程建设标准强制性条文》是电力工程建设过程中应强制执行的技术法规，是参与电力工程建设活动各方执行工程建设强制性标准的重要内容，执行《工程建设标准强制性条文》是从技术上保证工程质量与安全的关键。本工程设计严格执行《工程建设标准强制性条文》，并编制了《工程设计强制性条文执行计划表》和《工程设计部分强制性条文执行表》。

（三）总平面布置及配电装置

本光伏电站位于钦州市钦南区东场镇和犀牛脚镇。本期规模300MW，占地面积约7800亩。结合总体规划以及土地资源，本着因地制宜的原则，工程主要分为两部分：即升压站和光伏区。

光伏区主要包含光伏组件阵列、箱变-逆变一体化设备平台、电缆桥架等。光伏组件阵列主要布置于光伏场区，本工程为300MW光伏工程，共计配置112个光伏发电单元，每个光伏发电单元设一台升压变压器。升压变压器布置于电站内主水道两侧，以便于检修。光伏组件阵列间距以满足光伏发电在冬至日早九点至下午三点间不遮挡为布置原则，适当考虑检修和冲洗通行需要。经计算，光伏组件阵列的运行方式采用南坡和东西坡的光伏支架最佳倾角为17°，北坡的光伏支架倾角按7°考虑。光伏组件阵列平地的南北间距为2.50m，东西间距为0.5m。

升压站内道路采用混凝土道路，主变运输道路路面宽度为4.5m，其他消防车道路面宽度为4.0m，主变运输道路转弯半径为12m，消防车道转弯半径为9m。站内混凝土路面巡检道路宽度为3m的转弯半径为3m。

（四）主变压器、220kV及35kV配电装置

主变压器采用湿热型三相双绕组有载调压变压器，升压型变压器。变压器冷却方式推荐采用自然油循环自冷（ONAF），二次绕组额定容量按照100%全容量考虑，选用150MVA，接线组别为YNd11。

220kV配电装置选用户外GIS，额定电压252kV，额定电流3150A，额定开断电流50kA，热稳定电流50kA/3S，动稳定电流100kA，设备防污等级按E级考虑。

220kV避雷器型号为Y10W-204/532W（附在线监测仪），额定电压204kV，标称放电电流10kA，雷电冲击残压532kV。

35kV配电装置布置于35kV配电装置楼内，35kV开关柜选用KYN61-40.5铠装移开式交流金属封闭开关柜，柜内配置优质固封极柱式真空断路器或SF6断路器，户内单列布置，电缆出线；本期设置14面光伏集电线柜共14回光伏集电线接入，电缆经电缆沟敷设至开关柜。

35kV接地变及消弧线圈成套装置户外布置于站区东侧，接地变兼做站用变使用。

本站无功补偿采用SVG设备，户外布置于站区西南侧，容量为±26MVar，动态调节的响应时间不大于10ms。

（五）主要设备选择

根据本工程的接入系统运行方式，同时结合国内生产厂家产品的生产水平，进行变电站主要电气一次设备的选择。短路电流按照变电站远景的系统阻抗进行计算，主变压器按照系统确定的最大运行方式进行计算，采用全寿命周期内价格比高、占地面积少、维护少。

（1）光伏组件：采用单晶硅单玻光伏组件，额定输出功率460Wp。

（2）逆变器：80台2500kW集散式箱逆变一体机，768台225kW组串逆变器。

（3）汇流箱：采用直流汇流箱，每台直流汇流箱提供16路智能MPPT直流输入接口。

（4）箱变：采用三相油浸式双绕组升压变压器，3150kVA/35kV/0.8kV箱变32台。

（5）主变压器型号：SZ11-150000/220TH型；容量比：150/150MVA；电压比：220±8×1.25%/35kV；短路阻抗：Ud%=16；连接组别：YNd11。

（6）220kV采用户外GIS设备，架空出线，电气设备均短时电流耐受能力按照50kA设计，母线额定电流3150A。

（7）35kV开关柜选用金属铠装中置式开关设备，间隔宽度按照1.4m设计，电气设备均短时电流耐受能力按照31.5kA设计，户内单列布置。

（六）二次系统优化

变电站按无人值班（有人值守）设计，自动化系统采用开放式分层分布式网络结构。自动化装置的系统结构配置、功能要求等按变电站无人值班技术标准配置，具备“四遥”功能，采用IEC61850标准通信规约。

升压站计算机监控系统和光伏区计算机监控系统合一，光伏区数据通过双光纤环网上传计算机监控系统。

（七）主要建构筑布置及优化

1. 升压站采用户外布置形式，应用全寿命周期设计理念，从布局、选材等方面，进行优化设计，结合本站无人值班等特点，合理配置功能用房，精简附属建筑物减少平面占地面积。优化后全站总建筑面积 1704m^2。

2. 建筑物

建筑物见表 4-3。

表 4-3　建筑物一览表

序号	建筑物名称	建筑面积/m^2	占地面积/m^2	建筑体积/m^3
1	综合楼	1324	662	7546.8
2	35kV 配电装置室	275	275	1430
3	消防水泵房	105	105	441

（八）水工、暖通

变电站内生活用水采用打深井方案。站内采用雨污分流，雨水采用有组织排水，雨水经雨水口收集后排入雨水管网最终排入站外排水系统；生活污水经污水处理器处理后达到排放要求后排放至站内蓄水池用于场地绿化，绿色环保。

配电装置室采用自然进风机械排风的通风方式，通风合理组织气流由低温通向高温。配电装置室、综合楼等有人房间设置空调，空调选型采用节能型空调。

三、主要经济指标

（1）光伏电站总用地面积约 7800 亩，升压站围墙内用地面积为 6019m^2（约 9.02 亩），升压站内建筑总面积为 1704m^2。

（2）投资对比。本项目施工图预算为 171700 万元，初设批准概算 175643.03 万元，初设概算不超可研，施工图预算不超初步设计概算。

四、设计质量及服务

（1）设计成品质量优秀，设计文件、图纸交付进度满足工程综合进度要求，及时按工程档案管理有关要求移交竣工图等所有设计技术文件的纸质和电子版。

（2）设计服务满足建设单位和施工的需求，现场服务好，解决问题及时，受到业主好评。

（3）设计零缺陷移交。工程成品质量优良率 100%，无重大设计质量事故，设计变更控制在合理范围内，实现了工程设计“零缺陷”投产。

五、主要设计优化创新

（一）光伏设备选型先进性

（1）本工程采用了晶科 N 型 Tiger 单晶 460Wp，组件转化效率 20.21%，组件首年衰减

1%、2~30年每年功率衰减0.4%，远超国家光伏技术领跑招标要求，处于同期国内光伏组件的第一梯队，与同期光伏组件相比，具有组件正面容量大、转化效率高，发电量高的优点。

（2）1500V光伏系统应用。本工程将光伏系统中用到的光伏组件、线缆、逆变器等部件的耐压等级从1000V提高到1500V，对应的就是1500V光伏系统。目前1500V组串式逆变器最大为225W，经分析每26块为一串，最大可接入24串，每台组串式逆变器的满接容量290.16kW，容配比为1∶1.29。组串式逆变器有多个MPPT，降低组串匹配影响，提高发电量。特别适合在地形复杂的山地光伏项目上运用。1500V系统方案逆变器出口电压较高，电缆损耗小，可降低逆变器出口电缆截面。组串式逆变器的多路MPPT更为适合山地地形的光伏电站，可以减少组串适配所造成的影响，根据研究，组串式逆变器发电量较传统集中式逆变器可提升约3%。

（二）光伏整体设计方案创新性

铝芯电缆和铝合金电缆应用：本工程1kV直流电缆推广选用铝芯电缆，35kV交流电缆推广选用铝合金芯电缆，在保证发电量与项目安全可靠运行的前提下，相比铜芯电缆，全场电缆节省费用约为电缆费用的20%。与铜芯电缆相比，在相同的载流量时，铝合金电缆的价格比传统的铜芯电缆低约20%，而对制作成本进行对比，铝合金电缆比铜芯电缆价格要低得多。

电缆敷设设计：优化电缆敷设路径设计，接线简单明了，减少电缆，降低成本，减少电能损耗。

不同光伏组件布置倾角提高土地利用率：本工程是大规模山地光伏项目，地形复杂、朝向差异大，设计采用不同类型和倾角的光伏组件布置对发电系统进行优化，采用南坡固定式倾角17°和北坡朝南倾角7°的安装方式。

（三）升压站设计创新性和先进性

1. 电气设计先进性

（1）首次在光伏变电站内应用一体化在线监测技术，实现主要电气设备的油色谱、铁芯电流、电缆环流、箱变局放、PID及室内全景感知等的一体化监控，具有状态监测与回溯、智能告警及辅助决策等功能，由此实现光伏电站“被动预防式”到“主动预测式”运维方式的转变。

（2）针对广西壮族自治区特殊地质条件，开发分层土壤中复合接地网分析软件。该软件根据大地地质的不均匀性，考虑接地装置的材料特性、结构变化、各种降阻措施以及周围埋地管线的影响，采用向导式应用和图形模式展示计算结果，为变电站地设计和安全评估提供有力的技术支撑。

（3）针对升压站桥架电缆多、杂特点，开发一种电气配电用电缆一次敷设整线装置用于现场施工，解决了桥架进线电缆多呈散乱，不够规整的问题。

（4）首次在光伏升压站中应用智能巡检机器人，集成红外测温、视觉识别、超声波监测、环境监测（温湿度、噪声）及暂态地波TEV监测等功能，通过应用物联网技术，消除人工运维盲区，实现对站内设备运行状态、站内环境与安防状态等信息数据的在线监测，提高了光伏电站运行本质安全水平。

(5) 光伏电站采用智能照明控制技术，具有开关、调光、时钟控制、光线感测控制、集中控制及分散控制等多种控制模式。智能控制技术的应用每年可为光伏电站节省约1万kW·h的用电量。

(6) 为提升光伏电气设备对"三高三强"气候的适应性，项目研究应用多维防控技术。①依据屏柜尺寸定制烟雾净化系统，腐蚀环境净化处理应去除沿海地区独有的腐蚀性盐粒子颗粒，并去除空气中的灰尘，使关键部件微环境温度保持在20~25℃和相对湿度保持在35%~50%；②电缆沟进出墙处、屏柜底部等接口部位做好防火防水封堵，于电缆沟配置加装水浸传感器，实时监控沟内积水情况；③设备箱体配置智能导管型半导体除湿装置，可将箱体内部水汽冷凝并通过站内统一设备的冷凝水管集中排放，有效降低箱体内部湿度。

(7) 监控中心大屏幕：在控制室设置电力系统监控LED大屏幕，将光伏厂区的视频监控信息和升压站内的电力调度信息显示在中心大屏幕系统上。

2. 总平面优化设计

原可研单位设计方案围墙内占地面积为10650.00m^2，经设计优化，基于"生活、生产分区，动静分离"的升压站平面布置方案，其围墙内占地面积仅为6018.87m^2，共计节省43.5%占地面积(4631.13m^2)，节省土地投资约146万元。

3. 建筑设计创新性

以较少的投资，达到较高艺术性和技术性的融合。本项目综合楼和35kV配电楼融入徽派仿古和广西钦州地区古建筑设计风格，与周边环境非常协调，充分融入当地自然环境，在建筑自身形态、与环境关系等方面，展现自身特色。

建筑物通过合理布置，减小柱距、控制梁的高度，有效降低了层高。满足功能要求，节约投资。建筑室内设置贴砖踢脚线和室外设置蘑菇石，防潮、防碱化、防腐墙裙。本站所有空调房间均采用新型的断桥式铝合金节能窗，利用内嵌于铝框内的硬质隔热构造来阻隔内外热桥的形成，减少空调能耗损失，从而达到节能目的。

4. 结构设计先进性

(1) 光伏组件支架基础：支架基础采用微型钻孔灌注桩，通过经济比较，确定合适的桩径及桩间距。

(2) 电缆沟设计：采用成品复合树脂支架，与传统角钢支架相比，其具有强度高、重量轻、耐绝缘、耐腐蚀等特性。现场施工方便，后期维护量少。

(3) 镀锌铝镁防腐技术：光伏支架的檩条和斜梁采用镀锌铝镁防腐层防腐。其镀锌层成分主要以锌为主，由锌外加11%的铝，3%的镁及微量的硅组成。由于这些添加元素的复合效果，进一步提高了其腐蚀抑制效果。此外，具有在严峻条件下优秀的加工性能(拉伸冲压折弯油漆焊接等)，镀层硬度高，具有卓越的耐损伤性。与普通的镀锌及镀铝锌产品相比，镀敷附着量少却能实现更出色的耐腐蚀性，由于具有这种超强耐腐蚀性，在某些领域可代替不锈钢或铝付诸使用。切割端面部分的耐腐蚀自我愈合功效更是产品的一大特点。

(4) 组件支架立柱与斜梁通过设置一个角钢转向件，实现支架多方位转动。支架立柱通过设计不同长度，减少立柱现场切割量。

5. 节能环保

我国的能源生产和消耗相当巨大。随着经济的不断增长，能源的储有量与未来的发展需求之间的缺口也将越来越大。特别是近年来能源消费急剧增长，供需矛盾更是日益突出。因此工程设计中应做到节约能源，提高能源的利用率，高效节能环保。本工程从以下几点做好节能环保：

（1）优化总平面设计，在满足使用功能及消防要求下，变电站布置紧凑，充分利用现有地块，减少占地面积；

（2）建筑填充墙采用蒸压粉煤灰砖，减少了黏土使用，保护了环境；

（3）本站配电装置室采用自然通风，减少了空调使用，做到了经济、节能；

（4）本站有使用空调的房间窗户玻璃采用6+12A+6中空玻璃，降低了其热传导率，提高了其隔热性能；

（5）本站设置了污水处理装置，并设置了回收池，污水通过污水处理装置处理后达到排放使用标准。

六、质量和服务

设计创优：结合创优目标，工程组人员以创优为目标，不断优化设计方案，大胆创新。领导重视，亲自参加并指导工程评审、设计创优、工程创优策划、工程协调等各项重点工作。

设计策划：工程设计各阶段，在项目经理制定的设计计划中，都明确了设计创优目标，并根据设计阶段进展，不断深化、细化设计创优措施。初步设计阶段主要侧重整体方案的优化，施工图设计阶段主要落实创优实施细则。

设计评审：为达到设计整体方案的优化，在本工程可行性研究和初步设计阶段，均组织了院级设计方案评审，使各专业方案除了在本专业优化，还应与相关专业协调一致。

设计回访：为了提高设计质量，更好地汲取以往工程经验，克服设计常见病、多发病，多次组织设计人员学习以往工程经验教训和设计反馈，以指导本工程的设计。

信息反馈的应用：根据我院质量管理系统的有关规定，对工地反馈的信息、工程回访的信息等及时收集反馈，在本工程中得到充分应用。如电容器围栏基础高度、构支架尺寸、电缆沟转角处理、二次屏柜预埋槽钢高度、主控楼箱柜布置等方面采用反馈信息后，改进优化。

设计中各专业配合密切，施工图进展顺利，完全满足现场施工进度要求。施工图质量优良，现场无因设计原因产生的变更。各专业之间未发生碰撞。在施工过程中，设计及时派出现场工代，解释设计意图、解决施工中的问题，定期参加现场协调会，工代与工地紧密配合，及时解决和处理施工中的问题，服务热情耐心。在竣工验收阶段，对各方提出的问题，配合施工单位整改，使工程进一步完善，给生产交出合格的工程。工程投运后，及时收集修改信息，按要求高质量完成竣工图。

由于设计质量良好，设计服务到位，得到了业主、建设单位、施工、监理和生产运行单位好评，也保证了工程顺利建设和投运。本工程的设计在每一阶段均制定创优目标，贯彻执行，使本工程在先进性、经济性、实用性和安全可靠性等方面达到国内智能变电站设计的先进水平。

七、效益和控制资金

经过理论计算，本工程首年发电量为36030万kW·h，25年的年平均发电量约33359万kW·h，总发电量为833970万kW·h，年平均上网小时数为1112h。每节约1度(千瓦时)电，就相应节约了0.36kg标准煤，同时减少污染排放0.272kg碳粉尘、0.997kg二氧化碳(CO_2)、0.03kg二氧化硫(SO_2)、0.015kg氮氧化物(NO_x)。根据每年平均发电33359万度电，可以得出本光伏系统的各个节能指标，节能减排量是显著的。

第二节　组织分工及工作思路

一、工程创优指导思想

本工程的创优指导思想是：总结已经投运和正在建设大型光伏发电站的220kV变电站和光伏发电场的设计、施工、调试和运行反馈的信息，克服和避免以往同类工程设计不足、继续引用成功的设计经验，进行精细化设计，积极推广建筑工程和电力建设新技术，并积极为施工安装和运行检修应用电力建设新技术创造条件。

二、工程创优目标

本工程创优目标：确保中国电力行业优质工程，争创“国家优质工程优质奖”；以申报中国电力行业优质工程、创国家级优质工程为目标。深入贯彻“全寿命周期管理”理念，全面落实绿色“3C”电力工程，融入智能电网建设元素；确保工程实现“零缺陷”移交、达标投产。

三、设计创优目标

本工程设计创优目标：确保省部级优秀工程设计奖，争创全国优秀工程设计奖。

设计成品质量符合相关规程规范，严格执行强制性条文。

满足南方电网公司样板点、“3C”等要求，并局部改进优化。顺利通过环保、水保等专项验收。

技术指标在同类工程中先进。总平面布置合理，占地面积小。设备先进，设计布置美观，运行安全可靠。

全面执行建设方建设标准的相关规定，优化施工图设计，在总结以往工程先进方案和典型经验的基础上进一步“精、省、细、美”。

积极采用新技术、新工艺、新材料。

合理控制工程造价，主要技术经济指标达到国内同类工程先进水平。

四、质量目标

工程“零缺陷”投运；实现工程达标投产及优质工程目标、工程使用寿命满足公司质量要求。不发生已识别的质量风险和因设计原因导致的重大质量问题和质量事故。

五、投资目标

在满足安全质量的前提下，优化工程技术方案，严格规范建设过程中设计变更、现场签证，严格执行合同，合理控制工程造价。

初步设计审批概算不超过工程估算，最终投资经济合理，不超过初步设计批复概算。力争概算与同口径竣工决算相比，节余率控制在3%~5%。

六、安全目标

不发生六级及以上人身事件；不发生因工程建设引起的六级及以上电网及设备事件；不发生六级及以上施工机械设备事件；不发生火灾事故；不发生地质灾害事件；不发生环境污染事件；不发生负主要责任的一般交通事故；不发生基建信息安全事件；不发生对公司造成影响的安全稳定事件；项目勘测设计活动、设备材料选择等符合国家和地方安全法律、法规，强制性条文等相关要求；项目勘测设计过程中不发生伤害人身和损坏公共财产的重大事件；不发生因勘测设计产品质量引起的施工、运行安全事故及隐患。

七、进度目标

坚持以“工程进度服从安全、质量”为原则，积极采取相应措施，确保工程开、竣工时间和工程阶段性里程碑进度计划按时完成。

八、工作思路

初步设计是工程建设中十分重要的阶段，在遵守初步设计已经确定的指导性意见的基础上，对建设方案进一步优化和精细化设计，及时听取建设单位意见，满足国家法律法规和规程规范、强制性条文，尊重业主方的需求，确保工程设计优质、高效、顺利地进行。

九、机构设置

(1) 由工程领导小组全程指挥并全面协调本工程设计工作，确保项目组人员设备配置的充裕和稳定。

(2) 设总负责编制项目设计计划，明确组织机构、人员配置和资源配备。实施过程中的问题及时向主管总工和主管院长汇报，具体计划的调整由设总完成。

(3) 强调做好设计策划工作，做到项目组全体成员清晰了解任务性质、合同要求和工程技术特点。

(4) 设总负责审查各专业的专业设计计划和勘测任务书。

(5) 项目设计计划经主管总工审查、主管院长批准后分发至各有关人员及部门。

(6) 在设计过程中，在设计人员中强化全程优化的思想，合理优选设计方案。

(7) 设总须加强专业间的协调工作，全面做好内、外部的组织和技术接口。

(8) 在工程设计过程中，严格执行质量管理体系文件中的《设计控制程序》文件，按设计计划的安排及时组织设计评审。

(9) 各专业设计人员要严格按照相关质量管理体系和程序文件执行，全面贯彻《质量管理体系要求》(GB/T 19001—2016)，实现勘测设计的全过程质量控制，确保质量管理体系有效实施并持续改进。

(10) 严格执行质量管理体系文件中的《工地服务管理标准》，为施工现场配备技术能力强、经验丰富、能够独立解决现场问题的设计代表。

(11) 健全设计班子和质保体系，要按照“安全可靠、经济适用、符合国情”的电力建设方针，吸收国内220kV变电站工程优秀设计思想和方法，结合3C绿色要求，设计“优质工程”，达到省部级以上工程优秀设计奖。

第三节 项目计划管理措施

一、光伏发电项目管理措施

为实现工程的高质量目标及创造精品优质样板工程，精心挑选从事过多项220kV输变电工程和光伏项目设计，对光伏发电项目有着充分理解，有丰富管理经验的项目设计总工程师及各专业主设人，参加本工程设计，组建强有力的设计项目组。

项目组以项目设计总工程师为核心，统筹安排设备调研、标书编制、技术谈判、工程设计、现场服务等组织管理工作；为推行科学规范的设计管理，项目配备具有智能、绿色、220kV输变电工程丰富设计管理经验的人员担任控制工程师，对本项目工期/进度、内、外接口动态控制，协调和解决工程进度中及接口间的有关问题，跟踪和检查项目进度、接口的执行情况，预测可能影响工程进度中的有关问题，提出纠正的意见或措施。

二、设计管理措施

在质量环境和职工健康安全管理体系指导下，严格按照技术管理程序开展设计，在具体工作中特别加强了以下几方面的管理工作，重点措施如下：

(1) 根据项目设计总工程师编写的项目计划设计原则，各专业编制专业项目计划。图纸经三级校审后出图。

(2) 初设说明书、设备清册等，主设人编写、组长及以上各级校审。

(3) 专业间互提资料经过三级校审上传内部项目管理系统。

(4) 设计优先选用经两部鉴定的、经运行考验合格的新设备、新产品。

(5) 及时反映设计中遇到问题，重大问题由设总组织主工、组长、主设人、设计人等进行协商、解决问题，并形成工程会议纪要。

(6) 在设计人完成图纸和说明书后，进行设计验证，以保证设计的输出满足设计输入的要求。设计验证采用校审的方法进行，以便最终确认设计已满足规程、规定和合同的要求、设计文件的内容深度符合需要，设计方案正确无误。在采用设计校审方法进行设计验证时，遵循三标管理《电力勘测设计成品校审制度》(DLGJ 159.7—2018)。

(7) 在进行成品校审时，设计人和全校人对设计成品进行自校和互校。各级校审人员填写校审单，签署校审意见和评定质量。校审意见由设计人有效执行修改，遵循院三标管理相关制度进行。

（8）主设人、主任特别注意检查、校核计算书的计算原则和方法是否正确（主工必要时抽查）。检查说明书、图纸是否与设计原则指示书一致及其正确性。

（9）项目设计总工程师在校审中，除履行校审制度规定的职责外，还负责检查事先指导的原则和设计评审纪要中的意见是否已全部落实，设计验证的校审意见是否已经执行或解决，并将此检查结果记入成品校审单中。

三、工程亮点策划

（一）变电站自动化系统设计

（1）本站配置综合自动化系统（计算机监控系统），计算机监控系统可采用二层（站控层、间隔层）。间隔层与站控层采用冗余配置的以太网方式组网。

（2）远动装置应双机配置，远动系统满足直采直送要求，收集全站测控装置、保护装置等设备的数据，将信息通过双通道（专线或网络通道）上传至调度中心/集控站，并支持接入调度数据网，能将调度中心/集控站下发的遥控、遥调命令向变电站间隔层设备转发。

（二）标准化、规范化的二次设计

（1）根据南方电网《电力二次装备技术导则》及相关规划技术原则。

（2）《继电保护和安全自动装置技术规程》（GB/T 14285—2006）。

（3）先进可靠的继电保护系统设计。110kV 线路保护每套保护均采用光纤电流差动保护，保证了线路保护的可靠性。

（4）直流电源设计。站内设 220V 站用直流电源系统（含通信电源），两充两蓄，保证全站二次设备稳定运行，并节约投资。

（5）设备的集中分区布置。二次系统设备与通信设备集中在主控通信室内分区布置，既优化了主控楼布置，同时也满足了运行维护的要求。

（6）智能巡检机器人。35kV 高压室设置 1 台轨道式机器人，能够对 35kV 开关柜局放、面板仪表的监测，实现智能运维。

（7）监控中心大屏幕。在控制室设置电力系统监控 LED 大屏幕，将光伏厂区的视频监控信息和升压站内的电力调度信息显示在中心大屏幕系统上。

（8）通讯网架的优化。双光纤通信电路，使整体通讯网络设计具有较高的容错能力和抗毁能力，满足 N-1 需求，提高信息传输的可靠性，远期光通讯路由选择灵活性、适应性更强；备用通信电路设计建设备用通讯电路，满足电力生产和电网抗灾恢复的生产调度需要，为电力生产与信息化管理提供服务。

（9）通讯设备选型优化。站内通讯连接尾纤采用光纤尾缆，比普通尾纤加强了外保护层，且插即通即用，可靠性高，更换维护方便，能极短时间解决突发通信事故，大大减少现场施工工作量及施工周期，结构紧凑易于固定，且具有插拔次数多、插损小等优点。

（10）IP 调度电话。由软交换下发 IP 电话作为调度电话的方式取代了传统的程控交换机下发话路作为调度电话，取消了 PCM 设备的配置，同时取消了 VDF 配线模块配置，减少了复杂的设备间接线，同时节约了投资。

（11）户外智能照明。户外照明采用智能控制。亮点体现：使用一种变电站智能照明控制系统，系统基于三层级的积木式系统结构实现点/面的网络化智能控制，全面提升了变电站照明系统的绿色低功耗运行和智能化控制水平。

（12）设备在线监测。主变压器配置油色谱和局放在线监测装置。亮点体现：主变压器配置油色谱和局放在线监测装置及其配套智能决策系统。实现"被动预防式运维"到"主动预测式运维"的转变。

（13）风光储一体化路灯。主要站区照明路段采用风光储一体化照明路灯。亮点体现：①满足节能降耗要求；②提升站区照明的美观和舒适性。

（14）装配式高分子地面电缆沟系统。装配式高分子材料地面电缆沟系统替代传统的开挖式电缆沟具有以下优点：①采用工厂化生产制作，现场模块化组装，施工现场无须开挖，无须保养、无须做排水、施工周期短；②综合成本低；③耐腐性能、阻燃性能好；④槽盒无须接地；⑤无须安装电缆支架；⑥整体效果美观。

（15）防火封堵材料和工艺标准化。基于《南方电网公司 35kV～500kV 变电站标准设计 V2.1》G4 层级施工样板点对站用电负荷统计、升压站防火封堵材料开列及站用电缆和护管选型，实现上述工艺/材料的标准化、规范化。

（16）轨道红外监控技术。35kV 配电室配置巡检机器人。亮点体现：智能巡检机器人能够实施监测电站运行故障及异物闯入，及时反映给集控站，减少人员运维工作量。

（17）光伏组件技术先进。选用晶科生产的460Wp 单晶硅双面双玻叠片组件，组件转化效率 20.21%，组件首年衰减 1%、2～30 年每年功率衰减 0.4%，远超国家光伏技术领跑招标要求，处于同期国内光伏组件的第一梯队，与同期光伏组件相比，具有组件正面容量大、转化效率高，发电量高的优点。本工程是晶科此类组件的首次应用，项目的建设也极大地促进了我国光伏电池和组件技术的发展。

（18）不同光伏支架布置提高发电量。本工程是大规模山地光伏项目，地形复杂、朝向差异大，设计采用不同类型和倾角的光伏支架布置对发电系统进行优化，实际采用固定式（倾角 17°和北坡 7°）的安装方式。

（19）反射光示范方阵系统。设计固定支架（一个方阵）反射光增加系统和平单轴（一个方阵）反射光增加系统两种方案。在本项目中选择铝板作为反射板，在充分发挥单晶 N 型 Tiger 叠片双面组件优势的同时，可以保证发电量经济效益。

（20）智能清洗系统。清扫机器人配备蓄电池，可一边在太阳能电池板上自动移动，一边从清洗液罐向外洒水，使用旋转刷和刮板进行清扫。清扫机器人配备了摄像头及多种传感器，无须铺设轨道，可自动移动。清洗能力为每小时 $100m^2$。由于是清扫倾斜着安装在架台上的太阳能电池板，因此采用了可在 5°～30°的倾斜面上移动的设计。雨天时，即使太阳能电池板表面处于潮湿状态，也可在 20°的倾斜面上行走。另外，即使太阳能电池板之间分离，如果间隙在 50mm 以内、落差在±30mm 以内，该清扫机器人也可越过。

此外，清扫机器人还配备了无线通信功能，可通过平板电脑确认清洗液余量及蓄电池电力余量等状态。蓄电池为更换式，当电量用完时，清扫机器人便移动至正在清扫的太阳能电池板的底部待机，在更换了蓄电池后，根据记录的位置信息重新开始清扫。蓄电池的更换能在短时间内完成，因此可在短暂的等待后继续清扫作业。另外还配备有红外线 LED

灯，可在夜间清扫。

(21) 镀锌铝镁防腐技术。光伏支架的檩条和斜梁采用镀锌铝镁防腐层防腐。其镀锌层成分主要以锌为主，由锌外加11%的铝，3%的镁及微量的硅组成。由于这些添加元素的复合效果，进一步提高了其腐蚀抑制效果。此外，具有在严峻条件下优秀的加工性能(拉伸冲压折弯油漆焊接等)，镀层硬度高，具有卓越的耐损伤性。与普通的镀锌及镀铝锌产品相比，镀敷附着量少却能实现更出色的耐腐蚀性，由于具有这种超强耐腐蚀性，在某些领域可代替不锈钢或铝付诸使用。切割端面部分的耐腐蚀自我愈合功效更是产品的一大特点。

(22) 采用新型节能窗。外窗是能耗散失的最薄弱部位，本站所有空调房间均采用新型的断桥式铝合金节能窗，利用内嵌于铝框内的硬质隔热构造来阻隔内外热桥的形成，减少空调能耗损失，从而达到节能目的。断桥式铝合金节能窗传热系数值不大于3.0(保温性能不低于5级)，而同等规格的普通铝合金窗保温性能一般为3级以下，因此断桥式铝合金窗大大提高外窗的保温隔热性能。

(23) 空调室外机有序布置。室外机布置以整齐美观为原则。综合楼和35kV配电室从使用需要考虑，将空调机布置在屋面和建筑合理位置，建筑外立面未体现空调机。冷凝水管就近接入站区排水系统。

(24) 仿古建筑造型设计。综合楼、35kV配电室和围墙及大门采用仿古徽派建筑做法，具有乡土风情。让工业建筑具有人文气息，更能与周围环境较好融合。

(25) 节能型空调。采用房间空调器时，在名义制冷工况和规定条件下，空调器的能效等级不低于2级。

(26) 低能耗风机。通风机的能效等级不低于2级，选用风机时，风机运行段效率不低于风机额定效率的90%。

(27) 污水零排放。站内生活污水集中排放至污水处理设施，首先进入污水调节池，由调节池内的污水提升泵提升后送入污水处理设备，满足绿色环保要求。

四、绿色施工策划

本站的绿色设计以《南方电网公司3C绿色电网建设指南(变电站绿色部分)》为基础，结合本站的实际情况提出一系列的绿色方案。

变电站绿色设计可以从以下建筑室内风环境、建筑体形、建筑围护结构等几个方面进行优化。

建筑室内风环境设计：充分利用自然通风，根据用地情况选择合理的朝向；在建筑内部布局的尺度上，各种建筑室内空间划分将形成迎风区和背风区，合理的功能房间布局和门窗洞口布置可以引导自然通风，避免形成风的短路和准静止风区；有效利用建筑构造进行自然风引导以及利用烟囱效应，加强自然通风的风速与风量。

建筑体形优化设计：建筑不同的布局形式和造型体量将对建筑物的能耗产生举足轻重的影响，通过控制体形系数，窗墙比等关键参数并结合建筑方案的美观评价确定最终的建筑方案。

建筑围护结构优化设计：墙体自保温技术：蒸压灰砂砖，门窗节能技术(运用遮阳技术、合理确定窗墙比、改善窗的绝热性能)；屋面节能技术：采用高效隔热屋面；外窗节能技术：采用断热的窗框；选用合理反射率与透射率的玻璃。建筑构造设计与材料选择可以通过不同方案间的建筑能耗的综合对比分析，进行不同类型构造与材料组合的优化设计，造价分析则可以有效评估所采用的建筑技术手段在建筑寿命周期中的经济效益。

变电站绿色设计电气部分主要从配电装置布置、主变压器损耗和噪声水平、接地、照明节能等几个方面进行优化。

配电装置布置：本站远期4台主变、2回110kV出线，通过合理优化配电装置布置，满足了安全可靠、技术先进和运行维护方便的要求。

主变压器损耗和噪声水平：本站主变压器选用低噪声设备，满足3C绿色评价指标。

照明节能：本站户外气体放电灯附加与光源相匹配的高效节能电器附件，包括无功补偿器、镇流器等，户内灯具选用LED灯具，满足环保节能和绿色要求。

配电装置布置：本站远期4台主变，通过合理优化配电装置布置，满足了安全可靠、技术先进和运行维护方便的要求。

接地：本站主地网采用紫圆铜，地网连接采用放热焊接，提高了防腐性能，延长了地网寿命。

站内生活污水集中排放至污水处理设施，首先进入污水调节池，由调节池内的污水提升泵提升后送入污水处理设备，通过微生物分解，满足环保节能和绿色要求。

（一）节地与土地利用

为了满足变电站总体规划与周边区域规划相协调，合理利用土地资源和现有基础设施，站工程在选址开始就考虑不占用耕地，站址避免大填大挖，土石方工程基本平衡等原则。站区挖填方边坡采用护坡结合挡土墙处理，最大限度地节约土地。

（二）节能与能源利用

（1）采用节能型空调：空设备能效等级名义制冷量大于7100W、采用电机驱动压缩机的单元式空气调节机、风管送风式和屋顶式空调机组时，在名义制冷工况和规定条件下，空调机的能效等级不低于2级。继电器室采用高效单元式空调机组，采用风管送风，提高室内温度场分布的均匀性，以提高空调能效，节约能源。

（2）采用低能耗风机：通风机的能效等级不低于2级，选用风机时，风机运行段效率不低于风机额定效率的90%。

（3）空调房间的门设置闭门器：大部分的门均设置闭门器，保证门处于常闭状态，减少室内空调能耗的损失。所有设备房如继电器室、交流配电室等，由于所设置的门均为防火门，而防火门本身就要求设置了自动闭门器，以保证防火门在开启后自动关闭，保持防火门的常闭状态。

（4）采用可回收利用或循环使用的建筑材料：门采用钢质门为主，窗采用铝合金窗等，均为可回收利用材料。另外所有建筑物的填充墙体均采用蒸压灰砂砖，其本身就是废料回收循环利用的产品，是国家推广使用的节能环保材料。

（5）防止建筑物产生光污染：本站所有外墙装修所采用材料中，墙面砖为哑光瓷质面砖，均为低反光材料，且本站不采用大面积玻璃幕墙，所以本站不会对周边带来光污染。

（6）采取措施促进室内自然通风环境，改善室内通风环境：利于自然采光和降低空调使用，合理节电。主控通信楼门厅、走廊、楼梯等均设有可开启的采光通风窗，走廊端头设置可开启门或窗，合理利用门厅、走道、楼梯间形成良好的穿堂风。在平面布置上，把对噪声环境要求相对较高的休息室、办公室等均布置在离场远端侧，为值班人员提供一个相对舒适安静的环境。

（7）主变压器的冷却器采用自冷的冷却方式，总体损耗小、噪声低。

（8）户外端子箱采用驱潮自动控制装置，设定自动启停湿度，以利于节能。

（9）本站主变压器空载损耗限值为30kW，负载损耗限值为147kW，噪声限值为65dB，优于标准要求。

（10）本站各房间或场所的正常照明功率密度值不高于规范《发电厂和变电站照明设计技术规定》（DL/T 5390—2014）中的现行值，详见表4-4。

表4-4　变电站照明功率密度限值表

房间或场所	照明功率密度现行值/（W/m^2）	对应照度值/lx
主控制室、继电器室、通信室、计算机室	16.0	500
高、低压配电装置室	7	200
蓄电池室、风机房、水泵房	4	100
电缆层	3	50
工具间	5	100
办公室、资料室、会议室	9	300
休息室	7	100
浴室、厕所	5	100
楼梯间	3.5	30
门厅	5	100

（11）本站除配电装置的汇流母线外，较长导体的截面按经济电流密度选择。

（12）本站照明方式采用直接照明方式，在满足灯具最低允许安装高度及美观要求的前提下，降低灯具安装高度，灯具安装高度根据设备情况采用2.5~3m。

（13）本站户外照明采用时控节能控制，道路照明分组布置。对经常无人使用的场所、通道、出入口处的照明，设单独开关分散控制。户内建筑的通道照明设感应控制，应急照明设有应急蓄电池。

（14）站气体放电灯附加与光源相匹配的高效节能电器附件，包括无功补偿器、镇流器等。

（三）节水与水资源利用

（1）本工程用水定额选用最低值。合理选用用水定额，按《建筑给水排水设计标准》（GB 50015—2019）及《变电站和换流站给水排水设计规程》（DL/T 5143—2018）选用给水用水定额，不超过最高值，缺水地区采用低值。

（2）生活给水充分采用市政管网压力。

（3）采取有效措施避免管网漏损。本站将采用以下措施为避免管网漏损：

① 给水系统中使用的管材、管件，必须符合现行产品行业标准的要求。对新型管材和管件应符合企业标准的要求，并必须符合按有关行政和政府主管部门的文件规定组织专家评估或鉴定通过的企业标准的要求；

② 选用性能高的阀门、零泄漏阀门等，如在冲洗排水阀、消火栓、通气阀的阀前增设软密封闭阀或蝶阀；

③ 合理设计供水压力，避免供水压力持续高压或压力骤变；

④ 做好管道基础处理和覆土，控制管道埋深，加强管道工程施工监督，把好施工质量关。

（4）卫生器具选用《当前国家鼓励发展的节水设备》（产品）目录中公布的设备、器材和器具，所有器具满足《节水型生活用水器具》（CJ/T 164—2014）及《节水型产品通用技术条件》（GB/T 18870—2011）的要求。

本站选用的水嘴及便器性能符合表 4-5 要求。

表 4-5　本站选用的水嘴及便器性能

分类	节水性能指标
节水型水嘴	（1）给水水嘴应采用陶瓷芯等密封性能好、能限制出流率并经国家有关质量检测部门检测合格的节水型水嘴； （2）产品在水压 0.1MPa 和管径 15mm 下，最大流量不大于 0.15L/s
节水型便器	（1）水压为 0.3MPa 时，小便器一次冲水量 2~4L（如分两段冲洗，应为两段冲洗水量之和），冲洗时间 3~10s； （2）蹲式大便器采用低位水箱冲洗； （3）大便器采用大小便分档冲洗的结构，小便冲洗用水量不大于 4.5L； （4）大便器设有防虹吸装置； （5）使用中不允许有明显的水锤现象，噪声声压级不大于 60dB

（5）含油废水处理达标后排放，生活污水回收利用。本站各变压器事故排油时，首先排至主变油坑，通过含油废水排放管道排至事故油池，事故油池具有油水分离功能。含油废水排放管道按 20min 将事故油和消防排水排尽和主变油坑汇流的雨水量两者中的较大者考虑。每台主变压器均设置油坑，站内设置主变事故油池一座，事故油池有效容积按最大一台设备油量 60%设计，主变事故油池为 25m^3。

站内生活污水排放系统采用粪便污水与生活废水合流排放制度。各建筑生活污水通过立管及排出管排至室外污水检查井，通过埋地污水管道及检查井集中排至生活污水处理设施的污水调节池，通过调节池内污水提升泵提升至污水处理设备，满足绿色环保要求。

（四）节材与材料利用

（1）墙体采用轻质节能材料，减小墙体厚度及框架梁柱截面，节省建筑材料。建筑填充墙体材料推荐采用蒸压灰砂砖，墙荷载的降低可以缩小结构梁柱截面从而减少混凝土及钢筋用量，节约原材料。

（2）生活给水、雨水及生活污水排水管道采用塑料类环保型管材。站区内室外生活给水管道采用 PPR 给水管道，室内生活给水管道采用 PP-R 给水管道，室外雨水及生活污水排水管道均采用 UPVC 双壁波纹管道。

（3）合理安排电缆敷设的路径，符合路径短、转弯少、交叉少，便于扩建的要求。电缆敷设前进行型号、电压、规格的核对；电缆外观无损伤且绝缘等试验测试合格；电缆通道畅通且排水良好；与电缆敷设相关的安全措施已落实；电缆最小弯曲半径应符合规范要求；敷设工程中不应摩擦和挤压电缆、不得有铠装压扁、绞拧及护层折裂等未消除的机械损伤。电缆敷设排列整齐及不宜交叉，并按规范要求加以固定，并及时在规定位置装设标志牌，标志牌规格统一，内容规范统一且字迹清晰不易脱落，挂装牢固。电缆敷设整体观感固定牢固，排列横平竖直，同层电缆直径应尽量一致或偏差应符合规范要求，从而使电缆敷设合理美观。

（4）本站配电装置的避雷针大部分装设于配电装置楼上，不额外占用场地。

（五）站内外环境质量与环境保护

（1）所有操作小道及人行道道路部分均采用透水砖，透水砖具有较强的透水性及保水性，对水土保护具有积极意义。与普通混凝土硬化面层相比，雨水可以通过透水砖渗入地下土层，减少地面雨水的汇流大量集中于排水系统或江河，减少内涝及洪水泛滥。另外由于透水砖又具有保水性，雨水渗入地下后，透水砖可以有效阻止地下水的过快蒸发，保护地下水资源。

（2）采用低噪声风机，使噪声治理从声源上得到控制。空调设备采用R410A环保冷媒，满足绿色环保的要求。

（3）建筑生活污水经过处理后进入绿化水池，用于就地局部的绿化给水，确保站内生活污水不外排。

五、技术与现场服务

（一）技术服务

为了更好地实施设计过程中的技术服务，在本工程设计中，正确处理有关部门颁发的规程、规定和业主要求的关系，充分发挥了水平和经验，深入研究和分析，灵活理解和使用国家规定中的有关条款，设身处地研究业主要求，做到具体情况具体分析，将国家规定和业主要求有机地结合起来，在两者之间确定平衡点，做到工程设计既满足业主要求，又不违背国家规定。

充分征求业主意见，贯彻业主意图，在工程设计及建设过程中，组织各专业技术人员，通过会议的形式征求业主及有关部门的意见，包括征求施工单位的意见，对不同的看法进行充分的讨论，形成共识后贯彻在施工图设计中。

做好施工图交出后的质量检查，防患于未然。在施工图全部交出后，适时在总工领导下，由技术质量管理部组织开展质量检查活动，确保工程综合质量，以避免专业之间错、漏、碰、撞问题。

根据工程的施工进度，请业主和各施工单位参加技术交底会，认真听取各方面意见，做必要的解释答疑工作，确实存在的问题，及时修改。

（二）现场服务

为配合施工安装工作，及时提供现场服务，成立了以设总为组长的设计工地代表服务组。工代由参加本工程施工图设计和概、预算编制的、责任心强并具有实践经验、能独立处理本专业问题的专业技术人员担任。根据现场施工安装进展情况，采取了常驻与 24h 到现场的方式进行服务。

满足业主要求，为业主提供一流的设计产品、一流的服务，是我们的努力目标。提供优质服务是质量方针之一，施工前我们认真地进行了施工图交底，对运行、施工、监理等提出的意见认真讨论解决。施工中坚持做到发现问题及时处理，急施工单位所急，为加工和施工单位排忧解难。对于施工现场出现的问题，现场能解决的马上就地解决，对不能马上解决的问题，回到单位后立即进行研究，不拖延，尽可能快地把修改通知单发给监理单位，确保了施工的顺利进行。

按照“求实创新、精益管理、竭诚服务、创建精品、遵守法规、保护环境、关爱员工、持续发展”的管理方针，为业主和施工单位提供优良的产品、优质服务。

第五章　风力发电项目设计及施工——以中卫麦垛山 200MW 风电项目为例

风能作为一种新能源，它的开发利用是有一定动因的，而且随着时间的推移，开发利用风能的动因也在变化。下面将主要从经济、环境、社会和技术进步四方面来介绍风能开发利用的动因。

能源供应的经济最优化提供了重视开发利用的基本原理。在偏远地区，电力供应困难。与常规电网延伸和柴/汽油机发电相比，利用小型离网风力发电系统供电有成本优势。例如在内蒙古农牧区，利用小型离网风力发电系统供电，农牧户承担的成本 2 元/kW 左右。如果用电网延伸的方法，农牧户承担的成本高于 8 元/kW。在这些地区，利用汽油/柴油发电机的供电，考虑油料的运输成本，农牧户承担的成本也要高于 6 元/kW。进入工业社会后，人类在飞速发展自己的文明过程中经过了多次能源危机。人们开始认识到，无限制地开采煤炭、石油、天然气等化石能源，终有资源枯竭的一天。目前石油储量约 1300 亿吨，年消耗量约 35 亿吨，预计今后 25 年中平均年消耗量将达 50 亿吨，即使加上新发现的油田，专家估计总储量也不会超过 2000 亿吨，石油资源在四五十年后将枯竭。为了人类社会的可持续发展，当务之急是寻找和研究利用其他可再生资源。风能作为新能源中最具工业开发潜力的可再生能源，就格外引起人们的瞩目。一些国家要靠进口化石能源来满足本国能源的消费。风能的开发利用可以减少对国外能源的依赖，并加强本国的能源供应安全水平，国内的化石能源价格变化较小，社会经济稳定性也因此而增强。风力发电技术属于新兴技术，风电产业是朝阳产业。风力发电技术的研发、示范到商业化发展，最终进入市场，将给整个能源产业带来新的活力，成为国民经济的一种新的增长点。一个国家如果开发利用风能技术早，就有可能占据风能利用的技术和市场优势。

为了方便介绍，下面就以中电建中卫麦垛山 200MW 风电项目为例，从风能资源分析、项目地质分析、电气工程、消防工程、土建工程、110kV 升压站施工等方面，深入分析风电项目建设流程以及施工技术要点。

第一节　工程概况

一、项目概述

中电建中卫麦垛山 200MW 风电项目（以下简称“麦垛山 200MW 风电项目”）位于宁夏回族自治区中卫市境内，项目场址位于中卫市东北方向约 20km 处，项目分两块区域进行建设，规划用地面积为 53km^2，其中北区规划面积 21. 5km^2，南区规划面积 31. 5km^2，南北两块区域相距直线距离 12. 5km。风电场拐点坐标见表 5-1。

表 5-1 风电场工程拐点坐标

序号	北纬	东经
北一区		
1	37°35′56. 17725″	105°22′35. 35767″
2	37°36′32. 29151″	105°24′48. 22516″
3	37°36′59. 92337″	105°25′36. 92657″
4	37°37′13. 96901″	105°26′56. 05912″
5	37°36′46. 53941″	105°27′40. 42320″
6	37°36′34. 48856″	105°27′30. 49073″
7	37°35′18. 99122″	105°27′42. 66375″
8	37°34′23. 89718″	105°27′40. 04301″
9	37°34′20. 67623″	105°22′38. 76979″
10	37°35′56. 17725″	105°22′35. 35767″
北二区		
1	37°42′08. 59047″	105°23′24. 49337″
2	37°41′30. 96166″	105°22′44. 33826″
3	37°40′57. 56894″	105°22′20. 41249″
4	37°40′38. 55191″	105°22′19. 11706″
5	37°40′21. 84210″	105°22′27. 58463″
6	37°39′47. 79158″	105°22′48. 39968″
7	37°39′46. 20909″	105°23′31. 39980″
8	37°40′02. 26965″	105°23′32. 77978″
9	37°40′12. 65645″	105°23′05. 88694″
10	37°40′11. 24171″	105°22′57. 58810″
11	37°40′15. 63444″	105°22′36. 62242″
12	37°40′34. 78368″	105°22′35. 97684″
13	37°40′33. 78477″	105°25′22. 34659″
14	37°40′210. 24687″	105°25′56. 25483″
15	37°40′03. 62974″	105°26′01. 02834″
16	37°39′47. 12640″	105°25′53. 81886″
17	37°39′36. 23374″	105°25′58. 68030″
18	37°39′33. 57338″	105°26′12. 34392″
19	37°39′40. 50879″	105°26′18. 95068″
20	37°39′38. 42479″	105°26′49. 22273″
21	37°39′19. 16302″	105°26′58. 43763″
22	37°39′05. 64391″	105°27′12. 81282″
23	37°38′49. 55219″	105°27′19. 50876″

续表

序号	北纬	东经
北二区		
24	37°38′59. 37284″	105°27′36. 60633″
25	37°39′30. 23418″	105°27′45. 08700″
26	37°40′16. 31639″	105°27′36. 87075″
27	37°40′32. 03604″	105°27′23. 57048″
28	37°41′07. 04301″	105°26′29. 04977″
29	37°41′05. 35813″	105°26′14. 26136″
30	37°40′56. 65539″	105°26′12. 83093″
31	37°40′55. 49458″	105°25′33. 41643″
32	37°41′10. 72890″	105°25′30. 76675″
33	37°41′11. 87011″	105°24′13. 59508″
34	37°41′55. 78287″	105°24′19. 85518″
35	37°42′08. 59047″	105°23′24. 49337″
南区		
1	37°41′46. 82940″	105°18′38. 26225″
2	37°42′17. 43075″	105°20′21. 32728″
3	37°42′27. 10335″	105°22′00. 69750″
4	37°42′12. 29816″	105°22′57. 91366″
5	37°40′52. 78119″	105°21′57. 90051″
6	37°39′51. 39357″	105°22′37. 74716″
7	37°39′29. 47397″	105°22′16. 12584″
8	37°39′33. 42295″	105°19′42. 85839″
9	37°39′47. 41661″	105°19′42. 18920″
10	37°40′58. 21710″	105°19′45. 16357″
11	37°41′33. 34650″	105°19′27. 88695″
12	37°41′46. 82940″	105°18′38. 26225″

宁夏回族自治区电力设计院有限公司受中国电建华东勘测设计院有限公司委托，承担了《中电建中卫麦垛山 200MW 风电项目可行性研究报告》的编制工作。

报告的编制按照国家发展和改革委员会发改办能源〔2005〕899 号文件的要求进行。报告内容包括综合说明、风能资源、工程地质、项目任务与规模、风力发电机组选型和布置、电气、工程消防设计、土建工程、施工组织设计、工程管理设计、环境保护与水土保持设计、劳动安全与工业卫生设计、工程设计概算、财务评价、节能减排、社会稳定性分析、风电场工程建设项目招标以及结论和建议。

根据项目前期踏勘情况，项目场区内存在铁矿、铜矿等限制性因素，项目场区距离中卫香山机场约 20km，目前压覆矿评价、水土保持评价、环评、接入系统方案以及航空评估等已经委托具有资质的第三方进行相关工作，后续待有确定结果后，下一阶段根据外部条件进行方案调整。

二、风能资源

宁夏地区风速有较明显的季节性变化，一般春季最大，冬夏季次之，秋季最小。全区月平均最大风速，宁夏平原大多出现在春季4月，宁夏南部山区出现在5月。本风电工程位于宁夏回族自治区中卫市境内，整体区域风能资源属Ⅲ区，风能资源丰富，适宜大型风电场的建设。

4319#测风塔实测时间段内10m高度平均风速4.65m/s，平均风功率密度107W/m^2；50m高度平均风速5.49m/s，平均风功率密度165W/m^2；70m高度平均风速5.80m/s，平均风功率密度189W/m^2；80m高度平均风速5.87m/s，平均风功率密度196W/m^2；推算的90m高度平均风速6.02m/s，平均风功率密度209W/m^2。1703#测风塔90m高度平均风速5.55m/s，平均风功率密度219W/m^2。根据上述计算结果和《风电场风能资源评估方法》判定该风电场风功率密度等级达到1级标准，风能资源较好，可用于并网型发电。

4319#测风塔测风时段内90m高度主风向与主风能均主要集中在SE、ESE扇区和NW扇区，出现频率最高的是SE扇区；1703#测风塔测风时段内90m高度主风向与主风能均主要集中在ESE扇区和NW扇区，出现频率最高的是ESE扇区。

风电场轮毂高度90m处50年一遇10min最大风速为28.6m/s，对应的极大风速为40.04m/s。根据代表测风塔资料采用Windographer软件计算的场区可布机位点90m高度的湍流强度在0.09及0.202左右，属较低湍流强度。根据国际电工协会IEC61400-1(2005)标准评判标准，本风电场属IECIIIB类安全等级，在机组选型时需选择安全等级为IECIIIB类及以上等级的风力发电机组。

三、工程地质

项目位于中卫市美利工业园区内，位于沙坡头区镇罗镇，属卫宁北山地区，场区大地构造位置处于北祁连褶皱系走廊过渡带之东北端与阿拉善地块南缘、鄂尔多斯地块西缘交汇部位，也是我国西部东西向构造带(北祁连)与东部的近南北向构造(贺兰山)带转换交接部位。区域主体构造为卫宁北山隆起。其中，东西向构造(褶皱及断裂)构成本区基本构造轮廓，其次发育有北西向构造和北东向构造。东西向构造主要由东西向褶皱及冲断层组成；北西向褶皱及断裂组发育时间较早，有部分在华力西晚期甚至更晚仍有活动；南北向断裂，走向近南北，倾角较大，切割了东西向断裂，形成时代较新。线路走廊内区域构造以近东西向断层为主。在矿化带附近的褶皱比较紧密，两翼倾角陡峭。在褶皱基础上发展起来的断层，与褶皱轴向大致平行或微角度倾斜交构成近东西向压扭性断层破碎带，地质条件稳定。区域性断裂主要有以下3条：

1. 牛首山东麓-罗山东麓-小关山东麓断裂(青铜峡-固原断裂F2)

总体走向335°，向北西直达贺兰山南端的围沟井，位于研究区东侧。它代表北祁连褶皱造山带东北边缘断裂，其东侧为鄂尔多斯地块西缘隆褶带，亦是卫宁盆地与银川盆地的分界线。重力场特征显示为北西向的重力梯度带，航、卫片线性影像特征明显，两侧地貌反差大，南西侧多为基岩山地，北东侧为洪积扇裙。

2. 烟筒山-窑山东北麓断裂 F3

北西向展布，延伸大于 80km。呈向北东凸起之弧形，弧顶位于烟筒山东北麓詹家大坡-好汉疙瘩，航片上线性影响清晰，地貌特征明显，北东侧位红寺堡新生代盆地，南西侧多为山体，两侧高差达 200~300m。

3. 中卫-同心断裂 F4

西起长流水以西，经窑沟村、高家水、红沟梁、天景山北麓、小洪沟至红尖山，往南东延可与六盘山东麓断裂相接，呈向北东凸起之弧形，弧顶位于红沟渠-天景山北麓。弧顶之西总体走向 290°。弧顶之东南总体走向 320°。区内延伸 100km。断面南西倾，倾角 15°~50°，舒缓波状延伸。

依据《建筑抗震设计规范》(GB 50011—2010，2016 版)及《中国地震动参数区划图》(GB 18306—2015)，场地地震基本烈度 8 度；设计基本地震加速度为 0. 20g；抗震设计分组为第三组。基岩出露段场地土类型为Ⅰ1 类，其余地段场地土类型多为Ⅱ类。考虑工程的完整性按不利组合考虑分析确定：该场区建筑场地类别为Ⅱ类，属可进行建设的一般场地。基本地震动加速度反应谱特征周期为 0. 45s。

四、项目任务和规模

中电建中卫麦垛山 200MW 风电项目，位于宁夏回族自治区中卫市境内，本工程计划安装 80 台单机容量为 2500kW 的风力发电机，总装机容量 200MW，本期工程计划新建一座 110kV 升压站完成电力输送。

五、风电机组选型、布置及风电场发电量估算

根据中电建麦垛山 200MW 风电项目的风能资源特点、地形和交通运输条件、湍流强度以及各比选风机的性能特点，考虑机组技术先进性、成熟性、经济性和安全性，经各机型方案比较，本阶段推荐中电建麦垛山 200MW 风电项目采用 WTG2500-A 型风力发电机组作为本风电场的代表机型。

根据本风电场的装机规模、场区范围和初选的代表机型，结合风电场主导风能方向，本阶段经对 80 台 2. 5MW 机型及 67 台 3. 0MW 机型以及 20 台 3. 0MW 及 57 台 2. 5MW 机型的混排方案进行经济性比较，最终确定本风电场布置方案。本工程推荐采用 WTG2500-A 风电机组，即本工程推荐安装 80 台单机容量为 2500kW、叶轮直径为 140m、轮毂高度为 90m 的风力发电机组，总装机容量为 200MW。经计算，风电场年发电量为 429. 06GW/h，年等效利用小时数为 2145. 3h，容量系数为 0. 244，具有一定的开发价值。

六、电气工程

(一) 电气一次

本工程集电线路拟采用 35kV 电压等级，集电线路共分为 8 回，分别通过架空线路接入风电场 110kV 升压站，每回 35kV 集电线路所连接的风机如表 5-2 所示。

表 5-2 35kV 集电线路连接风机

序号	35kV 集电线路	连接风机编号	备注
1	第一回集电线路	共 8 台风机：A27、A19、A15、A14、A07、A05、A03、A02	线路长约 10.88km
2	第二回集电线路	共 10 台风机：A30、A21、A20、A08、A09、C07、C06、C04、C02、C01	线路长约 12.86km
3	第三回集电线路	共 9 台风机：A23、A32、A34、A35、C09、A10、A11、A12、C08	线路长约 10.97km
4	第四回集电线路	共 10 台风机：A25、C10、C11、C22、A40、A41、A42、A44、A45、A46	线路长约 8.57km
5	第五回集电线路	共 11 台风机：B29、C14、C15、C16、C17、C18、C19、C20、C24、C25、C26	线路长约 11.59km
6	第六回集电线路	共 11 台风机：B27、C23、B32、B31、B40、B41、B43、B45、B46、B39、B38	线路长约 11.93km
7	第七回集电线路	共 10 台风机：B19、B20、B21、B22、B23、B24、B25、B26、B11、C13	线路长约 11.17km
8	第八回集电线路	共 11 台风机：B13、B14、B15、B16、B17、B18、B10、B07、B08、B09、C21	线路长约 10.98km

（二）电气二次

中电建中卫麦垛山 200MW 风电项目风电场区配置一套一体化监控系统，旨在建立用户数据中心和统一运维中心，对电站生产运行数据进行分析，评估电站生产运行情况，提高电站运维管理水平。风电场一体化监控系统结构上划分为两层，分别为：

第一层：站控层，实时监测风电场内所有设备的运行情况，并可对各电站的运行数据进行综合分析，负责风电场的运维管理。

第二层：风电场间隔层设备，以 2.5MW 风电机组为单元采集风力发电机组、箱变等设备的实时运行数据，并通过光缆组成光纤环网与实现集中管理层通信，完成控制、监视、联锁、逻辑编程、信号、报警等全部功能。

为满足国网公司对新能源场站安全防护方案的要求，风电场监控系统配置纵向加密装置。

（三）通信

中电建中卫麦垛山 200MW 风电项目需根据风电场地形、地貌及风电场区内的风机排布，沿 8 回 35kV 集电线路架设 8 根光缆，光缆总长及光缆形式以线路专业为准，光缆芯数暂定为 24 芯。本工程采用光纤环网实现 80 台风机组网，完成风电机组各种监控管理信息实时上传至 110kV 升压站。

七、风电场消防设计

消防设计贯彻“预防为主，防消结合”的方针，立足自防自救。本工程设计有 80 台风力发电机组，每台风力发电机组在风机塔筒附近 15m 左右设置有一座户外独立箱式变压器，消防车沿风场内道路可到达箱式变压器及塔筒附近进行灭火。连接风力发电机组与箱式变压器的电缆采用埋管敷设，并采用防火堵料进行封堵。

本工程招标时应要求厂家在风机机舱及塔架配备自动灭火装置系统。

在施工区及施工生活区内按照有关部门消防安全的要求，配备足够的灭火器材。对所有的施工上岗人员进行上岗前的消防安全教育。并指定专人(安全员)进行消防安全监督，定期对施工中存在的消防安全隐患进行检查。

八、风电场土建工程

麦垛山200MW项目风电项目装机容量200MW，单机容量为2500kW，机组台数为80台，根据《风电场工程等级划分及设计安全标准》(FD 002—2007)，工程等别为Ⅱ等大(2)型工程；机组塔架地基基础设计级别为1级；机组塔架基础洪水设计标准重现期为30年。根据抗震设计标准，发电机组塔架基础的抗震设防类别为丙类，抗震设防烈度为8度。

初拟风机基础采用圆形扩展基础，塔筒和基础采用预应力锚栓组合件连接方式，基础采用C40混凝土，基础分上、下两部分，上部为圆形柱体高1.35m，直径为6.7m；下部为圆形台柱体，底面直径为19m，最大高度为1.35m，最小高度为1.1m，风机基础埋深为3.6m。初拟箱式变压器基础体型：箱变基础埋深1.75m，地上0.15m，基础混凝土量为6.0m^3，基础垫层混凝土量为1.0m^3。施工图阶段将根据各风机位置的地层分布及岩性等因素，对风机基础的形式和外形尺寸等进行多方案的技术经济比较，综合优化基础设计。

九、110kV升压站及对侧间隔

本工程拟新建一座110kV升压站，通过110kV外送线路接至凯歌330kV变电站完成电力送出，110kV升压站规模见表5-3。

表5-3 新建110kV升压站建设规模

序号	项目	远期	本期
1	主变压器/MVA	2×100	2×100
2	110kV出线/回	1	1
3	35kV出线/回	8	8
4	35kV无功补偿/Mvar	2×(±24)	2×(±24)

十、110kV外送线路

麦垛山升压站-凯歌110kV线路工程，线路途经宁夏中卫市境内，起点为新建麦垛山110kV升压站，终点为已建凯歌330kV变电站。线路全长约1×7.2km(架空)+0.6km(电缆)，曲折系数1.23。

根据系统规划，导线推荐采用2×JL/G1A-400/35-48/7钢芯铝绞线，双分裂垂直布置，子导线间距400mm；地线两根推荐采用24芯OPGW光纤复合架空地线。电缆采用YJLW03-64/110-1×630mm^{2}铜芯交联聚乙烯绝缘皱纹铝护套聚乙烯护套电力电缆，采用电缆沟方式敷设。

设计基本风速取27m/s，设计覆冰为5mm轻冰区。线路污秽等级按e级配置绝缘。

本工程路径的沿线海拔高程1200~1400m，本工程沿线途径中卫市。

十一、35kV 集电线路

中电建宁夏中卫麦垛山 200MW 项目工程，将风电场共计 80 台风机接入风电场 110kV 升压站，本期共架设 8 回线路，每回线路均起始于风电场 110kV 升压站 35kV 配电室外新建终端塔，终止于风电场内接风机的终端塔。本期线路均采用单、双回路架设，沿线海拔高度在 1300~1500m 之间。

本工程导线采用 JL/G1A-240/30-24/7《圆线同心绞架空导线》(GB/T 1179—2008)钢芯铝绞线；双回路地线采用 1 根 48 芯 OPGW 光缆，单回路采用一根 24 芯 OPGW 光缆，与接风机箱变段电缆相连接的引流线采用 LGJ-70/10 钢芯铝绞线。

本工程单回路架空线路全长约 53. 71km，双回路架空线路全长约 17. 62km。接风机电缆线路长约 7km，型号为：YJV32-26/35kV-3×70；架空线路与风电场 110kV 升压站 35kV 配电室连接电缆线路长约 8×0. 15km，钻越 750kV 线路电缆线路长约 4×0. 21km，型号均为：YJV32-26/35-1×300。全线拟建铁塔共计 251 基，双回路直线塔 47 基，双回路耐张塔 13 基，单回路直线塔 96 基，单回路耐张塔 88 基，单回路 T 接塔 7 基。

十二、施工组织设计

本工程规划用地邻近镇照公路，风场路可以从该路引接。风电场所需设备、物资均可通过该公路运输至工程区，对外交通条件较为便利。施工所需水泥从青铜峡水泥厂购进；钢筋、钢材、木材、油料及生活物资从中卫市及附近地区就近采购；施工修配与加工系统主要利用中卫市当地企业，施工区只设相应的小型修配系统。

本风电场进场道路从镇照公路引接，共需新修进站道路和场内道路约 90km，其中进场道路长度 3km。

本期工程征用占地分永久占地和临时占地，永久占地总占地面积 94. 5 亩，临时占地总占地面积 1009. 5 亩。

施工用水采用拉水方式供应，施工场区内设临时储水设施。施工用电考虑就近从升压站用电引接，并配以一定数量的柴油发电机，确保施工用电。

混凝土粗细骨料采用购买商品骨料的方式解决。工程建设总工期为 18 个月。由于风电场区域海拔较高，存在冰冻现象，考虑每年的 1 月、2 月及 12 月为冰冻季节，不安排土建施工。

十三、工程管理设计

根据生产和经营需要，结合以往风电场管理运行经验，遵循统一、合理等原则，对运营机构的设置实施企业管理。本风电场风力发电机组采用远程方式进行监控，升压站按照少人值守进行设计。根据业主的要求，并结合已建成风电场的运行情况，本期人员编制暂定为 35 人。

十四、环境保护与水土保持设计

风电场区域附近无自然保护区，区域内未发现受保护的国家一、二级野生动物。工程在施工中由于土方的开挖以及施工车辆的行驶，都有可能产生粉尘和二次扬尘，造成局部区域的空气污染。在施工过程中可采取洒水、遮盖等措施，施工车辆及机械按照规划道路行驶，尽量减少对原表土的扰动面积，禁止在大风天气开挖、回填土方，尽量降低空气中颗粒物的浓度，减少扬尘。

在风电场的建设期和运营期，虽然会对周围环境产生一些不利的影响，但经采取积极有效的防治措施后，对环境所产生的不利影响很小或无影响。因此，从环境保护角度来看，无制约工程建设的环境问题，本工程建设是可行的。

十五、劳动安全与工业卫生

遵循国家已经颁布的政策，贯彻落实"安全第一，预防为主"的方针，在设计中结合工程实际，采用先进的技术措施和可靠的防范手段，确保工程投产后符合劳动安全及工业卫生的要求，保障劳动者在生产过程中的安全与健康。劳动安全的主要防范对象为火灾，爆炸、电气伤害、机械伤害、坠落伤害，工业卫生的主要防范对象为噪声、振动、温度、湿度、尘、污、毒、腐蚀、电磁辐射、采光与照明等。在设计上依据相关的规范和规定，项目建成后，建立先进的生产制度，落实生产运行人员的安全教育和培训的相关经费，以及其他有关于生产安全和预防事故的相关费用。

安全卫生管理机构必须和整个风电场生产管理组织机构及人员配备统一考虑，在工程发电投产后，必须建立一套完整的安全卫生管理机构、制度和措施，以保证风电场顺利运行，达到安全生产的目的。风电场设置安全卫生管理机构，由风电场主管领导亲自抓，负责本工程投产后的安全卫生方面的教育、培训和管理工作，在生产部门确定安全员，其兼职人员为 1 名，负责日常的劳动安全与工业卫生工作。

十六、工程投资概算

工程概算依据国家及地区现行政策及《陆上风电场工程设计概算编制规定及费用标准》(NB/T 31011—2019)、《陆上风电场工程概算定额》(NB/T 31010—2019)等，并结合风电场工程建设的特点进行编制，材料预算价格执行 2019 年第 2 期当地建筑工程材料市场信息价。

本工程风场静态总投资 134543. 17 万元，工程动态总投资 137200. 24 万元。建设期利息 2657. 07 万元。

十七、财务评价分析

当方案的不含税上网电价为 0. 3982 元/kW・h，含税上网电价为 0. 45 元/kW・h 时，税后项目投资财务内部收益率为 9. 17%，资本金财务内部收益率为 16. 13%，税前投资回收期 9. 50 年，税后投资回收期 10. 24 年，项目资本金净利润率为 21. 05%，总投资收益率为 6. 99%。

十八、节能降耗

随着化石资源(石油、煤炭)的大量开发，不可再生资源保有储量越来越少，终有枯竭的一天，因此需坚持可持续发展的原则，采取措施减少不可再生资源消耗的比重。目前，国家已将新能源的开发提到了战略高度，风能、太阳能等可再生能源将是未来一段时间新能源发展的重点。从现有的开发技术和经济性看，风能开发具有一定的优势，随着风电机组国产化进程加快，风电机组的价格将进一步降低，风电的竞争力将大大增强。开发风电是降低国家化石资源消耗比重的措施。有利于调整电网的能源结构，促进地方经济和社会的可持续发展。

本项目建成后，每年可提供上网电量为 44752 万 kW/h，如以新增火电为替代电源，按火电每度电耗标准煤 305g/(kW·h)，每年可节省标煤消耗约 13.6 万 t，相应每年可减少多种大气污染物的排放，其中减少二氧化硫(SO_2)排放量约 11738.4t，氮氧化物(以 NO_x 计) 5869.2t，二氧化碳(CO_2)34 万 t，还可减少烟尘排放量约 10.6 万 t，节能减排效益显著。

可见，建设风电场工程可以减少化石资源的消耗，有利于缓解环境保护压力，实现经济与环境的协调发展，项目节能和环保效益显著。

十九、社会稳定风险分析

通过对风电场工程项目建设过程中可能发生的社会稳定进行了识别和评价，结论如下：

本项目造成环境破坏的风险很小，抵制征收的风险很小，群众对生活环境变化的不适风险很小，引发社会矛盾的风险很小，风险程度低。目前已采取的和下一步将采取的系列风险防范措施，在一定程度上会起到降低以致消除社会风险的效果。

二十、风电场工程建设项目招标

本工程招标范围包括勘察设计、施工、监理以及主要设备的采购及安装。招标工作可委托有相应资质的招标代理公司完成，部分项目业主可自行组织招标。

二十一、结论与建议

（一）结论

麦垛山风电项目场址处风能资源丰富，具有一定的开发前景。场址区域内地质构造较稳定，可进行风电场的建设。电气并网方案经济、可行，地形相对平坦、开阔，施工建设条件良好。经过项目投资估算和财务分析，该项目具有一定的盈利能力。

（二）建议

(1) 在风机招标过程中建议选择满足当地电网要求的机组，招标确定的风电机组应具备低电压穿越能力，业主可就本风电场最低温度对设备厂商提出要求，建议最低运行温度为-33.5℃，最低环境温度为-35℃。

(2) 建议继续观测并收集 8612#测风塔测风数据，为今后微观选址设计和远期风电场设计提供必要的现场风资源观测数据。

(3) 建议业主后期收集气象站同期测风数据，优化风资源分析。

风电场工程特性表如表 5-4 所示。

表 5-4 风电场工程特性表

序号	名称	单位	数量	备注
		1. 风电场场址		
1.1	海拔高程/m	m	1190-1430	
1.2	经度(东经)		105°18′38.26225″-105°27′42.66375″	
1.3	纬度(北纬)		37°34′20.67623″-37°42′27.10335″	
		2. 风资源		
2.1	年平均风速	m/s	6.02	4319#
2.2	风功率密度	W/m^2	209	4319#
2.3	盛行风向		NW、SE、ESE	
2.4	50 年一遇最大风速	m/s	28.62	标准空气密度下测风塔轮毂高度处
		3. 主要设备		
3.1	风电机组			
(1)	台数	台	80	
(2)	额定功率	kW	2500	
(3)	叶片数	片	3	
(4)	叶片直径	m	140	
(5)	扫风面积	m^2	15408	
(6)	切入风速	m/s	2.5	
(7)	额定风速	m/s	8.5	
(8)	切出风速	m/s	20	
(9)	安全风速	m/s	37.5	3s 平均
(10)	轮毂高度	m	90	
(11)	转速(叶片端线速度)	m/s	80.6	
(12)	发电机容量	kW	2700	
(13)	发电机功率因数		-0.95~+0.95	
(14)	额定电压	V	690	
3.2	箱式变电站			
(1)	数量	台	80	
(2)	型号		37±2×2.5%/0.69kV	
		4. 土建工程		
4.1	风电机组基础			
(1)	台数	台	80	
(2)	形式		扩展基础	
(3)	地基特性		强风化基岩	

续表

序号	名称	单位	数量	备注
		4. 土建工程		
(4)	单台混凝土量	m^3	545	
4.2	箱式变电站基础			
(1)	台数	台	80	
(2)	形式		箱型基础	
(3)	地基特性		强风化基岩	
		5. 施工		
5.1	主体工程量			
5.1.1	风电机组及箱变基础			
(1)	土石方开挖	m^3	116000	
(2)	土石方回填	m^3	62000	
(3)	混凝土	m^3	47200	
(4)	钢筋	t	3720	
5.2	主要建筑材料			
(1)	钢筋	t	3720	
(2)	水泥	t	1755	
5.3	道路	km	69.5	
5.4	施工期限			
(1)	总工期	月	18	
(2)	第一批机组安装完成工期	月	18	
5.5	建设用地			
(1)	永久用地	亩	94.5	
(2)	临时用地	亩	1009.5	
		6. 设计概算		
6.1	静态投资(编制年)	万元	134543.17	
6.2	工程总投资	万元	137200.24	
6.3	单位千瓦静态投资	元/kW	6727.16	
6.4	单位千瓦动态投资	元/kW	6860.01	
6.5	施工辅助工程	万元	3519.89	
6.6	设备及安装工程	万元	104426.78	
6.7	建筑工程	万元	12939.40	
6.8	其他费用	万元	9035.05	
6.9	110kV 送出线路	万元	1983.95	
6.10	基本预备费	万元	2638.10	
6.11	建设期利息	万元	2657.07	

续表

序号	名称	单位	数量	备注
7. 经济指标				
7.1	装机容量	MW	200	
7.2	年上网电量	MW·h	429000	
7.3	年等效满负荷利用小时数	h	2145	
7.4	单位电能投资	元/kW·h	3.257	
7.5	平均上网电价(不含税)	元/kW·h	0.3982	
7.6	平均上网电价(含税)	元/kW·h	0.45	
7.7	盈利能力指标			
(1)	投资利税率	%	5.59	
(2)	总投资收益率(ROI)	%	6.99	
(3)	项目资本金净利润率(ROE)	%	21.05	
(4)	全部投资内部收益率(所得税前)	%	10.66	$I_c=7\%$
(5)	全部投资内部收益率(所得税后)	%	9.17	$I_c=6\%$
(6)	自有资金内部收益率	%	16.13	$I_c=8\%$
(7)	投资回收期(所得税后)	年	10.24	
(8)	资产负债率(最大)	%	81.72	
(9)	借款偿还期		12	

第二节　风能资源分析

一、风能资源评估依据

风电场风能资源评估按照国家相关规程规范执行，主要为：

(1)《风电场风能资源评估方法》(GB/T 18710—2002)；

(2)《风电场工程可行性研究报告编制办法》(发改能源〔2005〕899 号)；

(3)《风电场风能资源测量和评估技术规定》(发改能源〔2003〕1403 号)；

(4)《全国风能资源评价技术规定》(发改能源〔2004〕865 号)；

(5)《风力发电机组设计要求》(GB/T 18451.1—2012)；

(6)《风电场工程等级划分及设计安全标准》(FD 002—2007)；

(7)《风力发电场设计技术规范》(DL/T 5383—2007)；

(8) 业主提供 4319#测风塔。

二、区域风能资源概况

宁夏回族自治区位于中国内陆，东连陕西，南接甘肃，西及北方与内蒙古自治区相邻，属于黄河中上游上段地区，东西宽 50~250km，南北长 456km，地域面积 5.18 万 km^2。宁夏的风资源状况受大气环流和地理环境的影响。

从大气环流来看，宁夏地处中纬度，全年主要受西风环流影响，但在下半年也受夏季风环流边缘影响。由于青藏高原的存在，西风环流行经高原时，受到高原地形及其不同季节所产生的热力、动力的影响，就会发生分支、绕流的现象。冬季西风急流过高原时，会分成南北两支。宁夏属青藏高原"北支急流"的边沿。冬季是西北高寒气流东下要冲，夏季处于东南暖湿气流的末梢，形成典型的大陆型气候，冬寒夏暖、干旱少雨是宁夏气候的基本特点。宁夏是季风地区的边缘，风向有较明显的季节性变化。冬半年处在蒙古冷高压控制之下，绝大部分地区以北风和偏西风为主。夏半年受大陆热低压影响，全区各地以东南风和偏南风为主。

从地理环境来看，宁夏的地形比较复杂，西、北、东三面分别由腾格里沙漠、巴丹吉林沙漠和毛乌素沙漠相围，南与黄土高原相连。黄河由甘肃境内流入宁夏中卫，由南向北至石嘴山流出，黄河两岸为冲积平原。宁夏的地形地貌大致可以分为黄土高原、鄂尔多斯台地、黄河两岸的冲积平原和沿山地区的洪积扇，以及贺兰山、六盘山、罗山等山地。地形南北狭长，地势南高北低，西陡东缓。地貌由南部的流水侵入地貌向北部的风蚀地貌过渡。受地形的影响，宁夏平原多偏北风和偏南风，与贺兰山及黄河河谷的走向一致，固原地区多东南风和偏南风，也与六盘山走向相一致。

宁夏地区风速有较明显的季节性变化，一般春季最大，冬夏季次之，秋季最小。全区月平均最大风速，宁夏平原大多出现在春季 4 月，宁夏南部山区出现在 5 月。本风电工程位于宁夏回族自治区中卫市境内，整体区域风能资源属Ⅲ区，风能资源丰富，适宜大型风电场的建设。

三、参证气象站

（一）气象站概况

中电建中卫麦垛山 200MW 风电项目位于宁夏回族自治区中卫市境内，项目场址位于中卫市东北方向约 20km 处，项目分两块区域进行建设，规划用地面积为 $53km^2$，其中北区规划面积 $21.5km^2$，南区规划面积 $31.5km^2$，南北两块区域相距直线距离 12.5km。镇照公路紧邻项目场址北区东侧、南区西侧经过，进场路可以从该路引接，对外交通便利。距离风电场场址区较近的气象站为中卫气象站。区域一场址中心距离中卫气象站直线距离约为 22.6km，区域二场址中心距离中卫气象站直线距离约为 24.9km，本阶段选取中卫气象站为参证气象站。

中卫气象站为国家基本气象站，地理坐标为北纬 37°32′，东经 105°11′，海拔高度 1225.7m。始建于 1971 年 1 月，观测至今，属国家一般站。

根据中卫气象站 1981~2010 年实测气象资料统计，多年平均气温 9.2℃，年极端最低温度-29.1℃，年极端最高温度 38.5℃，沙尘暴日数 2.8d，雷暴日数 14.9d。

（二）参证气象站灾害性天气分析

影响风电场的灾害性天气主要有沙尘暴天气和强对流带来的雷暴天气。以下分析均基于中卫气象站最极端情况。

1. 沙尘暴

根据中卫气象站1981~2010年累年统计数据，月平均沙尘暴日数为2.8d。其中2~6月份发生沙尘暴的日数较多。在风电场建设期，沙尘暴会对风电场的施工产生一定影响，故在施工工序、进度安排时适当考虑沙尘暴的影响。在风电场运行期，沙尘暴携带大量地面沙尘，将导致叶片污染度增加，影响风机出力，在风机选型时需考虑所选机型具有一定的抗沙尘暴能力，并在发电量计算时考虑沙尘暴天气对发电量的影响。

2. 大风天气

根据中卫气象站1981~2010年累年统计数据，平均大风日数为11.3d。大风天气每个月均可发生，其中3~7月大风日数较多。在风电场建设施工期，大风天气将影响风电机组塔筒的吊装，不满足风电机组吊装的基本风力要求，在施工工期安排时，风电机组吊装应尽量避开大风天气。

3. 雷暴

根据中卫气象站1981~2010年累年统计数据，平均雷暴日数为14.9d。雷暴主要集中发生在夏季。在风电场的施工和运行阶段，雷暴天气均会威胁到风机机组和人员的安全，故建议夏季施工应避开雷暴天气，所选风电机组应具有一定的抗雷暴防护措施。

4. 极端温度

根据中卫气象站1981~2010年累计统计数据，多年极端最低温度-29.1℃，极端最高温度38.5℃。在风电场建设施工期，应考虑极端温度对施工的影响，所选机型考虑极端低温已超过常温机型的生存温度范围(-20~50℃)，因此所选机型必须为最低满足生存温度范围(-30~40℃)的低温机型。

5. 冻土

根据中卫气象站1981~2010年累计统计数据，最大冻土深度74cm；对于风电场施工阶段，尤其是风机基础开挖，应考虑到冻土的影响，开挖深度应大于最大冻土深度，以免对风机基础产生不利影响，详见表5-5。

表5-5　中卫气象站各气象要素1981~2010年累年统计特征值

项　目	数　值	备　注
平均气压/hPa	878.5	
平均气温/℃	9.2	
极端最高气温/℃	38.5	2000.7.24
极端最低气温/℃	-29.1	1993.1.15
平均水汽压/hPa	7.9	
平均相对湿度/%	55.3	
最小相对湿度/%	0	
年降水量/mm	176.5	
一日最大降水/mm	56.2	1983.6.18

续表

项　目	数　值	备　注
年平均蒸发量/mm	1705.7	
平均风速/(m/s)	2.4	
30年一遇最大风速/(m/s)	20.3	1993.5.5
全年主导风向	E	
最大积雪深度/cm	12	
最大冻土深度/cm	74	
平均雷暴日数/d	14.9	
平均大风日数/d	11.3	
平均沙尘暴日数/d	2.8	
平均雾凇日数/d	0.7	
年雨日数/d	69.0	
年雪日数/d	10.0	
日照时数/h	2921.3	
日照百分率/%	67.3	

(三)多年年均风速

中卫气象站站长系列测风数据趋势基本稳定，1956~2010年平均风速为2.4m/s，1981年~2010年平均风速为2.4m/s。

(四)最大风速

根据中卫气象站资料统计，该气象站近30年来最大风速为20.3m/s，发生在1993年3月5日。

(五)中卫地区风资源分析

根据以上对中卫气象站资料的分析，可以总结以中卫气象站资料反映的中卫地区风资源概况如下：

中卫地区风速近30年来较为稳定，呈波动起伏略有升高的趋势，风速基本稳定在2.4m/s；中卫地区风速季节变化明显，秋冬季风速较小，春夏季节风速较大，风速最大月份为5月，最小为1月、12月；中卫地区盛行风向为E，多年平均频率为16%。

四、测风塔风况分析

(一)测风塔基本情况

测风的目的在于掌握风场风速在平面上的分布及随高度变化的情况，确定其是否具有开发价值。

中电建麦垛山200MW风电项目区域二西侧有一座测风塔，紧邻区域二，测风塔编号为

4319#，测风塔高度为80m。区域一场区内2019年1月刚建立测风塔，待观测数月后取得数据再做验证性工作。4319#观测要素包括10m、50m、70m、80m高度处的风速，10m和80m高度处风向，7m处的气温，以及7m高度处的气压。数据输出间隔为10min，包括10min平均风速、最大风速、10min风速标准差、风向、气温、气压等。

（二）测风数据检验

为有效地评估风电场的风能资源，应参照《风电场风能资源测量方法》(GB/T 18709—2002)及《风电场风能资源评估方法》(GB/T 18710—2002)，对风电场测风原始数据的完整性及合理性进行判断，检验出缺测及不合理数据，经过处理，整理出至少连续一年完整地风场逐小时测风数据。

1. 测风数据完整性检验

根据《风电场风能资源评估方法》(GB/T 18710—2002)，对风电场4319#测风塔原始测风数据进行检验与验证，发现4319#测风塔各要素均无数据组缺测，测风时段数据完整率为100%。该测风塔测风数据完整率及缺测数据时段见表5-6。

表5-6 测风塔有效数据完整率统计表

测风塔编号	地理位置坐标	测风高度	海拔高度	测风时间
4319#	E105°19′37.86″ N37°40′59.64″	80m 70m 50m 10m	1410m	2015.10.14~2019.1.24
1703#	E105°25′09.14″ N37°35′42.78″	120m(A) 120m(B) 110m 100m(A) 100m(B) 90m 80m 50m 30m 10m	1270m	2019.1.19~至今
北侧激光雷达#	E105°20′53.00″ N37°39′48.00″	210m 190m 170m 160m 130m 120m 110m 100m 90m 80m 50m	1400m	2019.6.18~2019.9.18

续表

测风塔编号	地理位置坐标	测风高度	海拔高度	测风时间
南侧激光雷达#	E105°26′55.00″ N37°36′35.00″	210m 190m 170m 160m 130m 120m 110m 100m 90m 80m 50m	1334m	2019.6.20~2019.9.18

通过上述对风电场测风塔实测数据完整性的统计结果分析，4319#测风塔完整性百分比达到100%。

2. 测风数据合理性检验

根据《风电场风能资源评估方法》(GB/T 18710—2002)，检查出不符合参考值条件的数据和由于气候原因造成的仪器冻结数据失真(连续若干小时风速计风速不发生变化)的不合理数据，详见表5-7。

表5-7　测风塔风速风向数据合理性检验参考值

测风塔	观测项目		合理值
4319#/激光雷达测风塔	合理范围	平均气温	-30℃≤气温≤40℃
		平均气压	94kPa<小时平均值<106kPa
		平均风速	0≤小时平均值<40m/s
		风向	0°≤小时平均值<360°
	合理相关性	相隔20m平均风速差	<2.0m/s
		相隔40m平均风速差	<4.0m/s
		80m层与10m层风向差	<22.5°
	合理变化趋势	1h平均风速变化	<6m/s
		1h平均气温变化	<5°
		3h平均气压变化	<1kPa

上表为测风塔70m高度时间序列数据，自2016年9月起数据合理性较低，推测传感器可能出现故障，本次测风年选取时段为2015年10月14日至2016年10月14日。

根据QXT74—2007风电场气象观测及资料审核、订正技术规范，对测风原始10min观测资料中各要素数据的完整性以及极值范围、一致性和相关性等进行检验，发现4319#测风年内各要素均缺测0个数据组，80m高度无效数据为0个，有效数据完整率为100%；70m高度无效数据为1522个，有效数据完整率为97.11%；50m高度无效数据为0个，有效数据完整率为100%；10m高度无效数据为0个，有效数据完整率为100%。

对测风塔连续缺测时段不超过一天的，采用测风塔前一段时间和后一段时间相同时刻测风数据的平均值进行弥补。不合理风速和风向数据的处理：根据测风塔不同高度之间的风速和风向相关性分析成果，对不合理风速和风向数据进行相关性修正。经筛查，70m 高度部分风速数据低于 50m 风速数据，对该不合理数据甄别后进行标记，重新拟合出一个 70m 高度数据后对不合理数据进行插补。

依据上述对缺测和不合理数据的弥补修正原则，对测风塔中的缺测数据和无效数据进行相关修正后，可将其无效数据或缺测数据转换成有效数据，修正后的测风塔在其测风时段内的有效数据完整率可达到 100%，数据完整性好。

整体来讲，各要素有效数据完整率满足《风电场风能资源评估方法》中有效数据完整率不低于 90%的规范要求。

3. 相关性分析

为了进一步验证风电场测风塔数据的准确性和合理性，对 4319#及激光雷达测风塔不同高度实测风速。

由表 5-8 可知，4319#测风塔不同高度风速相关程度极高。

表 5-8　各测风塔不同高度风速相关性分析成果表

测风塔	4319#			
相关系数 *R*	10m	50m	70m	80m
10m	1	—	—	—
50m	0. 8989	1	—	—
70m	0. 8409	0. 9789	1	—
80m	0. 8198	0. 9629	0. 9952	1

综上，根据 4319#测风塔的观测资料中各要素数据的完整性检验、合理性检验以及相关性分析，确定本阶段选取 4319#测风塔作为本项目风能资源参考测风塔，以进行后续场址区风能资源评估。

五、中尺度数值模拟风速

由于尚未获取到测风同期气象站数据，为辅助测风塔数据，更好地分析本区域风能年际变化及测风数据长系列代表性情况，本次收集到 Merra-2 中尺度数据。中尺度数值模拟是气象科学中重要的研究手段，随着技术手段的不断进步，逐渐应用在风电开发领域。其结果在变化趋势上与实际风况有较好的一致性，因此在气象站数据缺失的情况下，具有较好的参考价值。

MERRA(Modern Era-Retrospective Analysis for Research and Applications)是由美国航空航天局(NASA)“模型分析和预报”项目(Modeling Analysis andPrediction program)建立的再分析数据产品，基于戈达德地球观测系统模型五(GEOS-5)开发，用于支持 NASA 的地球科学研究，其中戈达德地球观测系统模型五(GEOS-5)是由美国科学家研发的迄今为止精度最高的地球气候模型，包含多种现代化气候观测系统(如 EOS)，精度通常为每像素 5km，最高可达每像素 3. 5km。MERRA 重点研究大尺度天气和由 NASA 地球观测系统(NASA’s EarthObserving System)记录的气候背景数据。

再分析(reanalyses)通过数学模型综合多种观测系统成果，拟合时间-空间尺度上的观测数据并分析出那些不易被直接观测的数据，多样化的变量以及观测成果的运用使其成为调查气候变化的理想方法。MERRA 涵盖了从 1979 年起至今的遥感数据。目前在风能资源探测、选址及可行性研究评估等方面具有较好的应用，其评估结果具有一定的参考价值。

本次取得的中尺度数据位于场区附近，坐标为北纬 37°30′00″，东经 106°15′00″，模拟高度 50m，时间序列为 1981. 1. 1~2018. 12. 1，为逐时的风速、风向数据。

1. 年平均风速

通过分析计算，场区 Merra-2 近 30 年为 5. 66m/s，近 20 年为 5. 64m/s，近 10 年为 5. 65m/s。

2. 月平均风速

中尺度数据多年月平均风速可以看出，中尺度数据的月均风速变化趋势和气象站类似，其大风月均处于春季，进入 7 月份后风速普遍较小，冬季有所回升。

六、测风塔风况参数分析

(一) 空气密度

方法一：

根据中卫气象站提供的资料，多年平均气温为 9. 2℃，平均气压 878. 5hP 平均水汽压为 7hPa。根据以下公式计算空气密度：

$$\rho=\frac{1.276}{1+0.00366t}\times\frac{P-0.378e}{1000}$$

式中，P 为平均大气压力，hPa；e 为平均水汽压，hPa；t 为平均气温,℃。

计算得到中卫气象站所在区域的年平均空气密度为 1. 08kg/m^3。

风电场区域一平均海拔高度约为 1250m，区域二平均海拔高度约为 1350m，中卫气象站海拔高度为 1225. 7m，高程差为 25m 及 125m。用经验公式对风电场中心区域空气密度进行推算：

$$\rho_{z2}=\rho_{z1}e^{-0.0001(z_2-z_1)}$$

式中，ρ_{z1}为实际观测高程的空气密度；ρ_{z2}为风电场的空气密度；z_1 为实际观测点的高程；z_2 为风电场平均高程。

推算出风电场中心区域一空气密度值为 1. 07kg/m^3，区域二空气密度值为 1. 06kg/m^3。

方法二：

$$\rho=(353.05/T)e^{-0.034(z/T)}(kg/m^3)$$

式中，z 为风场的海拔高度，风电场本期工程区域一平均海拔高度 1250m，区域二平均海拔高度 1350m；T 为年平均空气开氏温标绝对温度(℃+273)。根据风电场测风塔 7m 高度所实测气温数据，场址区平均气温为 13. 4℃。

计算得出风电场中心区域一空气密度值为 1. 06kg/m^3，区域二空气密度值为 1. 05kg/m^3。综合各种方法，本报告区域一空气密度值为 1. 06kg/m^3，区域二空气密度值为 1. 05kg/m^3。

（二）风切变指数

风切变指数 α 表示风速在垂直于风向平面内的变化，其大小反映风速随高度增加的快慢，它的变化与地面粗糙度和大气热稳定度有关。

风切变幂律公式如下式所示：

$$V_2=V_1\left(\frac{Z_2}{Z_1}\right)^{\alpha}$$

式中，α 为风切变指数；V_2为高度 Z_2的风速，m/s；V_1为高度 Z_1的风速，m/s。

风切变指数 α 用下式计算：

$$\alpha=\frac{\lg(V_2/V_1)}{\lg(Z_2/Z_1)}$$

式中，V_1与 V_2为实测值。

风切变指数越大，表示风速随高度增加越快，增加塔架高度所获得的能量增量越多，采用高塔架越有利。反之，就没必要使用过高的塔架。

通常情况下，风电场区域平均风速和平均风功率密度都随高度的增加而增加，风切变指数为正值。在一些特殊情况下，特别是复杂地形中，风电场区域风速随高度的变化规律性不强，某些高度上会出现风速随高度增加反而减小的情况，即负切变现象。如在复杂的山区地形中，特别是一些局部地形的爬坡风在一定高度集中释放能量，易形成风速倒挂现象。

风电场测风塔不同高度风切变指数统计见表 5-9。

表 5-9　风电场测风塔不同高度风切变指数

测风塔	高度	10m	50m	70m	80m
4319#	10m	1	—	—	—
	50m	0.104	1	—	—
	70m	0.114	0.162	1	—
	80m	0.113	0.144	0.099	1
	风速（m/s）	4.65	5.49	5.80	5.87
平均	0.112				

测风塔	高度	50m	80m	90m	100m	110m	120m
1703#（测风时段）	50m	1	—	—	—		
	80m	0.154	1	—	—		
	90m	0.160	0.178	1	—		
	100m	0.165	0.185	0.102	1		
	110m	0.169	0.191	0.198	0.205	1	
	120m	0.169	0.186	0.189	0.190	0.173	1
	风速/（m/s）	4.93	5.30	5.48	5.53	5.64	5.70
平均	0.150						

续表

测风塔	高度	50m	80m	90m	100m	110m	120m
北侧激光雷达（测风时段）	50m	1	—	—	—		
	80m	0.213	1	—	—		
	90m	0.218	0.236	1	—		
	100m	0.221	0.237	0.239	1		
	110m	0.223	0.239	0.240	0.242	1	
	120m	0.226	0.242	0.244	0.247	0.254	1
	风速/(m/s)	4.88	5.34	5.48	5.61	5.73	5.85
平均	0.217						
南侧激光雷达（测风时段）	50m	1	—	—	—		
	80m	0.089	1	—	—		
	90m	0.091	0.100	1	—		
	100m	0.093	0.099	0.099	1		
	110m	0.094	0.101	0.102	0.105	1	
	120m	0.095	0.103	0.104	0.107	0.109	1
	风速/(m/s)	5.62	5.85	5.92	5.99	6.05	6.11
平均	0.108						

由风能资源评估软件 Windographer 计算得到4319#的综合风切变指数为0.112，1703#综合风切变指数为0.150，北侧激光雷达测风塔综合风切变指数为0.217，南侧激光雷达测风塔综合风切变指数为0.108。

由于4319#测风塔无90m高度测风仪，需通过风切变指数对90m高度风速进行推算。4319#的综合风切变指数为0.112，4319#不包括10m高度的综合风切变指数为0.148，4319#的70m至80m风切变指数为0.099。考虑到10m高度层受周围地形地貌等因素影响较大，不选用综合风切变指数进行推算；同时，考虑到70~80m风切变指数对于80~90m风切变代表性不足，现阶段选用不包括10m高度的综合风切变指数对4319#测风塔90m高度风速进行推算。

（三）湍流强度

湍流强度是短时间（一般少于10min）内的风速波动，是脉动风速的均方差与平均风速的比值，取决于地表的粗糙度、地层稳定性和障碍物。湍流强度的大小不同将会减少风机输出功率和引起风能转换系统振动和荷载的不均匀，最终使风力发电机组受到破坏。逐小时湍流强度是以1h内最大的10min湍流强度作为该小时代表值。$IT \leqslant 0.1$表示湍流较小，$IT \geqslant 0.25$表明湍流过大，一般陆地上湍流强度在0.12~0.15之间。

根据风电场测风塔不同高度风速资料，统计可得出各测风塔不同高度在15m/s时湍流强度10min平均湍流强度，见表5-10。

表 5-10 风电场测风塔不同高度湍流强度

测风塔	高度	平均湍流强度	代表性湍流强度	IEC 等级
4319#	10m	0. 139	0. 171	B
	50m	0. 111	0. 145	C
	70m	0. 100	0. 135	C
	80m	0. 097	0. 132	C
1703# 2019. 1~2020. 1	50m	0. 116	0. 148	C
	80m	0. 111	0. 159	C
	90m	0. 125	0. 202	B
	100m	0. 113	0. 186	C
	110m	0. 111	0. 186	C
	120m	0. 097	0. 135	C
北区激光雷达 2019. 6~2019. 9	50m	0. 198	0. 258	S
	80m	0. 250	0. 479	S
	90m	0. 216	0. 396	S
	100m	0. 209	0. 377	S
	110m	0. 172	0. 326	S
	120m	0. 155	0. 294	A
南区激光雷达 2019. 6~2019. 9	50m	0. 126	0. 171	B
	80m	0. 120	0. 197	C
	90m	0. 110	0. 182	C
	100m	0. 107	0. 181	C
	110m	0. 109	0. 180	C
	120m	0. 106	0. 177	C

通过表 5-10 可以得知，风电场测风塔不同高度湍流强度总体为低等湍流强度，风电场湍流强度介于 0. 097~0. 202 之间，湍流强度随高度增加而减少，湍流强度属 IEC 标准中的 B 类。其中，高风速段部分超过 IEC 标准 C 类，待确定机型后请主机厂家出具载荷报告后进行复核。

（四）实测风速和风向

1. 平均风速和风功率密度

根据各测风塔实测测风资料进行统计分析，各测风塔不同高度平均风速和风功率密度成果见表 5-11。

表 5-11 4319#测风塔各高度平均风速和风功率密度表

4319#	平均风速/(m/s)					平均风功率密度/(W/m^2)				
	10m	50m	70m	80m	90m(拟合)	10m	50m	70m	80m	90m
	4.65	5.49	5.80	5.87	6.02	107	165	189	196	209
1703#(01.19-1.18)	平均风速/(m/s)									
	10m	30m	50m	80m	90m	100m(A)	100m(B)	110m	120m(A)	120m(B)
	4.01	4.44	4.93	5.30	5.48	5.47	5.53	5.64	5.63	5.70
	平均风功率密度/(W/m^2)									
	10m	30m	50m	80m	90m	100m(A)	100m(B)	110m	120m(A)	120m(B)
	104	125	161	190	208	220	210	231	237	227
北侧激光雷达#(06.18-09.18)	平均风速/(m/s)									
	50m	80m	90m	100m	110m	120m	130m	160m	170m	190m
	4.88	5.34	5.48	5.61	5.73	5.85	5.96	6.21	6.28	6.40
	平均风功率密度/(W/m^2)									
	50m	80m	90m	100m	110m	120m	130m	160m	170m	190m
	129	163	175	189	204	212	222	255	268	290
南侧激光雷达#(06.20-09.18)	平均风速/(m/s)									
	50m	80m	90m	100m	110m	120m	130m	160m	170m	190m
	5.62	5.85	5.92	5.99	6.05	6.11	6.16	6.31	6.36	6.43
	平均风功率密度/(W/m^2)									
	50m	80m	90m	100m	110m	120m	130m	160m	170m	190m
	198	216	228	235	246	254	260	275	282	297

2. 实测风向

根据4319#测风塔在测风时段内的有效测风数据进行统计分析，各测风塔风向和风能分布基本一致，4319#测风塔测风时段内90m高度主风向主要集中在SE、ESE扇区和NW扇区，主风能均主要集中在NW扇区。1703#测风塔测风时段内90m高度主风向主要集中在ESE扇区和NW扇区，主风能均主要集中在ESE扇区；北侧激光雷达测风塔主风向主要集中在ESE扇区，主风能集中在ESE扇区；南侧激光雷达测风塔主风向主要集中在SE扇区，主风能均主要集中在SE扇区。

(五) 实测数据订正

根据《风电场风能资源评估方法》(GB/T 18710—2002)要求，采用测风塔实测数据时段与气象站对应时段数据各风向象限的风速相关曲线的分析方法，将测风塔实测数据订正为反映拟建风电场场址处长期平均水平的代表性数据。订正具体作法为：

(1) 绘制风向象限内风速相关曲线。建一直角坐标系，横坐标轴为气象站风速，纵坐标轴为测风塔实测风速；取测风塔在该象限内的某一实测风速值作为纵坐标，找出气象站各对应时刻的风速值求其平均值作为横坐标，定出相关曲线的一个点；对测风塔在该象限内的其余每一个实测风速重复上述过程，绘制这一象限内的风速相关曲线。对其余各象限重复上述过程，共获得16个测风塔实测与气象站的风速相关曲线。

（2）为使风速值代数差值计算更加方便、直观，将风速相关曲线定义为 $y=kx+b$ 线性方程。

（3）对每个风速相关曲线，在横坐标上标明出气象站多年的年平均风速，以及测风塔实测同期的气象站年平均风速，在纵坐标轴找到对应的测风塔实测的两个风速值，并求出这两个风速值的代数差值。

（4）测风塔实测数据的各个象限内的每个风速都加上对应的风速代数差值，获得订正后的测风塔风速、风向数据。

现阶段暂未获得气象站与测风塔同期数据，本次报告通过对比 Merra-2 中尺度数据进行分析。场区 Merra-2 近 30 年平均风速为 5.05m/s，近 20 年为 5.03m/s，近 10 年为 5.03m/s，本报告以近20年平均风速作为风电场代表年订正标准。4319#测风时段年平均风速为5.00m/s，1703#测风时段年平均风速为4.85m/s。判定4319#测风年为平风年，1703#测风塔较近20年平均风速低2%以上，判定1703#测风塔测风年为小风年。本阶段暂用测风塔实测数据作为风电场代表年数据。

（六）风机预装轮毂高度风能资源分析

1. 轮毂高度选择

本阶段根据该区域风能资源情况以及场址建设条件综合考虑，经初步技术经济比较，推荐本风电场工程采用 WTG2500-A 型风力发电机组作为代表机型，风机叶轮直径为140m，风电机组预装轮毂高度采用90m。

考虑到4319#测风塔没有90m高度测风层，本阶段90m高度风速根据4319#测风塔的风切变计算结果，以50m、70m、80m高度测风数据为基准，推算其风机预装轮毂高度90m处的风速值，风向则直接采用80m高度层的风向数据。

2. 主风向和主风能方向

经统计，4319#测风塔测风时段内90m高度主风向主要集中在SE、ESE扇区和NW扇区，主风能均主要集中在NW扇区，详见表5-12。

表5-12　4319#测风塔90m高度风向与风能统计成果表

塔　号	4319#	
扇区	风向频率/%	风能频率/%
N	4.358	2.69
NNE	2.658	1.22
NE	2.506	1.16
ENE	5.859	5.15
E	7.487	5.58
ESE	12.697	9.76
SE	15.614	14.22
SSE	4.298	1.08

续表

塔　　号	4319#	
S	2. 675	0. 63
SSW	2. 311	0. 49
SW	2. 51	0. 46
WSW	3. 472	1. 73
W	4. 762	4. 56
WNW	9. 183	17. 9
NW	11. 102	21. 75
NNW	8. 506	11. 63

3. 风速和风功率密度年内变化

根据4319#测风塔90m高度的测风数据进行统计分析，风速、风功率密度年内变化成果见表5-13。

表5-13　4319#测风塔90m高度风速、风功率密度频率统计成果表

塔　　号	4319#	
月份	平均风速/(m/s)	平均风功率密度/(W/m^2)
1月	4. 921	134. 53
2月	6. 528	327. 42
3月	6. 211	206. 55
4月	5. 867	190. 47
5月	6. 714	273. 17
6月	6. 165	199. 56
7月	6. 452	222. 9
8月	6. 147	199. 24
9月	5. 295	122. 47
10月	6. 125	224. 2
11月	5. 528	164. 8
12月	6. 24	242. 81
平均值	6. 017	208. 8

由以表5-13分析可知：4319#测风塔90m高度年平均风速为6. 02m/s，年平均风功率密度为208W/m^2。4319#测风塔90m测风时段内月平均最大风速为6. 7m/s，最小月平均风速为4. 9m/s，说明风速年内变化幅度较大，风功率密度年内变化与风速基本一致。

4. 风速和风功率密度日内变化

根据代表测风塔90m高度的测风数据进行统计分析，风速、风功率密度日内变化成果见表5-14。

表 5-14 4319#测风塔 90m 高度风速日内变化统计成果表

4319#			
时段	平均风速/(m/s)	时段	平均风速/(m/s)
0:00	6.313	12:00	5.408
1:00	6.200	13:00	5.645
2:00	6.136	14:00	5.788
3:00	6.092	15:00	5.862
4:00	6.173	16:00	5.975
5:00	6.239	17:00	6.048
6:00	6.197	18:00	6.137
7:00	6.057	19:00	6.288
8:00	5.751	20:00	6.421
9:00	5.408	21:00	6.632
10:00	5.222	22:00	6.667
11:00	5.227	23:00	6.511

由表 5-14 分析可知，4319#测风塔 90m 高度日内变化范围为 5.22~6.67m/s，以 18 点至次日 5 点期间风速较大，5 点至 17 点风速较小，即白天风速相对较小，晚上风速相对较大，变化幅度较大；日内风功率密度变化与风速基本一致。

5. 风速和风能频率分布

根据代表测风塔 90m 高度的测风数据进行统计分析，4319#测风塔测风时段内的 90m 高度风速主要集中在 2~10m/s 风速段内，频率为 87.39%；风能主要集中分布在 6.0~14.0m/s 风速段内，频率为 82.2%。

1703#测风塔测风时段内的 90m 高度风速主要集中在 2~10m/s 风速段内，频率为 92.32%；风能主要集中分布在 4.0~12.0m/s 风速段内，频率为 89.37%。

6. 风速曲线及威布尔参数

风速曲线采用威布尔分布，概率分布函数用下式表示：

$$f(V)=\frac{K}{C}\left(\frac{V}{C}\right)^{K-1}\mathrm{e}^{-\left(\frac{V}{C}\right)^{K}}$$

式中，V 为风速；C、K 为威布尔参数。

用 WAsP 软件进行曲线拟合计算，得到 4319#测风塔 90m 高度的威布尔参数为 $C=6.88$，$K=1.79$；激光雷达测风塔 90m 高度的威布尔参数为 $C=6.06$，$K=2.02$。

方法一：极值 I 型

风速的年最大值 x 采用极值 I 型的概率分布，其分布函数为：

$$F(x)=\exp\{-\exp[-\alpha(x-u)]\}$$

式中，u 为分布的位置参数，即分布的众值；α 为分布的尺度参数。

分布的参数与均值 μ 和标准差 σ 的关系按下式确定：

$$\mu=\frac{1}{n}\sum_{i=1}^{n}V_i$$

$$\sigma = \sqrt{\frac{1}{n-1}\sum_{i=1}^{n}(V_i - \mu)^2}$$

$$\alpha = \frac{c_1}{\sigma}$$

$$u = \mu - \frac{c_2}{\alpha}$$

根据极值Ⅰ型方法推算出气象站50年一遇最大风速为20.75m/s，推算到场区4319#测风塔轮毂高度标准空气密度下50年一遇最大风速为28.59m/s，50年一遇极大风速为40.03m/s。

方法二：EWM法

由4319#测风塔统计资料得到，测风塔70m高度实测10min最大平均风速为23.19m/s，发生在2016年10月4日。

根据代表测风塔实测的最大风速值，按极端风速模型（EWM）和大风速风切变指数关系，推算本风电场90m高度50年一遇最大风速和极大风速。

计算公式：

$$V_{e1最大}(Z) = 0.8V_{e50最大}(Z)$$

$$V_{e50极大}(Z) = 1.4V_{e50最大}(Z)$$

$$V_2 = C_1\left(\frac{Z_2}{Z_1}\right)^{\alpha}$$

式中，$V_{e1最大}$为1年一遇的最大风速；$V_{e50最大}$为50年一遇的最大风速；$V_{e50极大}$为50年一遇的极大风速；Z为参考风速高度；α为风切变指数。

根据上述公式计算，本风电场标准空气密度下轮毂高度50年一遇最大风速为27.19m/s，50年一遇极大风速为38.07m/s。

方法三：五倍风速法

欧洲风电机组标准Ⅱ中建议，在中纬度（南北纬30°~60°）地区，地形比较平坦的风电场，当Weibull分布的形状参数$K \geqslant 1.77$时，可以用五倍平均风速来计算50年一遇最大风速。

根据此方法推算出本风场90m轮毂高度处4319#测风塔处50年一遇最大风速为30.1m/s，推算到标准空气密度下为27.8m/s。

七、风电场风能资源评价

通过对风电场场址区内测风塔数据的基本要素分析，场址区风能资源分布特点和特性如下：

（一）风能资源条件较好

4319#测风塔实测时间段内10m高度平均风速4.65m/s，平均风功率密度107W/m^2；50m高度平均风速5.49m/s，平均风功率密度165W/m^2；70m高度平均风速5.80m/s，平均风功率密度189W/m^2；80m高度平均风速5.87m/s，平均风功率密度196W/m^2；推算的

90m 高度平均风速 6.02m/s，平均风功率密度 209W/m^2。1703#测风塔 90m 高度平均风速 5.55m/s，平均风功率密度 219W/m^2。根据上述计算结果和《风电场风能资源评估方法》判定该风电场风功率密度等级达到 1 级标准，风能资源较好，可用于并网型发电。

（二）风向较为稳定

4319#测风塔测风时段内 90m 高度主风向与主风能均主要集中在 SE、ESE 扇区和 NW 扇区，出现频率最高的是 SE 扇区。1703#测风塔测风时段内 90m 高度主风向与主风能均主要集中在 ESE 扇区和 NW 扇区，出现频率最高的是 ESE 扇区。

（三）风速和风能不集中

4319#测风塔测风时段内的 90m 高度风速主要集中在 2~10m/s 风速段内，风能主要集中分布在 6.0~14.0m/s 风速段内。1703#测风塔测风时段内的 90m 高度风速主要集中在 2~10m/s 风速段内，风能主要集中分布在 4.0~12.0m/s 风速段内。

（四）湍流强度偏弱，风切变指数差异大

4319#测风塔不同高度湍流强度总体为低等湍流强度，风电场湍流强度介于 0.097~0.202，湍流强度随高度增加而减少，湍流强度属 IEC 标准中的 C 类；测风塔的风切变指数为 0.112。1703#测风塔不同高度湍流强度总体为低等湍流强度，风电场湍流强度介于 0.113~0.147，湍流强度随高度增加而减少，湍流强度属 IEC 标准中的 C 类；测风塔风切变指数南北区差异大。

综合分析，中电建麦垛山 200MW 风电项目代表测风塔主风向和主风能方向一致，均主要集中在 SE 扇区、ESE 扇区和 NW 扇区；风速年内以 3~7 月相对较大，1 月、9 月相对较小；风速日内变化白天风速相对较小，晚上风速相对较大，变化幅度较大；风速风能的频率分布不集中，根据上述计算结果和《风电场风能资源评估方法》判定该风电场风功率密度等级达到 1 级标准，风能资源较好，可用于并网型发电。

风电场轮毂高度 90m 处 50 年一遇 10min 最大风速为 28.6m/s，对应的极大风速为 40.04m/s。根据代表测风塔资料采用 Windographer 软件计算的场区可布机位点 90m 高度的湍流强度在 0.09 左右，属较低湍流强度。根据国际电工协会 IEC61400-1（2005）标准评判标准，本风电场属 IECIII$_B$类安全等级，在机组选型时需选择安全等级为 IECIII$_B$类及以上等级的风力发电机组。

第三节　项目地质分析

一、概述

中电建中卫麦垛山 200MW 风电项目位于宁夏回族自治区中卫市沙坡头区镇罗镇，项目场址位于中卫市东北方向约 20km 处，项目分两块区域进行建设，规划用地面积为 53km^2，其中北区规划面积 21.5km^2，南区规划面积 31.5km^2，南北两块区域相距直线距离 12.5km。风场南北区中间建一 110kV 升压站，110kV 送电线路从拟建升压站送出到凯歌 330kV 变电站。镇照公路紧邻项目场址北区东侧、南区西侧经过，进场路可以从该路引接，对外交通便利。

二、场址区基本工程地质条件

(一) 地形地貌

1. 110kV 送电线路

按线路走径对沿线地形地貌进行分段划分，现分述如下：

(1) 丘陵间夹沙漠地貌(长度约 3.0km)

主要分布在麦垛山拟建 110kV 升压站—阿云大道与雅云路交叉口，该段线路多沿丘陵走线，局部地段为平地。总体趋势地形起伏和缓，呈连绵矮丘、沙丘状。地表沙化较严重，零星分布耐旱性荒草。局部分布新月形沙丘，高度多在 1~3m。

(2) 低山丘陵地貌(长度约 10.3km)

属构造剥蚀、侵蚀堆积地貌单元，主要分布在阿云大道与雅云路交叉口~雅云路，线路位于雅云路右侧，该段线路总体趋势自东向西呈地势渐高态势，地形起伏稍大。砂岩出露，抗风化能力强，形成多呈条状、浑圆状，山体自东向西呈条带状分布的山梁，山梁两侧为陡坡，坡度 30°~50°。山体相对高差约 30~50m。山地零星分布于低矮丘陵之间。地表植被微发育，冲沟微发育。近线路道路多为山水沟底路，交通较为不便。

2. 110kV 升压站

拟选站址位于宁夏回族自治区中卫市云计算工业园区东侧。站址微地貌单元为山前缓坡丘陵，地形较开阔，地势有起伏，地表零星分布固定沙丘，沙丘高度一般小于 0.5m，地形起伏东北侧较大，局部有凸起小丘陵，凸起小丘陵基岩出露，地表植被覆盖度大致在 30%~40%，植被以沙蒿为主。勘探点地面标高在 1255.29~1259.47m 之间，最大高差约 4.2m。站址区域内无冲沟发育。

3. 风电场和 35kV 集电线路

场地位于宁夏中卫市美利工业园区内，宁夏钢铁集团东侧。分两块场地(南场区和北场区)：

北场区山势较高为高山区，属构造剥蚀、侵蚀堆积地貌单元。山脊砂岩、页岩出露，倾角 50°~80°，倾向 N。砂岩抗风化能力强，形成近东西走向山梁，山梁两侧为陡坡，坡度 50°~60°。坡体及沟底为粉细砂覆盖，含强风化砂岩页岩块体。地面标高在 1264~1426.6m 之间。

南场区山势稍低为低山丘陵区，坡缓，山体岩层破碎，地表为固定沙丘，东部地表沙化严重，局部有小型移动沙丘，微地貌单元为沙漠。地表植被覆盖度大致在 30%~40%，植被以沙蒿为主。地面标高在 1190~1367.3m 之间。

(二) 场地地层岩性特征及分布

根据本次勘察结果，结合区域地质及附近已有工程地质资料，现将场区地层岩性及其分布和特性从上而下描述如下：

1. 110kV 送电线路

(1) 丘陵间夹沙漠地貌(长度约 3.0km)。该段线路表层为风积洪积形成的粉细砂层、冲积洪积形成的角砾层，其下为厚层页岩。现按自上而下的顺序对地层岩性进行概述：

粉细砂(Q_4^{eol+pl})：黄褐色，稍湿，稍密；以石英、长石为主，偶夹砾砂、粉土薄层，偶含砾。层厚依地势差异显著，地势较高或坡顶层厚较薄，多在0.5~2.5m。地势较低或坡脚层厚较厚，多大于3m。该层在场区普遍分布。

角砾(Q_3^{a+pl})：杂色，一般粒径2~15mm，最大粒径25mm，骨架颗粒粒径约占总重的60%。母岩成分为全风化的页岩，充填物主要为粉细砂。处稍密~中密状态。层厚1.0~1.5m。顶板厚度0.5~6.0m。该层在场区局部分布。

强风化页岩(C)：褐黄~黑红色，局部呈铁锈红色。泥质碎屑沉积，层状结构，多节理。强风化层厚度约1.0~2.5m。顶板厚度1.5~7.5m。该层在场区普遍分布。

中风化页岩(C)：褐黄~灰黑，局部呈铁锈红色，碎块状结构，少节理。层厚多大于10.0m。

地基土各项物理力学指标推荐值见表5-15。

表5-15 地基土各项物理力学指标推荐值

指标地基土名称	重度γ/(kN/m³)	黏聚力C/kPa	内摩擦角φ/(°)	承载力特征值f_{ak}/kPa	极限侧阻力标准值q_{sik}/kPa	极限端阻力标准值q_{pk}/kPa
①粉细砂	15	0	20	100~120	34	
②角砾	18	0	35	200	135	
③页岩(强风化)	21	—	50	250~300	140	1600
④页岩(中风化)	22	—	60	400~500	160	2000

注：表中所提端阻力与侧阻力标准值对应的桩型为钻孔灌注桩，下同。

(2) 低山丘陵地貌(长度约10.3km)。

粉砂(Q_4^{eol})：浅黄褐色，以粉砂为主，细砂次之，风积及冲洪积成因，风积形成为主，矿物成分以长石、石英为主，局部夹粉土、角砾、砾砂薄层或透镜体，含植物根茎，自然降水沉降，易于挖掘。干~稍湿，稍密~中密，均匀性较差。该层在地势较低区域普遍揭露。层厚0.2~6.0m。该层在场区局部分布。

强风化泥质砂岩(C)：红褐色、青灰色、灰绿色，砂质结构，泥质胶结，风化强烈，节理极发育，风化呈砂土状夹碎块状，易碎。层厚0.4~1.6m。顶板厚度0~6.0m。该层在场区局部分布。

强风化砂岩(C)：青灰色，略泛红褐色，薄-厚层，砂岩为主，局部夹页岩、泥岩等薄层或透镜体，泥岩单层厚度小于0.30m，砂岩是由石英或长石组成的，铁质、钙质胶结，岩质较硬，抗风化能力较强，节理发育，分化呈块状。层厚0.5~1.0m。顶板厚度0~6.0m。该层在场区普遍分布。

中风化泥质砂岩(C)：青灰色略泛红褐色，以泥质砂岩为主，局部夹泥岩薄层及透镜体，或呈互层状分布，岩层倾向西南，倾角60°左右，砂质结构，以泥质胶结为主，局部揭露岩芯有钙质胶结，岩质较软，锤击声略哑，裂隙多呈隐蔽状，裂隙面多有铁锰质薄膜，岩体较破碎，岩芯呈碎块状、短柱状，砂岩、泥岩接触带上岩体破碎，岩石基本质量等级为Ⅴ级。由于泥质砂岩抗风化能力低，分布泥质砂岩区域受风化剥蚀因素的影响，地势较低。层厚7.0~9.5m，本次勘察未揭穿该层。

中风化页岩(C)：褐黄~灰黑，局部呈铁锈红色，碎块状结构，少节理。层厚多大于3.0m。

中风化砂岩(C)：青灰色，略泛红褐色，中厚层，砂岩为主，局部夹页岩、泥岩等薄层或透镜体，泥岩单层厚度小于0.30m，砂岩是由石英或长石组成的，铁质、钙质胶结，岩质较硬，抗风化能力较强，岩层倾向西南，倾角60°左右，砂岩锤击声较清脆，有轻微回弹，稍震手，较难击碎，沿砂岩、泥岩接触面风化较强，形成薄弱层。岩石基本质量等级为Ⅳ级。层厚9.5~10.0m，本次勘察未揭穿该层。

地基土各项物理力学指标推荐值见表5-16。

表5-16 地基土各项物理力学指标推荐值

指标 岩性	重度 γ/(kN/m^3)	黏聚力 c/kPa	内摩擦角 ϕ/(°)	承载力特征值 f_{ak}/kPa	极限侧阻力标准值 q_{sik}/kPa	极限端阻力标准值 q_{pk}/kPa
粉砂	15	0	20	100~120	34	
强风化泥质砂岩	20	—	55	300~350	140	1600
中风化泥质砂岩	22	—	60	400~600	160	2000
强风化页岩	21	—	50	250~300	140	1600
中风化页岩	22	—	55	350~500	160	2000
强风化砂岩	22	—	55	300~350	140	1600
中风化砂岩	23	—	65	400~600	160	2000

2. 110kV升压站

粉砂(Q_4^{eol+pl})：风积及冲洪积成因，风积形成为主。黄褐色，稍密，稍湿，矿物成分主要为石英、长石。偶夹砾砂薄层。表层夹微胶结的粉土薄层。属高-中等压缩性土，该土层浅层具湿陷性。

主层普遍分布于拟建站区表层。层厚0.5~3.0m，平均层厚1.75m。

角砾(Q_3^{a+pl})：杂色、灰色，一般粒径2~15mm，最大粒径25mm，骨架颗粒粒径约占总重的60%。母岩成分为全风化的页岩，充填物主要为粉细砂。处稍密~中密状态。层厚1.0~2.5m。顶板厚度0~3.0m。该层在场区局部分布。

其下为层页岩，按其风化程度可划分为2个亚层。分述如下；

强风化页岩(C)：褐黄~灰黑色，局部呈铁锈红色。层状结构，泥质碎屑沉积。多节理，处强风化状态。普遍分布于站区。该层相对较坚硬，人工难以挖掘。层厚0.3~2.1m，平均揭露层厚0.94m。顶板厚度1.0~5.5m。该层在场区普遍分布。

中风化页岩(C)：褐黄~灰黑色，局部呈铁锈红色。碎块状结构，少节理，处中等风化状态。该层普遍分布于站区。本次勘探未揭穿该层。最大揭露厚度2.5m。

地基土各项物理力学指标推荐值见表5-17。

表 5-17 地基土各项物理力学指标推荐值

指标地基土名称	重度 γ/(kN/m³)	黏聚力 C/kPa	内摩擦角 φ/(°)	承载力特征值 f_{ak}/kPa	极限侧阻力标准值 q_{sik}/kPa	极限端阻力标准值 q_{pk}/kPa
①粉细砂	15	0	20	100~120	34	
②角砾	18	0	35	200	135	
③1 页岩(强风化)	21	—	50	250~300	140	1600
③2 页岩(中风化)	22	—	60	400~500	160	2000

3. 风电场及 35kV 集电线路

该场地上覆风积形成的粉砂层、残积形成的角砾层，以下为基岩层，主要为灰岩(C)、页岩(C)、砂岩(C)、泥岩(E)、砾岩(E)等。以上几种岩石在场区间杂出现。部分地段基岩出露于地表。

现按自上而下的顺序对地层岩性进行概述：

粉砂(Q_4^{eol+pl})：风积及冲洪积成因，风积形成为主。黄褐色，稍密，稍湿，矿物成分主要为石英、长石。偶夹砾砂薄层。表层夹微胶结的粉土薄层。属高-中等压缩性土，该土层浅层具湿陷性。北场区粉砂层较薄，层厚 0~2. 1m，该层主要分布于山间沟谷；南场区粉砂层较厚，层厚 1. 0~6. 0m。该层主要分布于南厂区东部。

角砾层(Q_1^{el+pl})：杂色，一般粒径 2~15mm，最大粒径 25mm，骨架颗粒粒径约占总重的 60%。母岩成分为全风化的页岩、砂岩，充填物主要为粉细砂。顶板厚度 0~6. 0m。该层在场区局部分布。

(1) 基岩强风化层。

灰岩(C)：青灰色，碎屑沉积，层片状结构，多节理，强风化。强风化厚度多大于 3m。顶板厚度 0~3. 0m。该层在场区局部分布。

页岩(C)：褐黄~黑红色，局部呈铁锈红色。泥质碎屑沉积，层状结构，多节理，强风化。强风化层厚度约 1. 0~2. 5m。顶板厚度 0~3. 0m。该层在场区局部分布。

砂岩(C)：灰白色~青灰色，碎屑沉积，块状结构。强风化。强风化厚度 2. 0~3. 0m。顶板厚度 0~3. 0m。该层在场区普遍分布。

砂质泥岩(E)：砖红色，碎屑沉积，泥质胶结，致密结构，强风化。强风化厚度多大于 5. 0m。顶板厚度 0~3. 0m。该层在场区局部分布。

砾岩(E)：紫红色，碎屑沉积，碎块状结构。强风化厚度多大于 5. 0m。顶板厚度 3~8. 0m。该层在场区局部分布。

(2) 基岩中风化层。

灰岩(C)：青灰色，碎屑沉积，层片状结构，多节理，少节理，中等风化。该层厚度多大于 10m。顶板厚度 3. 0~9. 0m。该层在场区局部分布。

页岩(C)：褐黄~黑红色，局部呈铁锈红色。泥质碎屑沉积，层状结构，少节理，中等风化。该层厚度多大于 10m。顶板厚度 1. 0~5. 5m。该层在场区局部分布。

砂岩(C)：灰白色~青灰色，碎屑沉积，整块状结构。中等风化。该层厚度多大于 10m。顶板厚度 2. 0~6. 0m。该层在场区普遍分布。

砂质泥岩(E)：砖红色，碎屑沉积，泥质胶结，致密结构，中等风化。该层厚度多大于10m。顶板厚度5.0~8.0m。该层在场区局部分布。

砾岩(E)：紫红色，碎屑沉积，碎块状结构。中等风化。该层厚度多大10m。顶板厚度8.0~13.0m。该层在场区局部分布。

地基岩土的物理力学性质指标一览表见表5-18。

表5-18 地基岩土的物理力学性质指标一览表

指标地基土名称	重度 γ/(kN/m^3)	黏聚力 C/kPa	内摩擦角 φ/(°)	承载力特征值 f_{ak}/kPa	桩的极限侧阻力 q_{sik}/kPa	桩的极限端阻力 q_{pk}/kPa
粉砂	15	0	20	100~120	34	
角砾	18	0	35	200	135	
灰岩(强风化层)	21	—	50	250~300	140	1600
页岩(强风化层)	21	—	50	250~300	140	1600
砂岩(强风化层)	22	—	55	300~350	140	1600
砂质泥岩(强风化层)	20	15	—	200~250	100	1400
砾岩(强风化层)	21	—	45	200~250	100	1400
灰岩(中风化层)	22	—	55	350~500	160	2000
页岩(中风化层)	22	—	55	350~500	160	2000
砂岩(中风化层)	23	—	65	400~600	160	2000
砂质泥岩(中风化层)	21	20	—	300~450	140	1600
砾岩(中风化层)	22	—	50	300~450	140	1600

(三)地下水条件

(1) 110kV送电线路

线路丘陵间夹沙漠地貌段低洼地段、岩层表面、邻近冲沟及易汇水地段存在上层滞水的可能。该层水补给来源以大气降水和色井沟沟道水侧向补给为主，排泄途径主要为大气蒸发。线路地下水的埋深可按3.0m考虑。

(2) 110kV升压站

低洼地段、岩层表面及易汇水地段存在上层滞水的可能。该层水补给来源以大气降水和色井沟沟道水侧向补给为主，排泄途径主要为大气蒸发。地下水的埋深可按3.0m考虑。

(3) 风电场及集电线路

场区属于半干旱半沙漠大陆季风气候区，降雨少、蒸发大、温差大，受大气环境和地形地貌的控制，风电场规划区范围内无常年性河流和湖泊，季节性冲沟和沟壑较发育。机位普遍分布于地势较高位置，可不考虑暴雨洪水冲刷的影响。本次勘察未见地下水，风机基础设计时可不考虑地下水的影响。

(四)不良地质作用及特殊岩土

1. 不良地质作用

(1) 110kV送电线路。线路多位于低山丘陵区，存在不良地质作用及地质灾害总结如下：

崩塌：沿线局部地段可见崩塌现象，也存在尚未发生较大规模坍塌的危岩体，存在不稳定隐患；陡坡：线路丘陵低山段山势较险峻，山岭较狭窄陡峭，山体较破碎。局部山体呈刀背梁状，梁体狭窄，给塔位的选择带来困难。

本次线路未跨越大的河流，跨越冲、洪水沟沟宽均较窄。可一挡安全跨越。冲洪沟枯水期干枯，丰水期暴雨形成洪水，持续时间短，但强度大，对塔位有一定威胁，建议考虑部分砌护量；线路丘陵间夹沙漠段局部沙化严重，呈半流动状态，应考虑一定的治沙措施。推荐采用草方格进行固沙。结合当前的设计阶段，本阶段应考虑一定的固沙措施。雅云路右侧丘陵坡脚分布较多坟墓，下一阶段应考虑避让一定距离。

（2）110kV 升压站。根据现场勘探及地质调绘，场区内无岩溶、滑坡、危岩和崩塌、泥石流、采空区、地面沉降、地裂缝等其他不良地质作用。

（3）风电场及集电线路

根据现场勘探及地质调绘，场区内不良地质作用主要为发育冲沟和危岩体，因各风机位于岩体稳定性较好山头，地势较高，冲沟影响较小，但山体多陡峭，风机基础开挖范围大，应注意坡面流的影响。此外，应对风机基础范围内的危岩体进行清理，避免对基础稳定性造成影响。

注：本工程不良地质现象及可能发生的地质灾害多规模较小，易于避让。本阶段应委托有关单位进行地质灾害危险性评估，具体情况应以报告结论为准。

2. 特殊岩土

（1）110kV 送电线路。

① 液化土。线路地下水较浅段，基础底板多坐落在基岩层，故可不考虑液化对土层的影响。

② 湿陷性土。线路表层粉细砂层具湿陷性，属非自重湿陷性土，大部层厚较小，基础底部多位于粉细砂层底板以下，仅个别地段塔位基底下可能存在粉细砂层，根据基础埋深结合邻近工程湿陷数据，属非自重湿陷场地，湿陷等级Ⅰ~Ⅱ级，应依据线路特点进行设计。

（2）110kV 升压站。场区内粉细砂具有湿陷性，根据基础埋深结合邻近工程湿陷数据，场区场平完成后填方区、填挖交接区属非自重湿陷场地，湿陷等级为Ⅰ级。填方区地基大多属非自重湿陷场地，湿陷等级为Ⅰ级。

（3）风电场及集电线路。场区内粉细砂具有湿陷性，湿陷程度轻微~强烈，风机基底一般坐落于中风化基岩上，不考虑湿陷性；集电线路塔基基础底部多位于粉细砂层底板以下，部分地段塔位基底下存在粉细砂层，根据基础埋深结合邻近工程湿陷数据，场区属非自重湿陷场地，湿陷等级为Ⅰ~Ⅱ级。应依据线路特点进行设计。

三、水文地质条件

1. 110kV 线路

本工程线路未跨越大的河流，跨越冲、洪水沟沟宽均较窄。可一档安全跨越。冲洪沟枯水期干枯，丰水期暴雨形成洪水，持续时间短，强度大，对塔位有一定威胁，建议对冲刷严重的进行砌护。

2. 110kV 升压站

本区域为典型的大陆性气候，干旱少雨、区域多年平均降水量185mm，降水量多集中在6~9月，可占全年降水量的75%，区域内蒸发强烈，多年平均水面蒸发量1500mm，蒸降比8.1。根据现场勘查，地面表层为平铺半固定风沙土。站址以西800m有色沟自北向南流过。站址区域东北地势稍高西南地势低，北侧为起伏低山，若发生暴雨，北侧低山坡面洪水对站址有一定影响，建议做排水沟。西侧的色井沟洪水距离较远，站址不受洪水影响。

3. 风电场及集电线路

风机位普遍分布于地势较高位置，可不考虑暴雨洪水冲刷的影响。

四、场区工程地质条件评价

（一）地基土工程性能分析和评价

1. 110kV 升压站

粉砂：该层土在站区表层普遍分布，风积、冲洪积成因，厚度较薄，物理力学性质较差，松散，具非自重湿陷性，工程性能较差，不宜作为建构筑物的天然地基持力层。

角砾：该层土在站区局部分布，工程性能较好。可作为站区构筑物的天然地基持力层。

强风化页岩：该层土在站区普遍分布，工程性能较好。可作为站区构筑物的天然地基持力层和下卧层。

中风化页岩：该层土在站区表层普遍分布，承载力较高，工程性能较好。可作为站区构筑物的天然地基持力层和下卧层。

2. 风电场及集电线路

层角砾：稍密~中密，级配较差，厚度较薄，分布不均匀，不能作为基础持力层。

（1）基岩强风化层。

灰岩(C)：强风化，强度较高，承载力较大，为良好的天然地基基础持力层。

页岩(C)：强风化，强度较高，承载力较大，为良好的天然地基基础持力层。

砂岩(C)：强风化，强度较高，承载力较大，为良好的天然地基基础持力层。

砂质泥岩(E)：强风化，强度较高，承载力较大，为良好的天然地基基础持力层。

砾岩(E)：强风化，强度较高，承载力较大，为良好的天然地基基础持力层。

（2）基岩中风化层。

灰岩(C)：中风化，强度高，承载力大，为良好的天然地基基础持力层和下卧层。

页岩(C)：中风化，强度高，承载力大，为良好的天然地基基础持力层和下卧层。

砂岩(C)：中风化，强度高，承载力大，为良好的天然地基基础持力层和下卧层。

砂质泥岩(E)：中风化，强度高，承载力大，为良好的天然地基基础持力层和下卧层。

砾岩(E)：中风化，强度高，承载力大，为良好的天然地基基础持力层和下卧层。

（二）水、土对建筑材料的腐蚀性评价

1. 110kV 送电线路

本阶段线路沿线地基土和地下水对混凝土结构、钢筋混凝土结构中的钢筋具微~中等腐蚀性。

2. 110kV 升压站

本阶段场区地基土和地下水对混凝土结构具弱腐蚀性。对钢筋混凝土结构中的钢筋具微腐蚀性。

3. 风电场及集电线路

本阶段场区地基土和地下水对混凝土结构具弱~强等腐蚀性。对钢筋混凝土结构中的钢筋具微~中等腐蚀性。

注：本阶段塔位及风机位置未定，为满足设计估算工程量需要，以上仅对沿线地基土、地下水的腐蚀性做概述，本阶段设计应按此考虑足够的防腐工程量。定位阶段应依据地貌单元分段取样进行腐蚀性评价。

（三）地基及基础方案

1. 110kV 送电线路

本工程山地段，局部地形破碎、较陡峭，基础选型应针对地层和地貌条件，因地制宜地使用经济、安全的基础类型。对于此类地形应采用全方位的高低腿基础形式，对于坡陡梁窄的区段应尽量减少对边坡的破坏，可考虑采用适度降基的掏挖式基础形式。

根据沿线地形地貌特征、岩土工程条件，结合上部荷载的特点和环境保护、水土保持的要求，沿线可选用的主要基础形式如下：岩石基础、掏挖式基础、半掏挖式基础、板式基础及桩基。

2. 110kV 升压站

依据站区地质条件，就目前天然地面高程结合场地条件结合考虑站区地面整平的条件下：

挖方区以浅基础为主，主要以②角砾、③$_1$强风化页岩为持力层，局部基底未到持力层部位，应采用砂石垫层进行换填；填方区应挖除基底下①层细砂采用垫层法进行换填；基础应坐落于同一地层上，若基础底面在土、岩结合部应加设褥垫层。

3. 风电场及集电线路

根据勘察结果，结合风机建筑特征，推荐基础方案及地基处理建议如下：

拟建各风机基础均建议以强风化基岩或中风化基岩作为天然地基基础持力层，基坑开挖应将①层粉细砂、②层角砾全部挖除。由于风机基础处基坑开挖范围较大，且机位处地势多陡峭，设计应考虑地形影响，基底下超挖部分用级配砂石分层夯实回填碾压至基底标高。

当垫层施工完毕后，应对垫层进行载荷试验，确定垫层最终承载力特征值。垫层承载力特征值应以检测试验结果为准。应考虑一定的检测费用。因各风机基础垫层下的持力层基岩面有起伏，建议基坑开挖按基岩持力层埋深最大深度进行整体开挖，并保证在同一水平面上；因风机所在山体多陡峭，应以基础范围内最低点考虑基础埋深，按基础持力层埋深最大深度进行整体开挖时，各机位处挖方量普遍较大，设计时须预估足够的石（土）方开挖量。须注意的是，局部地段有砂质泥岩，抗风化能力差，基坑开挖后应及时进行基础浇筑，避免长时间暴晒或浸水影响地基承载力。

（四）人工边坡开挖建议

因山体普遍陡峭，各风机基础开挖削坡会形成人工岩质高边坡，预计最大削坡高度较高。坡体岩性以强~中风化砂岩为主，局部夹泥化夹层，部分岩层面和节理为陡倾产状，开挖后会形成外倾结构面，建议放缓坡率，开挖后进行适当防护措施，防止局部掉块坍塌。

此外，本工程北区风机场地覆盖层薄，下伏强~中风化砂岩，岩质偏硬，施工难度大，应选择经济、合理的施工方法和工艺。

五、结论和建议

(1) 场地地震基本烈度 8 度；设计基本地震加速度为 0.20g；抗震设计分组为第三组。基岩出露段场地土类型为 I_1类，其余地段场地土类型多为Ⅱ类。考虑工程的完整性按不利组合考虑分析确定：该场区建筑场地类别为Ⅱ类，属可进行建设的一般场地。基本地震动加速度反应谱特征周期为 0.45s。

(2) 110kV 送电线路和 110kV 升压站在丘陵间夹沙漠地貌段低洼地段、岩层表面、邻近冲沟及易汇水地段存在上层滞水的可能。该层水补给来源以大气降水和色井沟沟道水侧向补给为主，排泄途径主要为大气蒸发。线路地下水的埋深可按 3.0m 考虑。风机位普遍分布于地势较高位置，可不考虑暴雨洪水冲刷的影响。

(3) 工程特殊性岩土主要为液化土和湿陷性土，地下水较浅段，基础底板多坐落在基岩层，故可不考虑液化对土层的影响；110kV 送电线路表层粉细砂层具湿陷性，属非自重湿陷性土，大部层厚较小，基础底部多位于粉细砂层底板以下，仅个别地段塔位基底下可能存在粉细砂层，根据基础埋深结合邻近工程湿陷数据，属非自重湿陷场地，湿陷等级Ⅰ~Ⅱ级，应依据线路特点进行设计；110kV 升压站场区场平完成后填方区、填挖交接区属非自重湿陷场地，湿陷等级为Ⅰ级。填方区地基大多属非自重湿陷场地，湿陷等级为Ⅰ级；风机基底一般坐落于中风化基岩上，不考虑湿陷性。

(4) 110kV 送电线路沿线地基土和地下水对混凝土结构、钢筋混凝土结构中的钢筋具微~中等腐蚀性；110kV 升压站场区地基土和地下水对混凝土结构弱腐蚀性。对钢筋混凝土结构中的钢筋具微腐蚀性；风电场及集电线路场区地基土和地下水对混凝土结构具弱~强等腐蚀性。对钢筋混凝土结构中的钢筋具微~中等腐蚀性。

(5) 升压站附近为宁夏昊丰伟业钢铁有限公司色井沟铁矿区；单梁山附近无规则分布有数个煤矿，目前处停产状态。本工程现处可研阶段，应委托相关部门进行《压覆矿产资源状况报告》，具体结论应以压覆报告为准。设计专业应依据压覆结论和矿种特点对路径及风机位置进行优化。

本次勘察，初步判定工程场区内无文物分布，本阶段应委托相关单位对线路岩性进行调查，文物评价详见宁文物发相关文件。

第四节　电气工程

一、电气一次

（一）设计依据

建设单位及各相关专业提供的原始资料，设计相关的法令、法规、标准及规程规范如下：

《风力发电场设计技术规范》(DL/T 5383—2007)

《风电场工程电气设计规范》(NB/T 31026—2012)

《风电场接入电力系统技术规定》(GB/T 19963.1—2021)

《35~110kV 变电站设计规范》(GB 50059—2011)

《建筑物防雷设计规范》(GB 50057—2010)

《交流电气装置的接地设计规范》(GB/T 50065—2011)

《交流电气装置的过电压保护和绝缘配合设计规范》(GB/T 50064—2014)《导体和电器选择设计规程》(DL/T 5222—2021)

《电力工程电缆设计标准》(GB 50217—2018)

《高压配电装置设计规范》(DL/T 5352—2018)

《低压配电设计规范》(GB 50054—2011)

(二) 接入电力系统方案

为配合风场电能送出，风电场内配套建设一座 110kV 升压站，风力发电经升压后通过 110kV 线路接入凯歌 330kV 变电站。最终接入系统方案以接入系统设计及其审查意见为准。

(三) 风电场电气设计

中电建中卫麦垛山 200MW 风电项目共安装 80 台单机容量为 2.5MW 的风力发电机组，机组出口电压为 0.69kV。风电机组接线采用一机一变单元接线，该接线具有投资较低、电能损耗少、接线简单、操作方便等诸多优点。每台风机配套安装 1 台 37±2×2.5%/0.69kV 容量为 2650kVA 箱变，箱变安装位置应处于风机与最近杆位的连接线上，靠近风机布置，现场应依照实际地理环境择优选择箱变的安装位置，合理避开不适宜箱变安装的地点，箱变高压侧指向终端杆，低压侧指向风机。

(四) 主要电气设备选型

本阶段暂无接入系统短路电流计算结果，35kV 电气设备的短路水平按照 31.5kA 选择。本期主要电气设备按正常工作条件进行选择并按短路故障条件进行校验。风场风机机位海拔高度在 1190~1426.6m 之间，所有设备外绝缘按照 1500m 进行修正，电气设备应满足地震烈度为 8 度的要求。风机、低压断路器、电缆等需采用耐低温产品，本项目环境温度极限低温为-29.1℃，极限高温为 38.5℃。电气设备按照国家电网基建[2013]157 号《国家电网公司关于印发公司标准化建设成果(输变电工程通用设计、通用设备)应用目录(2013 年版)的通知》选取。

1. 风力发电机组

对风力发电机组的技术要求如下：

(1) 风电机组应具备有功功率控制的能力。要求风电机组具备有功功率控制范围从 0~100%的范围内平稳调节的能力，具有最大输出功率控制和风电机组有功功率上升变化率控制的能力；风电机组有功功率应该能够实现就地和远端调整控制。

(2) 风电机组应具有无功功率控制的能力。要求风电机组功率因数应具有保持在-0.95~+0.95 之间实时调节的能力，并具有恒功率因数和恒电压运行模式的能力。

(3) 风电场并网点电压偏差在-10%~+10%之内，风电机组应能正常运行。

（4）风电机组应具有低电压穿越能力。风电机组在并网点电压跌至20%额定电压时能够维持并网运行625ms，风电场并网点电压在发生跌落后2s内能够恢复到额定电压的90%时，风电机组保持并网运行。

（5）高电压穿越，见表5-19。

表5-19 高电压穿越

并网点工频电压值(p. u.)	运行时间	并网点工频电压值(p. u.)	运行时间
$1.10<UT\leq 1.15$	具有每次至少运行10s能力	$1.20<UT\leq 1.30$	具有每次至少运行2s能力
$1.15<UT\leq 1.20$	具有每次至少运行5s能力	$1.30<UT$	具有每次至少运行1s能力

（6）频率适应性，见表5-20。

表5-20 频率适应性

电网频率范围	运行要求
低于48Hz	根据风电场内风电机组允许运行的最低频率而定。
48～49.5Hz	具有每次至少运行30min的能力
49.5～50.2Hz	连续运行
50.2～51Hz	具有每次至少运行5min的能力
51～51.5Hz	具有每次至少运行10s的能力
高于51.5Hz	具有每次至少运行2s的能力

（7）风机控制系统信息采集。风电机组控制系统应该满足电力系统信息采集与传输的需要，同时能够根据调度所下的负荷出力曲线，调节控制风机的有功出力和无功出力。此外，风电机组必须满足《风电场接入电网技术规定》等相关最新技术标准要求。

风机主要参数如下：

额定功率：2.5MW；额定电压：690V；额定频率：50Hz；功率因数：-0.95～+0.95。

2. 箱式升压变器

35kV箱式变压器有欧式箱式变压器、美式箱式变压器、华式箱式变压器，区别如下：

欧式箱式变压器的低压室、变压器室、高压室多为目字形布置，变压器及其他高压电器设备装于同一个金属外壳箱体中，变压器室温很高，散热困难，影响出力；另一方面在箱体中采用普通的高压负荷开关和熔断器、低压开关柜，所以箱式变体积较大。

美式箱式变压器其低压室、变压器室、高压室多为品字形布置，分为前、后两部分：前面为高、低压操作间隔，操作间隔内包括高低压接线端子，负荷开关操作柄，无载调压分节开关，插入式熔断器，油位计等；后部为注油箱及散热片，将变压器绕组、铁芯、高压负荷开关和熔断器放入变压器油箱中。变压器取消油枕，采取油加气隙体积恒定原则设计密封式油箱，油箱及散热器暴露在空气中，没有散热困难。低压断路器采用塑壳断路器作为主断路器及出线断路器。由于结构简化，这种箱式变电站的占地面积和体积大大减小。但是美式箱变由于负荷开关浸在油里，油被电弧碳化、分解，产生乙炔等有害气体，使得性能下降，较易发生事故，且看不到明显断开点，检修不方便。

华式箱式变压器是在美式箱变的基础上改进而成。为了避免负荷开关浸在油里，油被电弧碳化、分解，产生乙炔等有害气体，降低变压器性能，华式箱式变压器高压侧采用35kV隔离开关+负荷开关-熔断器组合电器(背靠背一体式)，该组合电器放在油箱外面，这样电弧就不会污染变压器油，提高了变压器运行的可靠性。

考虑到上述因素，本期风电场箱变选用华式箱变，箱变内变压器选用油浸式三相双卷自冷式升压变压器，高压侧采用35kV隔离开关+负荷开关-熔断器组合电器(背靠背一体式)，低压侧采用智能型框架断路器。

(1) 变压器。

变压器型号：S11-2650/35；高压侧额定电压：37kV；低压侧额定电压：0.69kV

短路阻抗：6.5%；无励磁调压：37±2×2.5%kV；联接组标号：D，yn11。

(2) 35kV负荷开关熔断器组合电器。采用35kV隔离开关+负荷开关-熔断器组合电器(背靠背一体式)，该元件的选择必须符合《高压交流负荷开关熔断器组合电器》(GB/T 16926—2009)的要求。组合电器真空灭弧室和隔离刀闸、接地刀闸之间具有可靠的机械联锁，只有在真空灭弧室处于分闸状态下时，才能够操作隔离刀闸和接地刀闸，隔离刀闸与接地刀闸应联动。熔断器的脱扣装置为三级联动，所配用的熔断器应为撞针式熔断器。撞击器应可以直接分断负荷开关。负荷开关的隔离断口与熔断器在不同的间隔内，当打开隔离时，可以确保安全的进行熔断器更换。

熔体额定电流为80A。

(3) 0.69kV低压断路器。脱扣器额定电流为2500A，断路器极限分断能力：≥50kA。

3. 电力电缆

2.5MW风力发电机组与箱式变之间采用6根ZRA-YJV22-3×300+1×150mm^{2}的1kV电力电缆并联连接，电缆采用穿管埋地敷设。

(五) 过电压保护及接地

1. 过电压保护

设备绝缘配合遵照《交流电气装置的过电压保护和绝缘配合》(DL/T 620—1997)规定的绝缘配合原则进行设计，选择设备绝缘水平和保护装置特性参数之间的绝缘配合有一定裕度，并配置适当的过电压保护装置。根据宁夏电力公司关于污秽区划分的规定，35kV及以下电气设备按E级污秽选取，即电气设备爬电比距按最高工作电压31mm/kV来选择。

2. 直击雷保护

风力发电机组配备有防雷电保护装置。风力发电机机壳、塔架及基础钢筋等均与接地网可靠连接，箱式变电站高度较低，且在发电机组塔架的保护范围之内，无须设置单独的防雷装置。

3. 配电装置的侵入雷电波保护

根据《交流电气装置的接地设计规范》(GB/T 50065—2011)和《交流电气装置的过电压保护和绝缘配合设计规范》(GB/T 50064—2014)，每一台箱变高压侧装设一组金属氧化锌避雷器，箱变低压侧装设低压浪涌保护器。

4. 接地

参考本工程岩土工程说明，该场地上覆风积形成的粉砂层、残积形成的角砾层，以下为基岩层，主要为灰岩(C)、页岩(C)、砂岩(C)、泥岩(E)、砾岩(E)等，土壤电阻率暂按500Ω/m考虑，设计采用水平接地极为主边缘闭合的复合接地网，风机接地与箱变接地网连接在一起，接地网面积约为350m^2，闭合接地网四周沿基础直径方向向外敷设4条约20m接地射线，并增加接地模块，使接地电阻小于4Ω。接触电势与跨步电压均不满足接地要求，根据规程，在风力发电机组和箱式升压变周围设置均压带，风力发电机组塔架、控制柜及箱式变压器的接地端子均应可靠接地。

二、二次系统

本工程计划安装80台单机容量为2500kW风力发电机，总装机容量为200MW，以8回35kV出线接入中电建中卫麦垛山200MW风电项目升压站。

（一）风电场一体化监控系统

中电建中卫麦垛山200MW风电项目风电场区配置一套一体化监控系统，旨在建立用户数据中心和统一运维中心，对电站生产运行数据进行分析，评估电站生产运行情况，提高电站运维管理水平。

1. 风电场一体化监控系统结构

风电场一体化监控系统由两个子系统组成：风机监控系统及风电场运维管理系统。在系统结构上划分为两层，分别为：

第一层：站控层，实时监测风电场内所有设备的运行情况，并可对各电站的运行数据进行综合分析，负责风电场的运维管理。

第二层：风电场间隔层设备，以2.5MW风电机组为单元采集风力发电机组、箱变等设备的实时运行数据，并通过光缆组成光纤环网与实现集中管理层通信，完成控制、监视、联锁、逻辑编程、信号、报警等全部功能。

2. 风电场监控系统功能要求

(1) 系统具备远程控制功能，可控制的对象包括风力发电机组、箱变等的投、退、参数设置、功率调节等。

(2) 电站整体实时监测功能。电站实时监测的数据主要包括功率、日发电量、累计电量、单台风电机组运行状态、风电场实时风速、风向、风电场实际运行机组数量和型号、电站综合效率等指标，用于了解电站当前所处状态，反映当前状态较当日其他时段是否具有异常情况发生。

(3) 风电机组的实时监测及控制。实时采集风电机组的信息，包括风电机组变桨系统、传动链、发电机、变流器、变压器、舱室、偏航系统、塔架、气象站等信息以及有功功率、无功功率、风速、风向、叶轮转速、电网频率、三相电压、三相电流、发电机绕组温度、环境温度、机舱温度、出力等。

风电机组应满足《宁夏电力调度控制中心关于开展新能源场站高频、高压穿越能力整改工作的通知》(宁电调字〔2017〕45号)中关于风电机组的要求：要求风电机组高压穿越能力提高至1.2倍以上，高频穿越能力提高至51.5Hz以上；风电场SVC、SVG等无功补偿装置高电压穿越能力提高至1.3倍以上，且相应电压范围内的运行时间不低于风电机组。

风力发电机组可采用就地控制和远端集中控制两种控制方式，对风电机组能进行启动、停机、测试、复位、变桨、偏航等控制。风力发电机组应具有当前状态(正常、故障、通信故障)信号；并具有系统报警(变位报警、越限报警、事故报警、通信工况报警、系统本身告警、远程报警、手机邮件等)功能。风电机组的实时监测信号均需上传调度系统。

(4) 环境数据实时监测。环境温度、风速等环境数据是决定风力发电的重要指标，也是进行风力发电技术研究的基础数据。本工程风电监控系统集成风力发电环境监测系统，主要监测的参数有：实时风速、风向、环境温度、湿度。整套监测系统包含以下设备：风速风向传感器、温湿度传感器、记录仪、上位管理机软件等。环境监测的实时监测信号均需上传调度系统。

(5) 接口要求。风电场监控系统应适应多接口的要求。能适应与升压站监控系统、风功率预测系统、AGC/AVC 等系统通信接口的要求。

3. 运维管理系统功能要求

(1) 运行维护管理模块。

① 日常管理：日常管理是针对风电场日常办公的管理，主要内容包括文档管理、待办已办事宜、日常事务、通知公告、计划管理、员工交接班管理等，实现电站管理规范化和高效化。

② 运行管理：设置操作权限，根据系统设置的安全规则或者安全策略，操作员可以访问且只能访问自己被授权的资源；实现对工作票，操作票管理，对设备操作或检修严格按流程生成工作票，操作票，减少人为差错，规范电站运行管理制度。

③ 设备管理：设备管理用于实现对电站设备的综合管理功能，建立设备台账并详细记录设备所有历史情况，实现设备相关信息(设备基本信息、技术参数、缺陷、工作票、停机记录等)的查询，方便设备管理人员进行设备性能分析、维修统计及处理决策。

(2) 统计分析模块。统计分析主要是对电站生产运行数据进行有效的分析，达到电站的精细化管理目标，以提高资产利用率、降低企业运行维护成本。

① 数据统计：系统具备历史数据存储、统计及查询功能，历史数据存储时间按 2 年考虑，以便跟踪历史运行情况。历史数据存储、统计、查询模块主要包括环境数据、电能量等数据查询。

② 电站运行分析：电站运行分析主要从风能资源、电量、负荷、损耗、设备运行指标等方面对电站的运行数据进行纵向、横向综合对比分析，评估电站生产运行各个环节情况，并对分析结果提出建议性判断结果。根据业主需求，可提供各个生产指标的报表，支持用户自定义报表格式。

③ 设备运行分析：设备运行分析主要针对风力发电机组，对风功率与实时风向、风速、转换效率、电流等进行监测分析，发现异常设备运行状态并提供预警，同时提出建议处理方案，为排查故障隐患提供可靠依据。

4. 系统软件及安全防护要求

智能一体化监控系统主机操作系统应采用经过软件加固的操作系统。具备成熟商用历史数据库及实时数据库功能。

为保证服务器重要的数据和文件不被更改、删除、非法拷贝；关键业务、进程不被非法停止，应电监安全〔2006〕34 号文“关于印发《电力二次系统安全防护总体方案》等安全防护方案的通知”及国家电网调〔2006〕第 1167 号文关于贯彻落实电监会《电力二次系统安全防护总体方案》和国家能源局〔2015〕36 号文《国家能源局关于印发电力监控系统安全防护总体方案等安全防护方案和评估规范的通知》等要求，需采用核心系统防护软件对监控主站进行防护。

针对安全防护措施，可采用的措施主要有：物理安全、备用与容灾、恶意代码防范、逻辑隔离、入侵检测、主机加固、安全 Web 服务、计算机系统访问控制、线路加密措施、安全审计、安全免疫、内网安全监视等。本风场配置的监控系统均应对监控系统主机进行主机加固。

5. 风电智能一体化监控系统配置

（1）配置风机监控系统 1 套，包括 1 台监控主机、1 套系统软件、防火墙、隔离装置等，风机监控系统防火墙、交换机等可考虑在升压站二次设备室内组 1 面屏柜。

（2）配置运维管理系统 1 套，包括 1 台运维管理主机、1 套运维管理分析软件等。

6. 风电保护测控配置

风力发电部分主要针对箱变内低压开关等设施提供保护功能，各设备保护功能的配置如下：

为每台箱变配置 1 套箱变保护测控装置，保护功能采用电流速断保护、过电流保护、非电量保护、瓦斯保护，动作后跳低压侧开关。箱变高低压侧开关分合位置、保护动作、变压器非电量等信息通过保护测控装置上传至风电场监控系统。箱变保护测控装置应具备故障录波功能，且装置失电后能够储存故障波形、SOE 等信息，便于定位箱变故障原因。

风电机组保护装置由风电机组厂家成套。要求保护配置具备相间短路电流速断保护、过电流保护、过电压保护、低电压保护、单相接地短路保护、过负荷保护、超速保护、温度保护，应具有温度高报警信号、电缆非正常缠绕、传感器故障信号及各保护动作信号等；风电机组保护动作信号均应上传调度系统。

（二）风机在线振动监测系统

在线振动监测系统 CMS 是能够连续监测风力发电机组运行过程中的振动、冲击、晃度、转速、负荷等参数，自动存储振动、冲击、波形等有价值的数据，并能自动计算机组各部件的故障特征频率，针对风电机组的专家分析系统。在线振动监测系统的最终目标是通过监测关键部件状态，对可能出现故障的部件，做到故障前发现问题并解决，可避免恶性事故的发生，减少不必要的经济损失。

1. 监测原理

在风电机组（主轴、发电机等）预先选定的位置安装振动加速度传感器，在叶片预先选定的位置安装形变监测传感器，将其采集的振动、转速、形变等信号传输到安装在机舱上的在线监测站，监测站负责采集和处理现场传感器采集的信号，并将监测数据通过光纤环网上传至在线振动监测系统数据库服务器。风电机组状态监测系统软件安装在中控室工作站上，风场运行维护工程师、生产运行调度人员、管理人员均可以通过振动监测系统工作站，实时查看机组运行数据，通过软件提供的丰富的分析图谱对机组状态进行深入分析，并支持远程的数据浏览和分析。

2. 监测站

监测站是针对风电机组监测需要而设计的现场数据采集单元。其体积小巧且重量很轻，可方便地安装在机舱内部，负责采集和处理现场传感器采集的信号，并完成数据通信传输。典型的采集箱可同时接入 8 路振动量、4 路工艺量和 2 路转速量信号。监测站具有可靠性高、数据采集准确全面、所有同步采集、良好的可扩展性特点。

3. 软件配置及功能

数据库：可以配置多个数据库服务器，降低服务器压力。

采集器管理：可进行各类在线监测站的添加、编辑与通道对应测点的配置，设置每台监测站的数据自动采集时间间隔和数据保存策略。

手动采集：配置通道采集参数，选择手动采集某通道当前数据，采集数据可保存到对应测点下。

软件功能：数据分析自动传输功能；特征频率自动计算、轴承数据库；故障案例管理器、诊断知识库；报告自动生成；采集数据和总值趋势图动态实时显示。

4. 网络设备配置

（1）集中管理层配置 1 台 24 电口交换机，用于集中管理层相关设备组网。

（2）集中管理层配置 2 台中心环网交换机，每台交换机端口数量按 16 光口考虑，用于光纤环网组网。

（3）每台风机配置 1 台光纤环网交换机，用于采集风电机组、箱变等数据。交换机数量在电气一次专业中与风机统一开列，每台交换机至少按 4 光口 4 网口考虑。

（4）为满足国网公司《并网新能源场站电力监控系统涉网安全防护补充方案》的要求，为每台风机配置 1 台微型纵向加密装置，在集中管理层配置 1 台千兆型纵向加密装置。

（5）风电场通信。中电建中卫麦垛山 200MW 风电项目需建设风力发电机组至升压站的光纤通信线路，根据风电场区风机分布情况，本工程考虑采用光纤环网的方式将风力发电机组各种监控管理信息上传至升压站。

根据风电场地形、地貌及风电场区内的风机排布，8 回 35kV 线路均围绕风机走线，沿每回 35kV 集电线路各架设 1 根光缆，光缆总长及光缆形式以线路专业为准，光缆芯数暂定为 24 芯，均由本工程线路专业开列。

35kV 集电线路及集电线路上所架设的光缆均由线路专业进行设计，本专业仅开列风机至集电线路地埋段所涉及管材。

（6）电气专业主要设备材料清册，见表 5-21 和表 5-22。

表 5-21　电气一次主要设备材料清册

序号	名称	型号规格	单位	数量	
				单台	总计
1	风力发电机	2500kW，0.69kV	台	1	80
2	预装式箱式变电站	华变　S11-2650/35	台	1	80
3	1kV 电力电缆	ZR-YJV22-1-3×300+1×150	m	210	16800

续表

序号	名称	型号规格	单位	数量	
				单台	总计
4	1kV 户内电缆终端	与 ZR-YJV22-1-3×300+1×150 配套（附双孔铜接线鼻子）	套	12	960
5	电缆穿线管	CPVC　Φ150	m	245	19600
6	电缆穿线管	CPVC　Φ50	m	70	5600
7	镀锌扁钢	-50×6	m	240	19200
8	接地模块	接地模块电阻≤0.126ρ	块	20	1600
9	防火堵料		kg	144	11520
10	防火涂料		kg	26	2080

表 5-22　电气二次主要设备材料清册

序号	名称	型号及规范	单位	数量	备注
电气二次专业					
1	风机监控系统	含服务器，主机，打印机，系统防护软件等	套	1	随风机厂家成套
(1)	监控系统服务器		台	1	
(2)	显示器		台	1	
(3)	数据接口及软件		套	1	
(4)	打印机		台	1	
2	运维管理系统	含服务器，主机，含智能化信息管理系统应用软件等	套	1	随风机厂家成套
(1)	运维系统服务器		台	1	
(2)	显示器		台	1	
(3)	数据接口及软件		套	1	
3	防火墙		台	1	
4	中心环网交换机	16 光口	台	2	
5	箱变保护测控装置		套	80	
6	环网交换机		台	80	
7	屏蔽双绞线		m	3000	
8	单模铠装光缆	24 芯，单模	m	3000	
9	光缆续接盒	24 芯	个	160	
10	余缆架		个	80	
11	钢管	ϕ40	m	800	
12	PVC 管	ϕ32	m	2000	
13	尾纤	2m/根，单模	根	960	
14	风机振动监测及叶片故障监测装置		套	80	

第五节　消防工程

一、消防总体设计

（一）设计依据

消防设计依据的法律法规及技术规范与标准主要有：

《中华人民共和国消防法》

《建筑设计防火规范》（GB 50016—2014）

《火力发电厂与变电站设计防火标准》（GB 50229—2019）

《35～110kV 变电站设计规范》（GB 50059—2011）

《导体和电器选择设计规程》（DL/T 5222—2021）

《高压配电装置设计规范》（DL/T 5352—2018）

《电力设备典型消防规程》（DL 5027—2015）

《电力工程电缆设计标准》（GB 50217—2018）

《火灾自动报警系统设计规范》（GB 50116—2013）

《建筑灭火器配置设计规范》（GB 50140—2005）

《建筑内部装修设计防火规范》（GB 50222—2017）

《民用建筑供暖通风与空气调节设计规范》（GB 50736—2012）

《建筑给水排水设计规范》（GBJ 50015—2003）

《室外给水设计标准》（GB 50013—2018）

《风电场设计防火规范》（NB 31089—2016）

《陆上风电场工程可行性研究报告编制规程》（NB/T 31105—2016）

（二）消防总体布置

1. 总体布置

本工程装机容量为200MW，在满足自然条件和工程特点的前提下，总平面布置充分考虑安全、防火、卫生、运行检修、交通运输、环境保护等诸方面的因素。

升压站包含升压站区及生活区两部分。升压站区域以主变为中心，110kV GIS 采用户外布置，110kV 从站区北侧进线；35kV 配电室布置在主变南侧，35kV 向西、向南采用电缆出线；SVG 小室布置在站区南侧，进站道路由南侧进站，由镇照公路引接。生活区布置在升压站东侧，生产运维楼在生活区南侧，生活楼布置在生活区北侧，库房、油品库在生活区东侧，消防泵房及污水处理系统布置在生活区北侧临近建筑物，活动场地在升压站外南侧。

2. 需要进行消防设计的建筑物和设施

升压站部分需要进行消防设计的建筑物有生产运维楼、生活楼、库房、油品库、煤气房及消防泵房。需要进行消防设计的电气设备有主变压器、110kV GIS、35kV 接地变压器及 35kV 动态无功补偿装置等。

(三) 外部消防条件

1. 已建及相邻设施

风电场区及升压站站址范围内无已建成的消防设施，无法加以利用。

升压站南侧有已建成的沙湖750kV变电站。经实地调研，该变电站未配置消防给水系统，无法满足本工程消防设计要求。

2. 社会可依托性条件

风电场及升压站离城镇较远，可借助的社会消防力量有限，消防设计应立足于自救。

(四) 主要设计原则

(1) 建筑物布置。升压站包含升压站区及生活区两部分。升压站区域以主变为中心，35kV配电室布置在主变南侧，SVG小室布置在站区南侧。生活区布置在升压站东侧，生产运维楼在生活区南侧，生活楼布置在生活区北侧，库房、油品库在生活区东侧，消防泵房及污水处理系统布置在生活区北侧临近建筑物。

(2) 设备选型。升压站内的电气设备尽量选择无油或者少油设备，电缆采用阻燃型电缆。

(3) 通道设计。升压站设置了环形道路，生活区道路与升压站相通，生产运维楼南侧有大型广场，兼做回车场。

(4) 机电消防设计。消防供电电源可靠，满足相应的消防符合要求；风力发电机组在机舱和塔基平台均设置有灭火器；电缆及其他电气设备的消防设置按《火力发电厂与变电站设计防火标准》(GB 50229—2019)、《电力设备典型消防规程》(DL 5027—2015)、《电力工程电缆设计标准》(GB 50217—2018)进行设计；主要疏散通道、楼梯间及安全出口等处按规定设置火灾事故照明灯及疏散方向标志灯。

(5) 设置完善的防雷设施及其相应的接地系统。

(6) 电缆电线的导线截面选择不宜过小，避免过负荷发热引起火灾；消防设备配电及控制线路采用阻燃电缆。

(7) 按照《火力发电厂与变电站设计防火标准》(GB 50229—2019)的要求，设置火灾监控自动报警系统。重要场所均设有通信电话。

(五) 消防总体设计方案

1. 主要设计原则

根据国家现行消防规范要求，消防系统的设置以加强自身防范为主，在具体措施上贯彻"预防为主、防消结合"的方针，做到防患于未然。严格按照规程规范的要求设计，采取"一防、二断、三灭、四排"的综合消防技术措施；工程消防设计与总平面布置统筹考虑，保证消防车道、防火间距、安全出口等各项要求；电缆采用阻燃电缆；风电场离城镇较远，可借助的社会消防力量有限，消防设计应立足于自救。

2. 消防总体设计方案

本工程消防总体设计采用综合消防技术措施，根据消防系统的功能要求，从防火、检测、报警、控制、灭火排烟、救生等各方面入手，力争减少火灾发生的可能，一旦发生业能在短时间内予以扑灭，使火灾损失减少到最低程度。同时确保火灾时人员的安全疏散。

根据《建筑灭火器配置设计规范》(GB 50140—2005)及《火力发电厂与变电站设计防火标准》(GB 50229—2019)、《电力设备典型消防规程》(DL 5027—2015)《电力工程电缆设计标准》(GB 50217—2018)的要求，在风机机舱平台上配置干粉灭火器。

升压站区内建构筑物均按《火力发电厂与变电站设计防火标准》(GB 50229—2019)规定的火灾危险性分类和最低耐火等级要求进行设计。升压站设置了环形道路，生活区道路与升压站相通，生产运维楼南侧有大型广场，兼做回车场，满足相关规范要求。

升压站消防设计贯彻“预防为主，防消结合”的消防原则。建立全站的火灾探测、报警及控制系统。电气设备在选型方面注重消防要求，尽量选取无油或少油设备；在进行消防电气设计时满足国家规程规范，满足使用要求。设计保证消防车道、防火间距、安全出口、事故排烟、事故照明等符合相关规范要求，以减少火灾时的损失。

生活区设置消防给水系统，布置室外消火栓，新建综合水泵房1座，包括180m^3消防水池、15m^3生活水池和设备间。

二、工程消防设计

(一) 建筑消防设计

建筑物一览表见表5-23。

表5-23　建筑物一览表

序号	建筑物名称	建筑类别	耐火等级	建筑面积/m^2	层数	建筑高度/m
1	35kV 配电室	丙	二级	215.19	1	6.45
2	SVG 小室	丙	二级	227.95	1	5.70
3	生产运维楼	丙	二级	1378.12	2	7.80
4	生活楼	丙	二级	1341.46	2	7.80
5	库房	丙	二级	343.57	1	3.15
6	油品库	丙	二级	54.37	1	3.15
7	煤气房	丙	二级	8.75	1	3.15
8	水泵房	丙	二级	168	1	
	总建筑面积			3737.41		

升压站和生活区内的建筑物配置移动式气体灭火器，具体数量详见消防设施配置表。

(二) 主要建构筑物、设备和电缆的消防设计方案

1. 主要建构筑物消防设计方案

根据《火力发电厂与变电站设计防火标准》(GB 50229—2019)的要求，升压站生活区建筑物与站区带电设备满足防火间距要求，生活区生产运维楼及生活楼之间间距亦满足防火间距要求。

35kV配电室建筑面积215.19m^2，长28.8m，设置两个疏散出口；配电室距离主变、接地变距离小于10m，大于3m，靠近主变侧不设门窗，背向主变侧采用甲级防火门窗，满足规范要求。

生产运维楼及生活楼一层均设有三个疏散门，两道门间间距均小于22m；设有两座疏散楼梯(含一座室外楼梯)，建筑内设置火灾应急照明及疏散指示标志，满足疏散要求。

除厨房外其他建筑屋内均严禁明火，厨房使用煤气设置单独的煤气房，采用钢筋混凝土结构及柔性屋顶，利于泄压。屋内机械排风，及时降低屋内煤气浓度。

油品库独栋设置，距离生活楼距离大于12m，设有机械排风设备，保持通风，不设窗。

每间储存类库房均设有单独出入口，自然通风。

所有建筑采用框架结构，均为不燃烧体。

所有房间均配置手提式灭火器。

2. 主要设备和电缆的消防设计方案

根据《电力设备典型消防规程》(DL 5027—2015)10.3.1条1变电站(换流站)单台容量为125MVA及以上的油浸式变压器应设置固定自动灭火系统及火灾报警系统。本站主变容量为100MVA，不设置单独固定自动灭火系统。在主变压器附近设置推开式干粉灭火器与灭火沙箱。

在建筑物进出口处的电缆沟及站区电缆沟适当的位置设置阻火隔墙，阻火隔墙的位置、厚度等应符合相关规程规范要求，并在阻火隔墙两侧各1m内涂防火涂料；所有屏、柜、箱下部电缆孔均采用阻火包严密封堵。

（三）各建筑物内安全疏散通道和消防通道的设置

本工程建筑主疏散口均通向主道路。生产运维楼及生活楼一层设有三个疏散门，二楼设有两个疏散楼梯(含一座室外楼梯)，满足防火规范要求。

（四）消防水源、供水对象、消防供水系统设计方案

依据《建筑设计防火规范》(GB 50016—2014)的要求，本工程生活区楼建筑物单体积超过5000m^3，未超过10000m^3，耐火等级为二级，设置室外消火栓系统，可不设室内消火栓系统。

根据《消防给水及消火栓系统技术规范》(GB 50974—2014)的要求，本工程生活区楼建筑物单体积超过5000m^3，未超过10000m^3，室外消火栓设计流量为25L/s。采用新建的消防水池作为消防水源，消防水池有效容积不小于180m^3，采用水池拉水方式供给，补水时间不超过48h。

生活区沿道路边设置室外消火栓，共计6座。生活区新建综合水泵房1座，采用地下式布置。包括180m^3消防水池、15m^3生活水池和供水设备间。设置有消防水泵房作为消防水源，供水为拉水方式。

（五）电气消防设计

(1) 为满足全站消防用电要求，站内消防用电负荷均采用双回路供电，双回路电源分别引自低压配电系统的两端母线。

(2) 火灾自动报警装置主机设置在生活区主控制室，在生活区主控楼、餐厅等建筑内、变电站电气二次设备室内、35kV配电室设光电感烟探测器。当有火情发生时，火灾报警控制器及时发出声光报警信号，显示发生火警的地点。通过通信接口将信息送至计算机监控系统，同时还可以通过数据网远传至调度端。

（3）当升压站内发生火灾事故时，可靠的应急照明能够保证人员的紧急疏散和紧急操作的可靠执行。应急照明电源的选择确定，应根据应急照明的种类、转换时间、持续照明时间和实际工程需要等多种因素综合考虑。疏散标志灯的布置和安装在需要设疏散照明的建筑内，应按照在建筑物内疏散走道上任何位置的人员都能够看到的原则设计。火灾应急照明应采用卤钨灯、白炽灯、荧光灯等能瞬时可靠点亮的灯具，应急灯具靠近可燃物时应采取隔热阻火措施。

（六）通风空调系统消防设计

本站35kV配电室、库房、油品库、煤气房采用机械排风，事故通风兼做夏季排除室内余热。所有房间采暖均采用对流壁挂式电暖气采暖，严禁采用明火取暖。厨房用火适用煤气放置于厨房外煤气房内，杜绝危险源。当火灾发生时，送、排风系统、空调系统均需自动停止运行。

（七）消防监控系统

在主变压器区域、110kV配电装置区域等主要生产和生活区域内设置视频监控成像系统，用于监测各区域内的情况。

（八）建筑装修防火设计

1. 外装修

本工程采用80厚A2级无机改性聚苯乙烯板，耐火等级为A2级。

2. 内装修

本工程内装修材料燃烧性能应符合《建筑内部装修设计防火规范》（GB 50222—2017）的要求。所有内装修材料必须为无污染环保型材料，A级，竣工检测应符合国家标准。

（九）消防设施配置

升压站建构筑物内灭火器按《建筑灭火器配置设计规范》（GB 50140—2005）的有关规定配置。对设有电气仪表设备的房间（35kV配电室、SVG小室），考虑采用移动式气体灭火器作为主要灭火手段。具体配置见表5-24。

表5-24 消防设施配置表

配置区域	单位	数量	规格
生产运维楼	具	66	5kg手提式干粉灭火器
生活楼	具	76	5kg手提式干粉灭火器
SVG小室	具	12	5kg手提式干粉灭火器
库房	具	14	5kg手提式干粉灭火器
油品库	具	2	5kg手提式干粉灭火器
煤气房	具	2	5kg手提式干粉灭火器
水泵房	具	2	5kg手提式干粉灭火器

续表

配置区域	单位	数量	规　　格
35kV 配电室	具	8	5kg 手提式干粉灭火器
110kV 屋外配电装置区	具	2	8kg 手提式干粉灭火器
SVG 装置区	具	2	5kg 手提式干粉灭火器
接地变	具	2	5kg 手提式干粉灭火器
主变压器区	台	4	50kg 推车式干粉灭火器
	座	1	消防设备间
	座	1	1.0m^3 黄砂箱，25L 黄砂铅桶 20 个，每 2 桶配置 1 把消防铲，每 4 桶配置 1 把消防斧
消火栓泵	套	1	Q=30L/s，H=0.45MPa，N=30kW
ZW(L)-1-X-7 隔膜式消防专用供水设备	套	1	配用水泵 25LGW3-10×4Q=0~5L/s H=66m N=7.5kW，立式隔膜式气压罐 SQL800×6，消防储水容积 150L

三、施工消防

（一）工程施工场地规划

工程施工现场主要场所包括临时生活区、机械修配及综合加工厂、木材库、钢筋库、综合仓库、油库、机械停放场及设备堆场。综合仓库包括临时的生产、生活用品仓库等。油库主要是机械用柴油、汽油和各种特种油、工地用油。

（二）施工消防规划

1. 施工现场消防安全组织建设

现场建立安全消防领导小组，认真贯彻落实消防法，组织职工建立义务消防队；对进入本工程现场施工的所有单位，不论总包分包形式如何，均应签订消防安全责任书，并加强对分包单位的监督作用；有专人定期检查、管理灭火器具，做好各类安全生产，如实反映现场安全生产管理状况，凡是检查中发现的问题，必须定人、定时间、定措施整改，整改后进行验证，消除事故隐患。

2. 现场防火要求

在各楼层楼梯口配置 2 具干粉灭火器，确保楼梯畅通；现场四周道路必须保证消防边道畅通；配电间配置二氧化碳气体灭火器或干粉灭火器；木材库、综合仓库每 25m^2 面积配置不少于一具干粉灭火器。

3. 施工现场临时生活区防火安全管理

临时生活区应与施工主体建筑保持足够的防火间距，在防火间距内严禁放材料；临时生活区内严禁使用电炉和乱拉乱接电线，禁用大功率灯泡照明或碘钨灯、柴火取暖烘烤；临时生活区每幢配备 2 具干粉灭火器。

4. 灭火预案

当本项目发生火灾时，项目防火领导小组成员要及时组织义务消防队员和施工人员，

应进行灭火、疏散等应急措施

（1）报警。当项目施工人员发现火灾时向周围人员大声呼喊报警，召集其他人员前来参加扑救。初起火灾时，一般燃烧范围小，火势较弱，因此刚发现火灾必须做到一面及时扑救，一面向“119”报警。

（2）灭火。当项目义务消防队接到报警后，立即按事先制定分工及疏散计划实施人员疏散及灭火工作。义务消防队队员分组使用项目各种灭火设施及时灭火。

（3）断电。如发生电气火灾，或者火势威胁到电气线路时，或电气设备和电气影响灭火人员安全时，首先要及时切断电源，再进行灭火。

（4）防爆。工地用油等易燃易爆物品处于或可能受到火灾威胁时，迅速转移到安全地带，并派专人专管。

（5）救护。对受伤人员应立即送往医院抢救。

（三）易燃易爆仓库消防

易燃易爆仓库主要为油库。油库内工地用油包括机械用柴油、汽油和各种特种油，专库存放，专人负责。保持阴凉通风，夏季室内温度超过35℃必须采取降温措施。油库电气设备必须符合防爆要求。油库位置位于施工仓库附近且需保持一定距离。

第六节　土建工程

一、工程等级

（一）工程等别及建筑物级别

本工程装机容量200MW，场内布置有80台2500kW风机。根据《风电场工程等级划分及设计安全标准》(FD 002—2007)，工程等别为Ⅱ等大(2)型工程；机组地基基础设计级别为1级；机组基础洪水设计标准重现期为30年。目前详细洪水位资料暂缺，待下一阶段补充齐全相关资料后开展防洪设计。

根据抗震设计标准，发电机组基础的抗震设防类别为丙类。

（二）设计依据

《风电场工程等级划分及设计安全标准》(FD 002—2007)

《风电机组地基基础设计规定》(试行)(FD 003—2007)

《高耸结构设计标准》(GB 50135—2019)

《建筑地基基础设计规范》(DB 33/T 1136—2017)

《建筑地基处理技术规范》(JGJ 79—2012)

《混凝土结构设计规范》(GB 50010—2010)

《建筑结构荷载规范》(GB 50009—2012)

《建筑抗震设计规范》(GB 50011—2010)

二、风电机组及箱式变压器基础

(一) 风电机组基础

1. 设计基本数据

本工程科研阶段采用国内某2.5MW风机作为计算原型机。根据风机厂家资料，相关计算荷载见表5-25。

表5-25 风机荷载(不含安全系数)

工况名称	F_x/kN	F_y/kN	F_z/kN	M_x/kNm	M_y/kNm	M_z/kNm
正常运行荷载工况	514.76	0	-3795.57	46934.9	0	2119.52
极端荷载工况	800.5	0	-3804.3	70205	0	1564.4
疲劳荷载工况(上限)	468	97.4	-3684.7	8439.3	38035.5	4496.8
疲劳荷载工况(下限)	-80.4	-105.2	-3835.9	-5674.3	-6615.5	-3843.2

注：多遇地震工况与罕遇地震工况根据计算确定。

2. 结构形式和计算内容

(1) 结构形式。因风机为高耸构筑物，受水平风荷载时，其水平力和底部弯矩很大，并且风机对塔架倾斜较敏感，对基础不均匀沉降要求较高。风机微观选址时注意避开地质断裂带，局部发育张开大、充填泥土的裂隙。根据前期工程地质资料提供的各地层物理力学指标及地基承载力，初步拟定风机基础采用圆形预应力锚栓扩展基础方案。

(2) 计算内容。根据《风电机组地基基础设计规定》(试行)(FD 003—2007)，本阶段主要对基础进行地基承载力复核、沉降变形验算、倾斜变形验算、抗倾覆稳定验算和基础抗滑稳定验算。

地基抗压计算：

① 矩(圆)形扩展基础承受轴心荷载时：

$$P_k = \frac{N_k + G_k}{A}$$

式中，P_k为荷载效应标准组合下，扩展基础底面处平均压力；N_k为荷载效应标准组合下，上部结构传至扩展基础顶面竖向力修正标准值，$N_k = k_0 F_{zk}$；k_0为荷载修正安全系数，取1.35；G_k为荷载效应标准组合下，扩展基础自重和扩展基础上覆土重标准值；A为扩展基础底面积。

② 矩(圆)形扩展。基础承受单向偏心荷载作用时，基础底面不脱空的情况。

$$P_{kmax} = \frac{N_k + G_k}{N_k + G_k} + \frac{M_k}{M_w}$$

$$P_{kmin} = \frac{N_k + G_k}{A} - \frac{M_k}{W}$$

式中，P_{kmax}为荷载效应标准组合下，扩展基础底面边缘最大压力值；P_{kmin}为荷载效应标准组合下，扩展基础底面边缘最小压力值；M_k为荷载效应标准组合下，上部结构传至扩展基础顶面力矩合力修正标准值，$M_k = k_0 M_{rk}$；W为基础底面的地抗拒，R为基础半径。

基底最大压力计算系数见表 5-26。

表 5-26　基底最大压力计算系数表

e/R	τ	ξ	e/R	τ	ξ
0. 25	2. 000	1. 571	0. 35	1. 661	1. 279
0. 26	1. 960	1. 539	0. 36	1. 630	1. 252
0. 27	1. 924	1. 509	0. 37	1. 601	1. 224
0. 28	1. 889	1. 480	0. 38	1. 571	1. 197
0. 29	1. 854	1. 450	0. 39	1. 541	1. 170
0. 30	1. 820	1. 421	0. 40	1. 513	1. 143
0. 31	1. 787	1. 392	0. 41	1. 484	1. 116
0. 32	1. 755	1. 364	0. 42	1. 455	1. 090
0. 33	1. 723	1. 335	0. 43	1. 427	1. 063
0. 34	1. 692	1. 307			

地基承载力复核结果见表 5-27。

表 5-27　地基承载力复核结果

工况名称	p_k/kPa	f_a/kPa	结论	P_{kmax}/kPa	1. 2f_a/kPa	结论
正常运行荷载工况	98. 54	689. 16	满足	196. 603	826. 992	满足
极端荷载工况	115. 411	689. 16	满足	254. 474	826. 992	满足
多遇地震工况	101. 799	895. 908	满足	216. 109	1075. 09	满足

3. 地基沉降变形计算

计算地基沉降时，地基内的应力分布，可采用各向同性均质线性变形体理论假定。其最终沉降值可按下式计算：

$$s = \psi_s s' = \psi_s \sum_{i=1}^{n} \frac{p_{0k}}{E_{si}}(z_i \overline{\alpha}_i - z_{i-1} \overline{\alpha}_{i-1})$$

$$p_{0k} = \frac{F_{zk}+G_k}{A_s}$$

式中，s 为地基最终沉降值；s'为按分层总和法计算出的地基沉降值；ψ_s为沉降计算经验系数；N 为地基沉降计算深度范围内所划分的土层数；p_{0k} 为荷载效应标准组合下，扩展基础底面处的附加压力，根据基底实际受压面积计算；E_{si}为扩展基础底面下第 i 层土的压缩模量，应取土自重压力至土的自重压力与附加压力之和的压力段计算；z_i、z_{z-i}为扩展基础底面至第 i、i-1 层土底面的距离；$\overline{\alpha}_i$、$\overline{\alpha}_{i-1}$为扩展基础底面计算点至第 i、i-1 层土底面范围内平均附加应力系数。

地基沉降复核结果见表 5-28。

表 5-28 地基沉降复核结果

工况名称	沉降量/mm	允许沉降量/mm	结论	倾斜率	允许倾斜率	结论
正常运行荷载工况	0.994	150	满足	0	0.004	满足
极端荷载工况	1.127	150	满足	0	0.004	满足
多遇地震工况	0.909	150	满足	0	0.004	满足

4. 地基稳定计算

(1) 抗滑稳定最危险滑动面上的抗滑力与滑动力应满足下式要求:

式中，F_R为荷载效应基本组合下，抗滑力；F_S为荷载效应基本组合下，滑动力修正值。

(2) 沿基础底面的抗倾覆稳定计算，其最危险计算工况应满足下式要求:

$$\frac{M_R}{M_s} \geqslant 1.6$$

式中，M_R为荷载效应基本组合下，抗倾力矩；M_s为荷载效应基本组合下，倾覆力矩修正值。

地基稳定性复核结果见表5-29。

表 5-29 地基稳定性复核结果

工况名称	抗滑计算安全系数	抗滑允许安全系数	结论	抗倾覆计算安全系数	抗倾覆允许安全系数	结论
正常运行荷载工况	22.719	1.3	满足	3.828	1.6	满足
极端荷载工况	25.698	1.3	满足	2.556	1.6	满足
多遇地震工况	15.521	1.3	满足	3.103	1.6	满足
罕遇地震工况	4.958	1	满足	1.684	1	满足

5. 计算成果

通过计算，所选机型基础计算成果见表5-30。

表 5-30 风机塔架基础体型尺寸表 m

项　　目	数量	项　　目	数量
基础底面直径 D_1	19	基础底板圆台高度 H_2	1.35
基础圆台顶面直径为 D_2	6.7	台柱高度 H_3	1.35
基础底板外缘高度 H_1	1.1	基础埋深	3.6

风机基础工程量(单台)：开挖量约1450m^3，回填量约775m^3，基础C40混凝土量约545m^3，基础垫层C20混凝土量30m^3，钢筋量约46.5t。

根据地质初勘资料，风电场风机基础的持力层位于工程地质性质较好的地层基岩强风化层、基岩中风化层上，风机基础地基承载力、稳定和变形均满足设计要求；对于部分基础无法落于基岩强风化层、基岩中风化层上的机位，须挖除粉砂及角砾，基础下不足部分做砂夹石垫层处理，压实系数0.95。

根据规范要求，需对风机基础进行沉降观测，在基础顶面设置四个互相垂直的沉降观测电，观测电采用内凸形式，上覆钢盖板进行保护。沉降观测应从施工时候开始，观测的时间和密度为：a. 浇筑完当天观测记录一次；b. 基础回填当天观测记录一次；c. 机组安装完成当天观测记录一次；d. 机组安装完成后 15d 观测记录一次；d. 机组安装后 3 个月观测一次；f. 机组安装完成后一年观测一次。

（二）箱式变压器基础

风力发电机与箱式变压器组合方式为“一机一变”方案，每台风机设一台箱式变压器，箱式变压器基础与风力发电机以电力电缆相连。根据本风场地质条件和箱式变压器容量，确定箱式变压器基础体型：箱式变压器基础埋深 1.75m，地上 0.15m，基础混凝土量为 6.0m^3，基础垫层混凝土量为 1.0m^3。箱式变压器均直接搁置在 C30 钢筋混凝土基础上。经计算，每台箱式变压器基础开挖量约 24m^3，回填土约 17m^3。

（三）防裂设计

本工程地处沙漠边缘，气候干燥，昼夜温差较大，大体积混凝土基础表面容易产生裂缝，因此本工程防裂措施主要从以下三方面考虑：

（1）在混凝土配置时尽量优化水灰比，砂率等以减少干燥收缩裂缝的产生；

（2）在混凝土的施工过程中应严格控制拆模和振捣时间，避免振捣不均匀、振捣时间过长及过早拆模等不利因素；

（3）混凝土浇筑完成后应加强养护，在烈日暴晒或者大风天气应及时覆盖并注意保湿。

（四）场内交通道路布置

风电场场内部分风机道路可利用既存道路进行改建，改建加新建道路共 90km，路面宽 4.5m，路基宽 5m，采用 300mm 厚级配砂夹石路面。风机机位侧根据具体地形情况设置尺寸为 50m×50m 的吊装平台，满足主机及塔筒吊装需求。

同时在道路部分挖方汇水区域增设土质排水沟以方便排水。

（五）风电场主要工程量

中电建中卫麦垛山 200MW 风电项目土建工程量主要包括风力发电机组基础、箱变基础、道路的工程量，见表 5-31。

表 5-31　中电建中卫麦垛山 200MW 风电项目土建工程量

项目编号	项目名称	单位	工程总量	备注
1	风机基础			
（1）	土石方开挖	m^3	116000	土石方比例 6：4
（2）	风机基础垫层混凝土 C20	m^3	2400	
（3）	风机基础混凝土 C40	m^3	43600	
（4）	土方回填	m^3	62000	已考虑 0.95 的压实系数
（5）	钢筋	t	3720	HPB300、HRB400
（6）	预埋铁件	kg	4000	镀锌防腐处理
（7）	预埋排水管（$\Phi=125$）	m	1200	PE

续表

项目编号	项目名称	单位	工程总量	备注
(8)	高强预应力锚栓	套	80	每套约为15t
(9)	高强灌浆料	m^3	96	
(10)	锚板	t	224	Q345
(11)	电缆预埋管 *DN*50	m	8000	CPVC
(12)	电缆预埋管 *DN*150	m	9600	CPVC
(13)	砂夹石垫层	m^3	8000	0.95的压实系数
2	箱式变压器基础			
(1)	土方开挖	m^3	1920	
(2)	基础混凝土C10	m^3	80	
(3)	基础混凝土C30	m^3	480	
(4)	土方回填	m^3	400	已考虑0.95压实系数
(5)	电缆预埋管 *DN*120	m	400	CPVC
(6)	钢筋	t	24	
(7)	预埋件	t	16	
(8)	箱式变压器基础地基处理	m^3	1920	砂夹石垫层，压实系数0.95
3	接地及电缆敷设土石方量			
(1)	接地体敷设开挖	m^3	12000	
(2)	接地体敷设回填	m^3	12000	
(3)	电缆敷设开挖	m^3	12000	
(4)	电缆敷设回填	m^3	12000	
4	观测	项	1	
5	施工辅助工程			
(1)	风力发电机组安装平台场地平整工程	m^3	$80\times10000m^3$	开挖、回填各5000， 填方已考虑0.94的压实系数
(2)	风场内道路	km	90	路面宽度4.5m，路基宽度5m
	土石方开挖	m^3	1350000	
	土石方回填	m^3	1350000	填方已考虑0.94的压实系数
	砂夹石路面方量(300mm厚)	m^3	162000	
6	其他			
(1)	塔筒	套	80	2500kW风机塔筒每套重量180t，Q345E
(2)	吊装	台	80	2500kW风机：塔筒重量180t， 主机重量110t，叶片系统重量105t

三、地质灾害治理工程

(一) 地质灾害危险性评估

根据地质报告判断，本工程建设区域内未发现崩塌、滑坡、泥石流地质灾害，地质灾害危险性小。评估区内工程建设本身不易引发地质环境条件的改变或诱发新的地质灾害，预测评估结果为地质灾害危险性小。

综合评估结果为，评估区为地质灾害危险性小区，建设场地适宜性为适宜。

(二) 地质灾害治理特殊性分析

一般建筑工程为在一个或几个规划的建设区域内新建、改建或扩建建筑物和附属构筑物设施所进行的规划、勘察、设计和施工等各项技术工作和完成的工程实体，是为了满足人们的社会生活需要，利用所掌握的工程技术手段，结合一定的科学规律、风水理念以及美学法则所创造出来的人工环境。并且是在一定的约束条件下，以形成固定资产为特定目标。而由于地质灾害项目的特殊性形成了地质灾害项目所特有的工程类型、工程对象、工程目标及工程性质。

地质灾害治理项目是为预防、控制、治理地质灾害，减轻或消除地质灾害损失所采取的各项工作措施的总称。对此又称为地质灾害减灾工程。因为各种地质灾害的形成和发生都具有十分复杂的背景和条件，所以大多数情况下单纯地依靠工程措施难以达到良好的防治效果，需要多方面工作的相互配合才能最大限度地减轻或消除地质灾害损失。

地质灾害治理项目的工程对象不是在规划的一块或多块区域修筑建筑物或构筑物而是针对已经发生或即将发生地质灾害运用工程的手段对不稳定或潜在不稳定地质体进行有效的控制。其控制和影响地质体稳定性的条件和因素复杂多变，如地形地貌、岩土体结构及物理力学性质、地质构造、水文地质条件、降水、河流冲刷、人类活动、地震等。

地质灾害治理项目的工程目标不是以形成固定资产为目标而是对不稳定或潜在不稳定的地质体采取工程措施进行有效的控制以达到防灾减灾的目的，确保人民生命财产安全、基础设施安全、生产和生活环境的安全。其投资资金都是来源于国家或当地政府的专项拨款，其投资不能产生直接的经济效益或形成固定资产。

第七节　110kV 升压站施工

一、总的部分

(一) 概述

1. 工程设计的主要依据

(1) 遵循的主要法律、法规：

《中华人民共和国土地法》

《中华人民共和国环境保护法》

《中华人民共和国文物保护法》
《中华人民共和国水土保持法》
《中华人民共和国环境噪声污染防治法》
《电磁辐射环境保护管理办法》
（2）遵循的主要规程、规范：
《火力发电厂与变电站设计防火标准》（GB 50229—2019）
《电力工程电缆设计标准》（GB 50217—2018）
《电力设施抗震设计规范》（GB 50260—2013）
《混凝土结构设计规范》（GB 50010—2010）
《钢结构设计标准》（GB 50017—2017）
《建筑抗震设计规范》（GB 50011—2010）
《电力装置的继电保护和自动装置设计规范》（GB/T 50062—2008）
《绝缘配合 第1部分：定义、原则和规则》（GB/T 311.1—2012）
《建筑物防雷设计规范》（GB 50057—2010）
《35kV~110kV变电站设计规范》（GB 50059—2011）
《高压配电装置设计规范》（DL/T 5352—2018）
《并联电容器装置设计规范》（GB 50227—2017）
《交流电气装置的接地设计规范》（GB/T 50065—2011）
《交流电气装置的过电压保护和绝缘配合》（DL/T 620—1997）
《电力工程直流电源系统设计技术规程》（DL/T 5044—2014）
《35~110kV无人值班变电所设计规程》（GB50059-2011）
《电测量及电能计量装置设计技术规程》（DL/T 5137—2001）
《发电厂和变电所照明设计技术规定》（DL/T 5390—2014）
《火力发电厂、变电站二次接线设计技术规程》（DL/T 5136—2012）
《导体和电器选择设计规程》（DL/T 5222—2021）
《变电站总布置设计技术规程》（DL/T 5056—2007）

2. 工程建设规模和设计范围

（1）工程建设规模，见表5-32。

表5-32　升压站建设规模

项　　目	本　　期	远　　期
主变压器	2×100MVA	3×100MVA
110kV出线	1回	1回
35kV进线	8回	12回
35kV SVG	2×24Mvar	3×24Mvar

（2）设计范围和分工。站区总平面布置及进站道路设计；站区各级电压配电装置、无功补偿和主变的一、二次线及继电保护装置、综合自动化系统；站内系统通信及系统远动；站内电气二次设备室、SVG室、各级电压配电装置；站内给排水设施、污水排放设施及站

区防洪设施；站区采暖通风设施及消防设施；编制工程主要设备材料清册；编制工程概算书；升压站设计 110kV 配电装置以门型架内侧绝缘子串为界，但包括引线及金具、升压站内导引光缆；35kV 配电装置以出线电缆终端为界。

（二）站址概况

1. 站址自然条件

中电建中卫麦垛山 200MW 风电项目 110kV 升压站为新建工程，整个工程位于宁夏回族自治区中卫市美利工业园区内，距中卫市市区直线距离约 30km。地形起伏，地势比较开阔。

站区所处区域地貌单元属山前缓坡丘陵，地形较开阔，地势有起伏，地表零星分布固定沙丘，沙丘高度一般小于 0. 5m，地形起伏东北侧较大，局部有凸起小丘陵，凸起小丘陵基岩出露，地表植被覆盖度大致在 30%～40%，植被以沙蒿为主。勘探点地面标高在 1231. 31～1240. 21m 之间，最大高差约 8. 9m。站址区域内无冲沟发育。

2. 工程地质、水文地质

根据本次勘察结果，现将站区地基土进行工程地质分层，并就站区地层岩性及其分布和特性自上而下描述如下：

粉砂（Q_4^{eol+pl}）：风积及冲洪积成因，风积形成为主。黄褐色，稍密，稍湿，矿物成分主要为石英、长石。偶夹砾砂薄层。表层夹微胶结的粉土薄层。属高-中等压缩性土，该土层浅层具湿陷性。

主层普遍分布于拟建站区表层。层厚 0. 5～3. 0m，平均层厚 1. 75m。

角砾（Q_3^{a+pl}）：杂色、灰色，一般粒径 2～15mm，最大粒径 25mm，骨架颗粒粒径约占总重的 60%。母岩成分为全风化的页岩，充填物主要为粉细砂。处稍密～中密状态。层厚 1. 0～2. 5m。

其下为页岩，按其风化程度可划分为 2 个亚层。分述如下；

强风化页岩（C）：褐黄～灰黑色，局部呈铁锈红色。层状结构，泥质碎屑沉积。多节理，处强风化状态。普遍分布于站区。该层相对较坚硬，人工难以挖掘。层厚 0. 3～2. 1m，平均揭露层厚 0. 94m。

中风化页岩（C）：褐黄～灰黑色，局部呈铁锈红色。碎块状结构，少节理，处中等风化状态。该层普遍分布于站区。本次勘探未揭穿该层。最大揭露厚度 2. 5m。

低洼地段、岩层表面及易汇水地段存在上层滞水的可能，在施工过程中如遇到此种情况，采取简单排水措施后即可进行后续施工。该层水补给来源以大气降水和色井沟沟道水侧向补给为主，排泄途径主要为大气蒸发。地下水的埋深可按 3. 0m 考虑。

所址区地震基本烈度值为Ⅷ度（第三组），设计地震加速度值为 0. 20g，特征周期值为 0. 45s。基岩出露段场地土类型为Ⅰ类，其余地段场地土类型多为Ⅱ类，建筑场地类别为Ⅱ类，为可进行建设的一般场地。

场区地基土和地下水对混凝土结构具弱腐蚀性，对钢筋混凝土结构中的钢筋具微腐蚀性。

3. 主要技术方案

（1）本升压站电气接线力求供电可靠、操作灵活、检修方便。升压站电压等级 110/35kV；远景及本期按两台容量 2×100MVA，电压 115±8×1. 25%/37kV，有载调压变压器进行设计。110kV 出线远景 1 回，拟采用单母线接线；35kV 出线远景 12 回，本期出线 8 回，拟采用单母线单元接线。主变压器 110kV 中性点采用避雷器和保护间隙保护，或经隔离开关直接接地。

（2）本期为 110kV 线路配置 1 套光纤电流差动保护装置，为 110kV 母线配置 1 套母线差动保护装置，为 35kV 母线配置 2 套母线差动保护装置。全站配置 2 套故障录波装置、1 套电能质量在线监测装置、1 套保护及故障信息系统子站，并按终期规模配置同步相量测量装置 1 套。

（3）中电建中卫麦垛山 200MW 风电项目 110kV 升压站工程由宁夏电力调度控制中心、中卫地调实行两级调度和管理。升压站远动系统和计算机监控系统统一考虑，配置 2 台互为备用的远动通信设备，1 套 OMS 调度信息管理系统，1 套风电场有功功率控制系统，1 套风电场无功电压控制系统，1 套风电场功率预测系统，1 套电能量计量系统。

（4）中电建中卫麦垛山 200MW 风电项目 110kV 升压站工程—凯歌 330kV 变电站建设 1 根 OPGW 光缆，光缆纤芯均为 24 芯。

（5）本升压站计算机监控系统的设备配置和功能要求按无人值班模式设计，全站统一配置交直流一体化电源系统。

（6）主要电气设备选择本升压站海拔高度为 1184m，所有设备外绝缘按照 1200m 进行修正，电气设备的抗震校验烈度为 8 度。电气设备按正常工作条件进行选择并按短路故障条件进行校验。

① 主变压器选用三相、双绕组、有载调压、自然油循环自冷变压器。

② 110kV 户外配电装置选用性能优异的 SF6 气体绝缘全封闭组合开关设备（GIS）。

③ 35kV 户内配电装置选用 35kV 金属铠装移开式高压开关柜，主变进线、出线、接地变和 SVG 间隔配真空断路器。

④ 无功补偿装置选用 SVG 成套装置（直挂式），容量均为 2×（±24）Mvar，串联干式空芯电抗器，户外安装；功率柜采用室内安装。

⑤ 接地变及小电阻成套装置。1#接地变低压侧兼做站用变总容量为 800kVA（其中 485kVA 接地容量、315kVA 站用变容量），接地电阻值 100Ω。

2#接地变压器容量 500kVA，接地电阻值 100Ω。

⑥ 站区主要建筑物有 35kV 配电室、SVG 小室等；布置有 110kV 构架、SVG 装置、接地变及主变构架、支架及设备基础，根据电气工艺需要设置电缆沟、环形道路。

4. 主要技术经济指标

主要技术经济指标见表 5-33。

表 5-33 主要技术经济指标

序号	项 目	方 案
1	主变压器规模，远期/本期，型式	2×100MVA 三相、双绕组、有载调压、自然油循环自冷变压器
2	（高）出线规模，远期/本期	1/1
3	（低）出线规模，远期/本期	8/8
4	35kV 无功补偿	2×（±24）Mvar

续表

序号	项　目	方　案
5	(高)电气主接线，远期/本期	单母线接线/单母线接线
6	(低)电气主接线，远期/本期	单母线单元接线/单母线单元接线
7	(高)配电装置型式，断路器型式、数量	户外 GIS，本期 3 台
8	(低)配电装置型式，断路器型式、数量	户内金属铠装移开式开关柜，真空断路器，本期 14 台
9	地区污秽等级/设备选择的污秽等级	C 级/D 级
10	控制方式	计算机一体化监控系统
11	变电站系统通信方式，本期建设规模	光纤通信，STM-4 622Mbit/s
12	站外电源方案/架空线长度/电缆长度/km	站外 10kV 线路 T 接/5/-
13	电力电缆/km	8
14	控制电缆/km	20
15	接地材料/长度/km	镀锌扁钢/2
16	变电站总用地面积/公顷	3. 0338
17	围墙内占地面积/公顷	1. 0842
18	进站道路长度　新建/改造/m	500/3800
19	站址土石方工程量　挖方/填方/m^3	3700/8700
20	边坡工程量　护坡/挡洪墙/m^2	410/147. 52
21	站内道路、广场面积　远景/本期/m^3	8293/6991
22	水源方案	施工拉水、运行采用自来水
23	站外供水/排水管线(沟渠)　长度/m	2300/300
24	总建筑面积　远期/本期/m^2	3292. 75/3292. 75
25	生产运维楼建筑面积　远期/本期/m^2	1378. 12/1378. 12
26	生活楼建筑面积　远期/本期/m^2	1341. 46/1341. 46
27	库房面积　远期/本期/m^2	343. 57/343. 57
28	消防泵房建筑面积　远期/本期/m^2	168. 00/168. 00
29	(高)电压构架结构型式及工程量/kg	A 字柱焊接普通钢管结构，16059. 77
30	主变构架结构型式及工程量/kg	A 字柱焊接普通钢管结构，4657. 70
31	地震动蜂值加速度	0. 20g
32	地基处理方案	砂石垫层
33	主变压器消防方式	采用化学灭火

二、电力系统部分

(一) 系统一次

1. 宁夏电网概况

宁夏电网位于西北电网的东北部，向西南通过 4 回 750kV 线路与甘肃电网联网运行。

宁夏电网主网电压等级为750/330/220kV，其中220kV主要覆盖了中北部石嘴山和银川地区；330kV电网在南部宁东、吴忠、宁东和固原地区发展较快，220kV电网与330kV电网通过月牙湖(330/220kV)变电站联络，750kV电压还作为宁夏与西北电网的联络线电压；宁夏750kV电网已形成双环网主网架，通过银川东、黄河、灵州、六盘山、沙坡头(750/330kV)、杞乡(开关站)、贺兰山和沙湖(750/220kV)8个750kV变电站覆盖宁夏330/220kV电网。

截至2018年底，宁夏电网统调总装机容量为72726MW，其中：火电装机24000.4MW，占比56.18%；水电装机422.3MW，占比0.99%；风电装机10111.28MW，占比23.67%；光伏装机8790MW含分布式光伏(575MW)，占比19.17%，新能源总装机容量18300MW，占比42.83%。

宁夏电网统调220kV及以上电压等级变电站共86座，变压器186台，总容量为63130MVA。其中750kV变电站8座，变压器12台，总容量为22800MVA；330kV变电站35座(含用户变12座)，变压器81台，总容量为23380MVA；统调220kV变电站43座(含用户变8座)，变压器93台，总容量为16950MVA。

宁夏电网220kV及以上电压等级交流线路272条，长度7950.7km(含直流线路)：其中750kV线路37条，330kV线路96条，220kV线路总计137条。直流线路共计2回，±660kV直流线路1回，±800kV直流线路1回。2018年宁夏电网最大负荷12970MW，同比增加2.4%，统调用电量935.39亿kW·h，同比增长6.68%。

2. 中卫电网概况

中电建中卫麦垛山200MW风电项目属于中卫电网管辖。

中卫电网处于宁夏电网的中南部，是宁夏电网重要的组成部分，承担着宁夏电网南北潮流交换的重要任务。

截至2018年底，中卫电网并网发电总装机容量6232.86MW。其中火电厂4座，装机容量1502MW；水电厂2座，装机容量124.3MW；风电场15座，装机容量1985.5MW；光伏电站62座，装机容量2515.56MW；其他机组8台，装机容量105.5MW。接入330kV电网装机容量2340MW，接入220kV电网装机容量660MW，接入110kV电网装机容1975.8MW，接入35kV电网装机容量1161.5MW，接入10kV电网装机容量95.56MW。中卫电网新能源并网总装机容量4501.06MW，其中风电装机容量1985.5MW，光伏装机容量2515.56MW，新能源装机容量占地区发电装机总容量的72.2%。

中卫电网35~330kV电压等级变电站共69座，主变压器149台，总容量10724.45MVA。330kV变电站7座，330kV主变压器20台，总容量6000MVA。220kV变电站2座，220kV主变压器6台，总容量720MVA。110kV变电站33座，110kV主变压器70台，总容量3701.5MVA。35kV变电站27座，主变压器53台，总容量302.95MVA。

中卫电网35~110kV电压等级输电线路共152条，长度2307.232km。其中220kV线路4条，长度14.858km；110kV线路93条，长度1455.129km；35kV线路55条，长度837.245km。

（二）接入系统方案

1. 建设的必要性

本工程为满足中电建中卫麦垛山 200MW 风电项目电能送出而建设。

依据工程接入系统设计评审意见《国网宁夏电力有限公司经济技术研究院关于中电建中卫麦垛山风电项目接入系统设计评审意见》宁电经研发〔2019〕65 号文，“中电建中卫麦垛山风电项目以 1 回 110kV 线路接入凯歌 330kV 变电站。本期新建 1 座麦垛山 110kV 升压站，新建 1 回凯歌变至麦垛山升压站 110kV 线路”。为满足风场升压站的送出，配套建设 110kV 升压站是必要的，导线型号选择 2×LGJ-400 钢芯铝绞线。架空导线型号参数见表 5-34。

表 5-34　架空导线型号参数

导线型号	长期容许电流/A	功率因数	输送容量/MW		
			经济输送容量	持续极限输送容量（温度校验）	持续极限输送容量
LGJ-240	610	0.98	71.7	103.87	113.89
LGJ-300	690		89.6	117.49	128.83
LGJ-400	835		110.1	142.18	155.90
2×LGJ-240	2×610		143.3	207.74	227.79
2×LGJ-300	2×690		179.2	234.99	257.66
2×LGJ-400	2×835		246.5	284.5	311.95

注：经济电流密度 J 应取 1.65A/mm^2，环境温度校验为 0.912（按 32℃）。

2. 接入方案

麦垛山 110kV 升压站以 1 回 110kV 线路接入凯歌 330kV 变电站 110kV 侧，且输送功率较大，为使运行电压满足风场升压站接入电网的相关规定，经计算，导线型号选择 2×LGJ-400 钢芯铝绞线，极限输送容量约 284MW（导线最大允许电流 835A，功率因数按 0.98 考虑，环境温度按 32℃校验），经计算，输送容量 200MW 时，线路功率因数按 0.98 计算，线路电压降约 1.1%，满足电压质量要求。

（三）对电气主接线及有关电气设备参数的要求

1. 升压站建设规模

变电站本期建设 2×100MVA 主变，远期预留第三台变建设条件，电压等级 110/35kV；110kV 终期出线 1 回，本期 1 回；35kV 终期出线 12 回（考虑每回线送出风电 25-30MW），本期 8 回。

2. 主变参数

容量：100MVA；容量比：100/100；额定电压：115 ±8×1.25%/37kV；联结组别：YN，d11；阻抗电压：U_k=10.5%。

3. 电气主接线

110kV：考虑升压站远景为 3 台主变，1 回线路。110kV 母线考虑单母线接线。

35kV 本期采用单母线分段接线，远期单母线三分段接线。

4. 出线方向及间隔排列

升压站 110kV 进出线方向及间隔排列如下，35kV 采用电缆出线。因该风电场接入系统设计方案暂未确定，麦垛山 110kV 升压站接入凯歌 330kV 变电站东起第 1 个 110kV 间隔设计。

5. 无功补偿

无功补偿计算结果如下：

目前风力发电机组广泛使用双反馈异步发电机，由于采用了在励磁绕组中加入反馈电流的方式，可以做到调节功角，从而调节无功。本期风机功率因数可以在-0.95~0.95 之间变化，本期考虑在风场升压站低压侧进行动态无功补偿。

按照国家电网公司《风电场接入电网技术规定》中关于风电场无功配置的要求，对于直接接入公共电网的风电场，其配置的容性无功容量除能够补偿并网点以下风电场汇集系统及主变压器的感性无功损耗外，还要能够补偿风电场满发时送出线路一半的感性无功损耗；其配置的感性无功容量能够补偿风电场送出线路一半的充电无功功率。

本期站内主变容量为本期为 2×100MVA；主变下站内汇集线路为 35kV 架空线及电缆走线约 78km，每回最大按送出风电 30MW 考虑，刚性损耗约 3.94Mvar。

箱变部分的无功损耗共计约为 13.00Mvar；主变送出 200MW，感性无功损耗共计约 21.00Mvar。

110kV 送出线路长约 8km，一半无功损耗约 3.73Mvar；容性无功损耗共计 41.67Mvar。因本工程送出线路可能会增加无功损耗，考虑一定裕度，因此无功补偿容量本期建设 2×24Mvar SVG。

按照规定，感性无功考虑能补偿风场升压站自身充电功率和送出线路一半充电功率，风场升压站 35kV 电缆充电功率约 1Mvar，110kV 送出线路充电功率不到 1Mvar，所配置 SVG 感性无功可满足要求。

6. 中性点接地方式

主变 110kV 侧中性点可直接接地。由于 35kV 采用电缆出线，电容电流超过 10A，考虑采用小电阻接地方式，本工程 35kV 集电线路电缆总长约 8km，架空线长约 70km，经估算电容电流约为 41A，虽然电容电流较小，但考虑保护灵敏度的要求，接地电流按不小于 200A 考虑。此时限制弧光过电压水平也满足要求，跨步电压和接触电势也满足要求（见电气部分）。因此，通过计算选择小电阻 100Ω。

7. 短路电流水平

计算原则及条件：

（1）计算程序：BPA 短路计算程序；

（2）水平年：2030 年；

（3）基准值：$S_j = 100\text{MVA}$　$U_j = 1.05U_e$；

（4）计算网架：2030 年宁夏电网。

凯歌变 110kV 三相短路电流 35.4kA，单相短路电流 33.3kA；麦垛山升压站 110kV 三相短路电流 15.0kA，单相短路电流 10.5kA。

（四）系统继电保护及安全自动装置

1. 工程概况

中电建中卫麦垛山 200MW 风电项目 110kV 升压站通过 1 回 110kV 出线接入凯歌 330kV

变电站，线路长度约 8km。

中电建中卫麦垛山 200MW 风电项目 110kV 升压站 35kV 系统为单母线单元接线，35kV 进出线终期 12 回，本期 8 回。

2. 设计范围

中电建中卫麦垛山 200MW 风电项目 110kV 升压站相关系统继电保护及安全自动装置配置。

3. 系统继电保护及安全自动装置配置原则

（1）总配置原则。须遵照现行有关继电保护的国标、企标、反事故措施要求、国网公司典型设计等规定；应满足可靠性、选择性、灵敏性和速动性的要求；配置应满足电网结构特点及其运行特点；保护装置应采用先进、成熟、可靠的原理技术；应与系统网架的远、近期规划协调统一。

配置符合《继电保护和安全自动装置技术规程》（GB/T 14285—2006）、《国家电网公司十八项电网重大反事故措施》（修订版）、《风电场接入电力系统技术规定第 1 部分：陆上风电》（GB/T 19963.1—2021）和《风力发电场设计规范》（GB 51096—2015）中相关规定。

（2）系统保护配置原则。

① 母线保护：110kV 母线保护按 110kV 母线段单套配置。按完全电流差动保护考虑，以确保母线故障快速切除，并含有失灵保护等功能；35kV 母线保护按 35kV 母线段单套配置。拟采用完全电流差动保护，确保汇集线系统故障快速切除，防止事故扩大，保证系统安全稳定运行。

② 110kV 线路保护：110kV 线路应配置一套线路保护装置，保护装置以光纤电流差动为主保护，三段式相间距离、三段式接地距离，四段式零序电流方向保护为后备保护；另含三相一次重合闸功能及断路器操作回路。

③ 同步相量测量：接入 35kV 以上电压等级的风电场需要配置同步相量测量装置，用于采集升压站出线、主变和集电线路、无功补偿装置侧电气量。

④ 故障录波：风力发电场变电站应配置故障录波装置。故障录波器用来分析记录故障前后电流、电压波形，并记录保护装置及通道运行情况等；全站应综合考虑故障录波器的配置数量和容量；操作系统采用 Linux/Unix 操作系统。

⑤ 保护及故障信息系统子站：110kV 以上电压等级的变电站均应配置保护及故障信息系统子站（包含新能源升压站）。

其主要功能有：保护运行管理功能，对站内的保护装置的运行信息，如保护动作、保护启动、自检、开关量压板、工况等信息进行查询统计工作，并可生成各种报告；利用录波数据、采样值数据，能够进行波形分析、相序分量分析、谐波分析，对波形可进行拷贝、放缩、叠加等操作。

⑥ 数据远传：通过路由器广域网方式与保护信息管理主站进行双向通信，自动或人工上传报告，并接受管理主站的访问直至管理主站对某一设备的管理，信息的上传具有优先级。操作系统采用 Linux/Unix 操作系统。

⑦ 电能质量在线监测：升压站本期配置 1 套电能质量在线监测装置，用于监测升压站 110kV 出线的电能质量，要求风电场送入电网的电能质量必须满足并网点电能质量指标，

并通过以太网方式将监测数据上传至宁夏电力科学研究院。

4. 系统继电保护及安全自动装置配置方案

(1) 110kV 母线保护。升压站 110kV 系统按 110kV 母线段单套配置 110kV 母线保护装置，按完全电流差动保护考虑，以确保母线故障快速切除，防止事故扩大，保证系统安全稳定运行。

(2) 35kV 母线保护。升压站 35kV 系统按 35kV 母线段单套配置 35kV 母线保护装置，按完全电流差动保护考虑，以确保 35kV 母线故障的快速切除，防止事故扩大，保证系统安全稳定运行。

(3) 110kV 线路保护。本期为 110kV 线路配置全线速动保护，即在升压站侧为 110kV 出线配置 1 套光纤电流差动保护装置，保护装置以光纤电流差动为主保护，三段式相间距离、三段式接地距离，四段式零序电流方向保护为后备保护；另含断路器操作及重合闸功能。线路保护需与对侧保护装置配合，凯歌变 110kV 线路保护装置在对侧间隔扩建工程中考虑。保护通道采用光纤专用通道；110kV 线路光差保护装置安装于 110kV 线路保护测控柜，与 110kV 线路测控装置集中组柜。

(4) 同步相量测量系统。升压站本期配置 1 套同步相量测量系统，系统包含同步相量测量处理单元、同步相量采集单元等装置。该装置主要实现对升压站 110kV 线路、主变、35kV 线路、站用变、无功补偿装置侧电流、电压量的同步测量，并通过电力调度数据网将监测数据上传至调度端。要求同步相量测量需具备同步次震荡功能。

(5) 故障录波。升压站本期配置 2 套故障录波装置，用于实现升压站 110kV 线路、主变、35kV 线路、站用变、无功补偿装置的故障录波功能。故障录波装置均按 72 路模拟量，128 路开关量考虑。本期需配置地调录波联网交换机 1 台、录波联网路由器 1 台。

(6) 保护及故障信息系统子站。本期为中电建中卫麦垛山 200MW 风电项目 110kV 升压站配置 1 套保护及故障信息系统子站。含 1 套保护及故障信息系统子站装置以及子站交换机，用于统一管理升压站区各套保护装置的信息，收集故障录波系统故障时数据、完成信息处理及将数据上传至调度端。

保护装置、录波器均通过以太网与保护及故障信息系统子站通信。要求站内所有继电保护装置应具有至少 3 个以太网口。

(7) 电能质量在线监测装置。升压站本期配置 1 套电能质量在线监测装置，用于监测升压站 110kV 出线的电能质量，要求风电场送入电网的电能质量必须满足并网点电能质量指标，并通过以太网方式将监测数据上传至宁夏电力科学研究院。

(8) 全景监控系统。依据《中国电建中卫麦垛山 200 兆瓦风电项目接入系统设计评审意见》，本期配置 1 套全景监控系统。

5. 对相关专业的要求

(1) 对电气设备的要求。

① 对 CT 的要求：供保护用的电流互感器在短路暂态过程中误差应不超过规定值；供线路保护、母线保护用的 CT 二次绕组的安排顺序应避免出现有“保护死区”的可能；电流互感器的二次回路必须有且只能有一点接地，一般在端子经端子排接地，对于有几组电流互感器连接在一起的保护装置，则应在保护柜端子排接地。

② 对 PT 的要求：供保护用 PT，应能在电力系统故障时将一次电压准确传变至二次侧，其传变误差及暂态特性应满足有关规定；电压互感器的二次输出额定容量及实际负荷应在保证互感器准确等级的范围内；母线电压互感器的二次回路只允许有一点接地，一般在端子箱经端子排接地。

③ 对直流电源的要求：站内应设 1 组直流蓄电池组以供保护、跳闸回路及其他系统使用。

（2）对通信专业的要求。中电建中卫麦垛山 200MW 风电项目 110kV 升压站～凯歌 330kV 变电站 110kV 线路需 1 路专用光纤通道。

（3）对调度自动化专业的要求。自动化专业应提供数据网络通道和接口，以便将变电站内数据传至远端的调度主站。

（五）系统调度自动化

1. 调度自动化系统现状

（1）宁夏电力调度控制中心。宁夏电力调度控制中心使用的调度自动化系统为 D5000 系统，具备 SCADA/AGC/PAS/DTS 功能，主站系统与厂站可支持 DNP3.0、IEC60870-5-101 和 IEC60870-5-104 等通信规约。宁夏电力调度控制中心已建设由南瑞科技开发的 D-5000 系统。目前，OPEN-3000 系统与 D-5000 系统同步运行。

宁夏电力调度控制中心使用的电能量计量系统为北京煜邦的 MPTMS-U 系统，主站系统与厂站的通信规约可支持 IEC60870-5-102 及部分表计规约。

（2）中卫地调。中卫地调使用的调度自动化系统为南瑞公司 OPEN3000 系统，主要实现 SCADA 功能，主站系统与厂站可支持 IEC60870-5-101 和 IEC60870-5-104 等通信规约。

2. 调度管理范围

根据目前电网调度管理规定中确定的调度范围划分原则以及中电建中卫麦垛山 200MW 风电项目 110kV 升压站在宁夏电力系统中的地位、作用，中电建中卫麦垛山 200MW 风电项目 110kV 升压站由宁夏电力调度控制中心、中卫地调实行两级调度和管理。

3. 远动系统

中电建中卫麦垛山 200MW 风电项目 110kV 升压站采用计算机监控方式，远动系统纳入当地监控系统统一考虑，远动通信设备双重化配置。

（1）远动信息配置内容原则。根据《电力系统调度自动化设计规程》（DL/T 5003—2017）、《地区电网调度自动化设计规程》（DL/T 5002—2021）并结合中卫地调调度自动化系统功能要求，保证升压站远动信息采集完整性，远动信息内容配置考虑如下：

110kV 母线 A、B、C 相电压、线电压；35kV 母线 A、B、C 相电压、线电压；主变分接头档位、油温、绕组温度；主变高压侧 A、B、C 相电流、有功功率、无功功率、功率因数；主变低压侧 A、B、C 相电流、有功功率、无功功率；110kV 线路 A、B、C 相电流、电压、线电压、有功功率、无功功率；35kV 无功补偿装置 A、B、C 相电流、无功功率；35kV 站用变 A、B、C 相电流、有功功率、无功功率；35kV 线路 A、B、C 相电流、有功功率、无功功率；10kV 站用变 A、B、C 相电流、有功功率、无功功率；风机有功功率、无功功率；功率预测系统计算的理论功率、可发功率、可用容量等。

断路器位置信号；隔离开关位置信号（包括主刀，地刀）；主变保护动作信号（包括主变差动、后备、本体保护动作信号）；主变有载调压抽头位置信号。

110kV 母线保护动作信号；110kV 线路保护动作信号和重合闸动作信号；35kV 无功补偿装置保护动作信号；35kV 站用变保护动作信号；35kV 线路保护动作信号；10kV 站用变保护动作信号；安全自动装置信号；风机运行状态。

主变有载调压抽头位置调整；全站断路器分/合；110kV 隔离开关（包括主刀、地刀）分/合；35kV 无功补偿装置投/切；主变各侧有功电能量、无功电能量；110kV 线路有功电能量、无功电能量；35kV 无功补偿装置无功电能量；35kV 接地变有功电能量；35kV 线路有功电能量；10kV 站用变有功电能量。

（2）远动系统方案。中电建中卫麦垛山 200MW 风电项目 110kV 升压站远动系统和计算机监控系统统一考虑，配置 2 台互为备用的远动通信设备，共用数据采集，实现资源共享，完成对升压站设备的就地监控和信息远传。具体方案为：远动通信设备直接连在升压站计算机监控系统网络上，通过网络或数据通信接口，直接从分布式的监控网络中直接采集升压站运行的信息，无需经过监控系统的计算机处理，以保证采集的数据及时可靠传送。从远方调度中心下达的各种控制和调节命令由远动通信设备直接下达给间隔级的调节和控制设备（当调度端直接控制设备时）。同时也可授权由升压站内运行人员进行相应的控制。

风电场应将要求的远动信息转发至升压站站区远动通信装置，并由该装置远传至各调度端。

（3）远动通信设备的功能要求。实时准确地将采集的远动信息传送至调度端，执行调度端下达的控制命令；具有模拟量越限传送，遥信变位传送，事故优先传送的功能；具有接收、返送校核和处理控制命令的功能；具备与多个调度中心通信的功能，保证 SOE 所需的精度要求，与调度端通信规约为 IEC60870-5-101、IEC60870-5-104；能接收变电站内 GPS 对时信息，与站内 SCADA 时钟保持同步；具备计算机数据通信能力，不少于 2 个以太网接口，支持电力调度数据网通信方式；支持主备双通道通信，当主通道故障时能手动或自动切换至备用通道。

（4）远动系统的技术要求。远动系统年可用率不小于 99.9%；平均故障间隔时间不低于 25000h；遥测综合误差不大于±1.0%（额定值），越死区传送整定最小值不小于 0.25%；遥信正确率不小于 99.9%；遥控正确率 100%，遥调正确率不小于 99.9%；实时数据传输的实时性要求为遥测量不大于 4s，遥信量不大于 3s，遥控、遥调命令传送时间不大于 4s；交流采样精度 0.2 级；事件顺序记录分辨率≤2ms。

（5）远动信息的传输和通道要求。中电建中卫麦垛山 200MW 风电项目 110kV 升压站至宁夏电力调度控制中心、中卫地调的远动信息按双通道考虑，即传输通道采用双平面电力调度数据网络互为备用的传输方式；当使用电力调度数据网络作为传输方式时，应用层采用 IEC60870-5-104 规约，传输速率为 2Mbit/s。

4. OMS 调度信息管理系统

中电建中卫麦垛山 200MW 风电项目 110kV 升压站配置 1 套 OMS 调度信息管理系统，包括 1 台 E1 协议转换器及 1 台主流配置计算机。

5. 风电场有功功率控制系统

中电建中卫麦垛山 200MW 风电项目 110kV 升压站配置 1 套风电场有功功率控制系统，接收并自动执行电力系统调度机构下达的有功功率及有功功率变化的控制指令，风电场有功功率及有功功率变化应与电力系统调度机构下达的给定值一致。

6. 风电场无功电压控制系统

中电建中卫麦垛山 200MW 风电项目 110kV 升压站配置 1 套风电场无功电压控制系统，根据电网调度部门指令，风电场通过其无功电压控制系统自动调节整个风电场发出(或吸收)的无功功率，实现对并网点电压的控制，其调节速度和控制精度应能满足电网电压调节的要求；控制能力应能满足国家能源西北监管局西北监能市场〔2018〕41 号文件要求，满足新能源场站快速频率响应性能要求。

7. 风电场功率预测系统

中电建中卫麦垛山 200MW 风电项目 110kV 升压站配置 1 套风功率预测系统，系统具有 0~72h 短期风电功率预测以及 15min~6h 超短期风功率预测功能。

风电场每 15min 自动向电网调度部门滚动上报未来 15min~6h 的风电场发电功率预测曲线，预测值的时间分辨率为 15min。

风电场每天按照电网调度部门规定的时间上报次日 0~24 时风电场发电功率预测曲线，预测值的时间分辨率为 15min。

8. 快速频率响应系统

依据西北能监市场〔2018〕41 号国家能源局西北监管局《关于开展西北电网新能源场站快速频率响应功能推广应用工作的批复》，西北调控〔2018〕137 号国家电网公司西北分部《关于开展西北电网新能源场站快速频率响应功能推广应用工作的通知》，宁电调字〔2018〕64 号宁夏电力调度控制中心《关于开展宁夏电网新能源场站快速频率响应功能推广应用工作的通知》等相关要求，升压站本期配置 1 套快速频率响应系统。

9. 电能量计量系统

中电建中卫麦垛山 200MW 风电项目 110kV 升压站内配置 1 套电能量计量系统。包括电能表、电能量远方终端等设备。

(1) 计量关口点及考核点设置。中电建中卫麦垛山 200MW 风电项目 110kV 升压站~凯歌变 110kV 线路两侧、主变低压侧均具备作为计量关口点的设置条件，具体关口点设置由业主与供电企业协商确定。

(2) 电能表配置。

① 关口点：中电建中卫麦垛山 200MW 风电项目 110kV 升压站 110kV 出线侧、主变低压侧按单表配置，三相四线制多功能电子式电能表，有功精度 0.5S 级，无功精度 2.0S。10kV 站用变侧配置单表，三相三线制多功能电子式电能表，有功精度 0.5S 级，无功精度 2.0S。

② 考核点：35kV 集电线路侧、SVG 装置侧及接地变侧配置单表，三相四线制多功能电子式电能表，有功精度为 0.5S 级，无功精度为 2.0 级。主变高压侧配置单表，三相四线制多功能电子式电能表，有功精度为 0.5S 级，无功精度为 2.0 级。站用 380V 表计由站用电系统统一考虑。

(3) 电能表的功能要求. 计量表选用满足规程规范要求、符合计量结算需要、多功能电子式电能表；满足方向性有功和无功电能量计量，或四象限无功电能量计量表；具有 RS-485 串口输出方式及当地维护接口 RS-232；具有失电记录，停电保护，报警功能；使用寿命 20 年；平均故障间隔时间不小于 100000h。

(4) 电能量远方终端。中电建中卫麦垛山 200MW 风电项目 110kV 升压站配置 1 套电能量远方终端，单独组柜一面；电能量远方终端应能完成厂站电能量数据的高精度采集、安全可靠地分时段累计和存储、远传等功能；能提供多种积分周期供用户选择，容量满足要求；电能量远方终端能接收 RS-485 串口方式输出的电能量；具有对时功能，以保证与主站时钟一致；电能量远方终端应具有同时支持电话拨号和数据网通信功能，可支持多种通信规约，实现与调度端的主站系统通信，并保证数据的完整性和一致性；电能量远方终端可通过按键、便携式 PC 机或主站计算机设置和修改运行参数，但应设置相应的保护措施以防非法设置和修改；具有当地窗口功能；具有失电记录、报警功能；支持主备双通道通信，当主通道故障时能手动或自动切换至备用通道；具有不少于 4 个以太网接口，支持电力调度数据网通信方式。

(5) 电能量数据传输通道。中电建中卫麦垛山 200MW 风电项目 110kV 升压站至宁夏电力公司营销部用电信息采集系统配置 1 路电能量信息通道，通道采用基于 SDH 网络的以太网传输方式，采用 IEC60870-5-102 通信规约，以太网接口带宽为 10/100Mbit/s 自适应。

10. 电力调度数据网接入设备

中电建中卫麦垛山 200MW 风电项目 110kV 升压站配置 2 套电力调度数据网接入设备，每套包括 1 台路由器(具有 MPLS VPN 功能)和 2 台局域网交换机。

路由器端口配置为 6 个 FE 口，4 个 E1 口和 8 个异步口。

交换机分别用于连接控制区的远动通信设备、PMU 和非控制区的电能量远方终端、风功率预测、继电保护及故障信息系统子站。端口配置为 24 个 10/100Mbit/s。

11. 二次安全防护

根据《全国电力二次系统安全防护总体方案》，本站属于控制区的系统有：计算机监控系统、PMU 装置、风电场有功功率及无功电压控制系统和继电保护装置等；属于非控制区的有：电能量计量系统、风功率预测、保护及故障信息系统子站等。

各安全区之间通信均需选择适当安全强度的隔离装置。控制区与非控制区之间需采用经有关部门认定核准的硬件防火墙或相当设备进行逻辑隔离，应禁止 E-mail，Web，Telnet，Rlogin 等服务穿越安全区之间的逻辑隔离。

国网宁夏电力有限公司《关于加快推进电力监控系统网络安全管理平台建设的通知》，“按照自身感知、监测装置就地采集、平台统一管控”的原则，地级以上监控机构建设网络安全管理平台，变电站(站控层)部署网络安全监测装置。

在纵向安全防护方面，控制区与非控制区接入调度数据网时，应配置纵向认证加密装置，实现网络层双向身份认证、数据加密和访问控制，也可与业务系统的通信网关设备配合，实现部分传输层或应用层的安全功能。

生产控制大区主机操作系统应当进行安全加固。加固方式包括：安全配置、安全补丁、采用专用软件强化操作系统访问控制能力，以及配置安全的应用程序。关键控制系统软件升级、补丁安装前要请专业技术机构进行安全评估和验证。

通过增加主机加固设备、软件，为 AGC/AVC 管理系统，升压站电力监控系统，风功率预测系统等关键应用系统的主服务器，以及网络边界处的通信网关，WEB 服务器等使用安全加固的操作系统。配置安全补丁，采用专用软件强化操作系统访问控制能力，以及配置安全的应用程序。

110kV 升压站综合自动化系统应采用安全或经过软件加固的操作系统，具备成熟商用历史数据库及实时数据库功能。

传统的基于专用通道的通信不涉及网络安全问题，可逐步采用线路加密技术保护关键厂站及关键业务。根据《宁夏电力监控系统安全防护管理实施细则》，二次防护中应加入信息系统安全评价和安全等级保护测评服务，需计列相关费用。

本升压站配置的安全设备包括：

防火墙 2 台(用于安全Ⅰ区与安全Ⅱ区设备之间通信)；防火墙 1 台(用于与保护及故障信息系统子站之间通信)；横向安全隔离装置 2 台(正向型 1 台、反向型 1 台，用于安全Ⅱ区与安全Ⅲ区设备之间的安全隔离)；4 台 IP 认证加密装置(用于控制区、非控制区接入调度数据网)；网络安全监测装置 2 套；专用通道的线路加密装置暂不考虑。

其中，防火墙 2 台、4 台 IP 认证加密装置、网络安全监测装置 2 套安全设备由监控系统中统一考虑，防火墙 1 台由保护及故障信息管理子站考虑；横向安全隔离装置 2 台设备在风功率预测系统中考虑。

12. 系统调度自动化对相关专业要求

(1) 对 PT 要求。中电建中卫麦垛山 200MW 风电项目 110kV 升压站线路、母线 PT 应配置具有计量专用二次绕组的多绕组电压互感器，准确度等级为 0.2 级。

(2) 对 CT 要求。中电建中卫麦垛山 200MW 风电项目 110kV 升压站线路 CT 应配置具有计量专用二次绕组的多绕组电流互感器，准确度等级为 0.2S 级。

(3) 对电源要求。根据《电力系统调度自动化设计规程》(DL/T 5003—2017)的要求，本升压站应配置交、直流两路独立电源向远动通信设备，电能量远方终端，电力调度数据网接入设备和二次安全防护设备供电。直流电源由升压站直流系统提供，交流电源由升压站不间断电源(UPS)提供。

配备的 UPS 容量要求在交流电源消失后，满负荷情况下维持供电时间应不小于 2h。

13. 调度端信息接入

为了能将中电建中卫麦垛山 200MW 风电项目 110kV 升压站传送来的信息接入宁夏电力调度控制中心和中卫地调的调度自动化系统和电能量计量系统，各调度端需要增加必要的前置接口设备，扩充数据库和完善各种画面报表，为此各调度端按规定计列接口费用。

(六) 系统通信

1. 工程概况

麦垛山 200MW 风电项目 110kV 升压站通过 1 回 110kV 出线接入凯歌 330kV 变电站。

2. 调度组织关系

根据麦垛山 200MW 风电项目地理位置及本期接入系统一次接线，麦垛山 200MW 风电项目110kV升压站由宁夏电力调度控制中心、中卫地调两级调度管理，相关远动信息送至宁夏电力调度控制中心及中卫地调。电能量信息直送宁夏电力调度控制中心及宁夏电力公司营销部。该站的生产运行、设备维护及管理由风电场自行管辖。

3. 相关地区通信现状

(1) 中卫地区通信现状。中卫地区至今已建成35个110kV及以上光端站，形成了以中卫供电局为中心的不同路由的主、备用光纤通信环网电路。中卫地区级光通信设备均采用桂林信通科技有限公司的SDH数字同步传输制式的产品，传输等级及传输速率为STM-16 2.5Gbit/s、STM-4 622Mbit/s。光缆均采用符合G.652标准的单模光纤，纤芯数量为16芯、24芯。光缆线路主要采用OPGW光缆与ADSS光缆，主要与330kV、110kV电力线路同塔架设，少部分沿35kV、10kV线路同杆架设。

(2) 凯歌330kV变电站通信现状。凯歌330kV变电站作为宁夏南部干线光通信站点，宁夏中调、中卫地调实行调度管理。凯歌变电站配置有中调用、地调用光传输设备各一套，均为桂林信通科技有限公司提供的OMS1684系列STM-64 10Gbit/s设备。

凯歌同时考虑配置了对宁夏电力调度控制中心、中卫地调的PCM复接设备。

4. 各应用系统对通道数量和技术的要求

(1) 传输内容。

话音业务：电力调度电话。

数据业务：继电保护、调度自动化数据等信息。

麦垛山200MW风电项目110kV升压站的传输主要内容是话音和数据业务。

(2) 调度电话通道要求。麦垛山200MW风电项目110kV升压站至宁夏电力调度控制中心、中卫地调分别设置主、备用调度电话传输通道，主、备用通道传输速率均按64kbit/s考虑。

(3) 继电保护信息通道需求。

① 继电保护通道数量要求：麦垛山200MW风电项目110kV升压站至电网变电站110kV线路配置1套110kV线路保护装置，需要1个通道，采用光纤电路传输方式。

② 继电保护及故障信息系统子站：麦垛山200MW风电项目110kV升压站至宁夏中调提供一路继电保护及故障信息系统子站信息传输通道，通道采用电力调度数据网络传输方式，通道传输速率要求为2Mbit/s。

(4) 调度自动化信息通道要求。

① 远动信息通道：麦垛山200MW风电项目110kV升压站至宁夏电力调度控制中心及中卫地调提供主、备用的远动信息数据传输通道，均采用电力调度数据网传输方式，传输速率为2Mbit/s。

② 电能量数据信息通道：麦垛山200MW风电项目110kV升压站至宁夏电力调度控制中心及宁夏电力公司营销部提供1路电能量信息传输通道，该通道采用基SDH网络的以太网传输方式，以太网接口带宽为10/100M自适应。

③ 电能质量在线监测信息通道：麦垛山200MW风电项目110kV升压站至宁夏电科院的电能质量在线监测信息传输通道，采用基于SDH网络的以太网传输方式，以太网接口带宽为10/100M自适应。

5. 系统通信设计方案

根据中卫地区电力通信已有可靠的光纤通信网络为本期麦垛山200MW风电项目110kV升压站接入提供便利条件，本次设计采用光纤通信方式作为麦垛山200MW风电项目110kV升压站与至宁夏电力调度控制中心、中卫地调电力调度电话、远动信息、电量计费和保护信息的传输方式，其方案如下：

(1) 光缆建设方案。沿麦垛山200MW风电项目110kV升压站至凯歌330kV变电站新建2根OPGW，光缆芯数均2×24芯配置，光缆长度约2×8km。

(2) 光纤通信电路建设方案。根据本工程光缆建设方案，及中卫地区已形成的光纤通信电路结构，麦垛山200MW风电项目110kV升压站配置1套光传输设备，采用SDH制式，传输容量及传输速率为STM-4 622Mbit/s，开通麦垛山200MW风电项目110kV升压站-凯歌变622Mbit/s(1+1)地区级光纤通信电路，使麦垛山200MW风电项目110kV升压站在电网变电站接入宁夏电力调度控制中心、中卫地调的通信电路。同时，配置麦垛山200MW风电项目110kV升压站至中卫地调的PCM基群复接设备，以满足麦垛山200MW风电项目110kV升压站调度通信、自动化、电能量等信息的传输需求。

6. 保护通道设计方案

麦垛山200MW风电项目110kV升压站-凯歌变110kV线路配置1路光纤保护通道，通道利用本期建设的OPGW光缆的专用纤芯，作为光纤纵差保护传输电路。

7. 站内通信方案

(1) 通信电源配置方案。本工程麦垛山200MW风电项目110kV升压站不设置专用的通信电源，通信设备供电电源由站内直流高频开关电源装置经DC/DC变换模块输出-48V/10A供电。

(2) 通信机房动力环境与电源监控系统。本工程不设置单独的通信设备动力环境监测系统，该系统与全站视频安全监视系统统一考虑。机房内动力环境、机房图像视频等情况的远方监控，均接入升压站综合监控系统，并通过升压站计算机综合监控系统向运行维护单位转发相关监视信息，实现变电站无人值班、设备安全运行的目的。升压站监控系统考虑配置E1协议转换器，向宁夏信通公司通信监控主站转发电气二次设备室动力环境监测数据。

(3) 站内通信。麦垛山200MW风电项目110kV升压站不考虑设置程控调度交换系统，其与中卫地调的调度电话利用PCM设备下小号方式进行通信。另外，于升压站主控室考虑安装一部系统内部电话，以方便麦垛山200MW风电项目110kV升压站和中卫供电局的联系。本工程需考虑一路公网接入电话。

(4) 通信设备组柜方案及安装。麦垛山200MW风电项目110kV升压站不考虑设置专用的通信机房，通信设备根据升压站的设计方案安装在电气二次设备室内，电气二次设备室考虑4面通信设备安装位置。本期安装2面柜，2面预留。

8. 主要设备配置

(1) 光通信设备配置。麦垛山200MW风电项目110kV升压站配置1套SDH数字同步传输设备，传输容量及传输速率为STM-4 622Mbit/s，主控、交叉、时钟单元冗余配置，光方向1+1配置，即：麦垛山200MW风电项目110kV升压站配置2块STM-4 S-4.1光方向，对侧变电站配置2块STM-4 S-4.1光方向；另外，配置麦垛山200MW风电项目110kV升压站至中卫地调的PCM复接设备1套，以满足升压站内低速率信息的接入要求。

麦垛山200MW风电项目110kV升压站光传输设备、PCM设备及对侧光接口单元、光接口板卡均在本工程开列。

(2) 配线设备配置。麦垛山200MW风电项目110kV升压站设置1面综合配线柜，为光缆纤芯的连接、数字单元系统、音频配线提供服务。综合配线柜配置容量为：光配96芯、数字单元40系统，音频配线100回。

9. 导引光缆敷设方案

本工程麦垛山200MW风电项目110kV升压站至电网变电站110kV线路架设1根24芯OPGW，导引光缆(GYFTZY)与线路OPGW通过构架上安装接续盒的方式进行接续，导引光缆的引下须满足三点接地的要求。导引光缆由出线构架引下后，穿PVC管沿站内电缆沟敷设至二次设备室综合配线柜内，在综合配线柜内纤芯与光配模块熔接，完成导引光缆的终接。导引光缆(GYFTZY)引下以地埋方式引至电缆沟进行敷设，导引光缆引接至户外电缆沟时，需穿ϕ50钢管+ϕ25塑料软管进行保护。光缆在敷设完毕后应进行必要的测试方可接入终端单元，光缆在敷设过程中不能扭转打扣，不得有死弯，以免破坏光缆纤芯。光缆在电缆沟内敷设其弯曲半径为光缆外径的10~30倍，并且固定在电缆托架上，同时悬挂标示牌以示说明。在导引光缆未进入户外电缆沟前的地面上应采用荧光漆标识导引光缆敷设路径，在荧光漆不能标识的石子地面应以标识牌或标石对敷设路径进行标识，以免后期施工对导引光缆造成破坏。标识及荧光漆等材料在本工程开列。敷设时应注意OPGW光缆终端盒距地面垂直距离应为1.5m，OPGW分别于进线构架顶端、最下端固定点(余缆前)和光缆末端通过匹配的专用接地线与构架进行可靠的电气连接。

三、电气部分

(一) 建设规模及设计方案

建设规模见表5-35。

表5-35 建设规模

项　目	本　期	远　期
主变压器	2×100MVA	3×100MVA
110kV出线	1回	1回
35kV进线	8回	12回
35kV SVG	2×24Mvar	3×24Mvar

(二) 电气主接线

根据升压站在电网中的地位、出线回路数、设备特点及负荷性质条件，以及运行灵活性、操作检修方便、节约投资、便于扩建和利于远方控制等要求，电气主接线方案如下：

1. 110kV电气接线

本期及远景均采用单母线接线。本期1线2变，安装3台断路器，共4个间隔，其中包含2个主变进线、1个出线、1个母线设备间隔。远景1线3变，安装4台断路器，接线形式不变。

2. 主变压器及35kV电气接线

本站主变压器选用三相双绕组有载调压电力变压器。每组主变压器35kV侧采用单母线单元接线。

35kV无功补偿远景每台主变压器低压侧装设1×(±24MVar)动态无功补偿装置SVG、500 kVA接地变，接地电阻值100Ω。本期1#主变低压侧装设1×(±24MVar)动态无功补偿装置SVG、1#接地变低压侧兼做站用变总容量为1000kVA(其中500kVA接地容量、500kVA站用变容量)，接地电阻值100Ω；2#主变低压侧装设1×(±24MVar)动态无功补偿装置SVG、2#接地变压器容量500kVA，接地电阻值100Ω。

35kV配电装置本期安装Ⅰ母、Ⅱ母设备，共14台断路器，共16个间隔(Ⅰ母、Ⅱ母各1个主变进线、1个SVG、1个站用变、1个母线设备、4个出线间隔)。远景安装24台断路器，共27个间隔，共三段母线。

3. 各级中性点接地方式

主变压器110kV中性点采用避雷器和保护间隙保护，或经隔离开关直接接地。

4. 10kV系统

本站外引电源为10kV，设置一台容量为500kVA的10kV箱式站用变，可兼做施工电源，永临结合。

(三) 短路电流及主要设备、导体选择

1. 短路电流

根据计算和分析，远景按三台主变高压侧并列运行、低压侧分列运行的方式计算，2030年各级电压母线上的短路电流见表5-36。

表5-36 各电压等级短路电流

母　线	三相短路电流/kA	单相短路电流/kA
110kV	14.94	16.49
35kV	11.35	—

2. 主要电气设备选择

(1) 环境条件。

气温：极端最高气温：38.5℃；极端最低气温：-29.1℃

海拔高度：本升压站海拔高度为1236m，所有设备外绝缘按照1300m进行修正。

地震烈度：8度，设计基本地震加速度值为0.20g，设计设防地震烈度按8度考虑。

污秽等级：根据《宁夏电力系统污区分布图(2018年版)》，本站位于c级污秽区与d级污秽区的交界，考虑周边工业发展，周围空气污秽向高等级发展趋势明显，设备的外绝缘按e级污秽选择，即：110kV、35kV电气设备爬电比距均为31mm/kV(最高电压)。

(2) 电气设备的一般技术条件额定频率：50Hz。

各电压等级回路持续工作电流见表5-37。

表 5-37　各电压等级回路持续工作电流

电压等级	回路	回路持续工作电流/A	计算依据
110kV	母线	1581	母线通流容量 300MW
	主变进线	528	主变 100MVA
	出线	1581	出线间隔导线 2×(JL/G1A-400/30)
35kV	母线	1639	主变 100MVA
	主变进线	1639	主变 100MVA
	SVG	394	±24Mvar
	接地变	9	500kVA
	风场进线	451	风场集电线路最大按 27.5MW 考虑
	接地变兼站用变	17	1000kVA
10kV	站用变	31	500kVA

设备额定电流≥回路持续工作电流。

导体长期允许载流量≥导体回路持续工作电流。

(3) 主要电气设备选择。主变压器选用三相、双绕组、有载调压、自然油循环风冷变压器。

主变压器选择结果见表 5-38。

表 5-38　主变压器选择结果

项目	参　　数	
型式	三相、双绕组、有载调压、自然油循环自冷	
容量	100/100MVA	
额定电压	115±8×1.25%/37kV	
接线组别	YN，d11	
阻抗电压	$U_k=10.5\%$	
调压方式	有载调压	
冷却方式	ONAN	
消防方式	充氮灭火	
套管	高压套管	(1)内附 CT：400~800/1A、0.5S/5P30/5P30 (2)外绝缘爬电距离不小于 3906mm
	中性点套管	(1)中性点前内附 CT：100~200/1A、5P30/5P30 (2)外绝缘爬电距离不小于 2248mm
	低压套管	(1)无内附 CT (2)外绝缘爬电距离不小于 1256mm

110kV 户外配电装置选用户外/户内气体绝缘组合电器(GIS)，设备额定 3s 热稳定电流为 40kA，动稳定电流峰值为 100kA。

GIS 设备相较于 AIS 设备而言，其具备以下优势：

设备可靠性高，GIS 设备部件全部密封在封闭的空间内，受环境影响很少，绝缘介质稳定，运行免维护，而 AIS 有裸露的带电体，具有操作风险；

占地面积小，GIS 将配电装置中各部分在立体空间上布置，使得布置紧凑，节省占地面积。

本站所处站址环境风沙天气较多，且周围工业园区较多，空气污秽向较高等级发展趋势明显；同时从全站远期规划、节省土地和设备使用周期内减少维护的角度出发，推荐采用 SF_6 气体绝缘全封闭组合开关设备。

110kV 主要设备选择结果见表 5-39。

表 5-39　110kV 电气设备选择结果

设备名称		型式及主要参数	备注
GIS	断路器(QF)	126kV、2000A、40kA	
	隔离开关(QS)	126kV、2000A、40kA/3s	
	接地开关(ES)	126kV、40kA/3s	
	快速接地开关(FES)	126kV、40kA/3s	
	电流互感器	126kV、400~800/1A、5P30/5P30/5P30/0.5S/0.2S	主变进线
		126kV、1000~2000/1A、5P30/5P30/5P30/0.5S/0.2S	出线
	电磁式电压互感器	126kV、(110/$\sqrt{3}$)/(0.1/$\sqrt{3}$)/(0.1/$\sqrt{3}$)/(0.1/$\sqrt{3}$)/0.1kV、0.2/0.5/3P	母线设备
	套管	爬电距离：3906mm	
电容式电压互感器		126kV、(110/$\sqrt{3}$)/(0.1/$\sqrt{3}$)/0.1kV、0.5/3P	出线单相
无间隙氧化锌避雷器		Y10W-102/266	

(4) 35kV 电气设备选择。35kV 户内配电装置选用 35kV 金属铠装移开式空气高压开关柜，主变进线、出线、接地变和 SVG 间隔均配真空断路器。

额定电压：40.5kV；额定电流：2000A(主变)，1250A(出线、SVG、接地变)；额定开断电流：25kA。

35kV 开关柜主要有空气柜和充气柜两种。充气柜在占地面积和运行维护方面具有优势，但是投资高。在选择空气柜时，要求厂家采用固封式断路器，并采取加强绝缘措施(如增加绝缘隔板等)，保证空气柜的安全运行。推荐选用 35kV 金属铠装移开式空气高压开关柜。

由于本站平均海拔高度为 1236m，所有设备外绝缘按照 1300m 进行修正，根据《高压配电装置设计规范》(DL/T 5352—2018)相关内容，户内 35kV 不同相带电部分间、带电部分至接地部分之间安全净距≥310mm，建议在主变进线处三相导体间及导体与柜体间设置绝缘挡板，或加宽主变进线柜的柜体，以满足绝缘要求。

无功补偿装置选用 SVG 成套装置(直挂式)，两套容量均为 2×24Mvar。SVG 可采用水冷或风冷方式进行散热。

SVG 采用水冷散热：串联干式空芯电抗器，户外安装；功率柜采用屋内安装。

SVG 采用风冷散热：串联干式空芯电抗器，户外安装；功率柜采用集装箱式安装。

SVG 风冷与水冷散热方式对比见表 5-40。

表 5-40 SVG 风冷与水冷散热方式对比

性能特点	SVG 水冷方式	SVG 风冷方式
冷却方式	利用水循环冷却，可按环境温度调整	强制风冷，方式不可调
初始投资成本	水冷设备比风冷设备投资平均多 15%~30%	一般较小，但大容量散热设计困难，需额外增加较多成本
运行维护量	水冷设备可监控水冷系统状态，智能化程度高，方便无人值守，设备维护工作量小，主要是更换去离子树脂及加水，维护时间为 2~3 年 1 次	风冷设备要制定运维规程，定期进行现场巡检，在风沙大、环境恶劣地区定期(不低于每月 1 次)清理滤网，并要考虑除凝露，防腐蚀
占地面积	大容量设备占地面积比风冷小 1/3，户外换热器占地多出 $3m^2$ 个左右	内部风道占用大量空间，大容量设备占地面积较大
全生命周期成本	设备受环境影响小，运行安全可靠，使用寿命长，全生命周期成本较低	设备初次投资成本低，但运维成本高，环境恶劣情况下设备影响较大，需要批量更换零部件
工程布置	需考虑管路布置，预留空间摆放户外水风散热器	需考虑通风散热设计
暖通散热设计	需考虑户外管路的防冻，房屋可密闭设计，无需百叶窗和风道，仅配备小容量空调，可很好解决设备散热问题	通风散热设计复杂，需考虑房间进出风通风设计及除尘、防凝露、防腐蚀等，尤其大容量设备，暖通散热设计困难
集装箱布置	集装箱可做成全密闭，管路可预先布置	风冷产生负压容易导致集装箱进雪进水，产生凝露
损耗	本体损耗与风冷一样，水冷系统可根据水温分组控制运行，甚至不运行，平均损耗小	散热风机无法变频调速，损耗大；若采用空调散热损耗大
噪声	户内噪声改善明显，水冷设备噪声为 60 分贝左右	风机叠加噪声可达 88dB，运维人员现场面对面沟通困难，在设备室忍受时间不超过 5min
环境影响	恶劣气候环境下，室内仍可保持干净、凉爽	受环境影响较大、设备室温度高
运行稳定性	运行效果好，故障率低，长时间运行考虑更换密封垫圈	耐候性较差，故障率高，运行环境较差时，设备需要系统性整改或更换

综上所述，SVG 水冷方式受环境影响程度较小，运行维护工作量少，全设备周期寿命长，但同容量的 SVG 水冷设备比风冷设备的初始投资多 15%~30%。本站站址所在地区风沙较大，环境条件较差，同时根据国家电网设备〔2018〕979 号《国家电网有限公司关于印发十八项电网重大反事故措施(修订版)的通知》中防止动态无功补偿装置损坏事故，建议新投运 SVG 装置采用全封闭空调制冷或全封闭水冷散热方式。考虑后期运维及设备运行的安全性，现阶段本站 SVG 采用水冷方案。

(5) 10kV 电气设备选择。10kV 外引电源站用变压器选用 SCB11 型干式无励磁调压变压器，容量 500kVA，电压 10.5±2×2.5%/0.4kV，户外箱式安装。

10kV 主要设备选择结果见表 5-41。

表 5-41　10kV 电气设备选择结果

设备名称	型式及主要参数	备注
箱式站用变	干式变压器： SCB11 型干式无励磁调压变压器，500kVA、10.5±2×2.5%/0.4kV、Dyn11、U_k=4% 中性点套管 CT：LMZ-0.66　400/5A　P 级 10kV 高压负荷开关熔断器组合电器：12kV，630A，31.5kA 氧化锌避雷器：HY5WZ-17/45 高压带电显示装置：DXN-12Q 计量柜：高供高计方式 (1)电压互感器：$10/\sqrt{3}$：$0.1/\sqrt{3}$kV，0.2，50VA (2)电流互感器：30/5A，0.2S，30VA	

（6）设备抗震

根据《中国地震动参数区划图》(GB 18306—2015)、《建筑抗震设计规范》GB 50011—2010，2016 版)，站址所在地地震基本烈度为Ⅷ度，设计地震加速度值为 0.20g，设计地震分组为第三组。本站设计按 8 度设防。

3. 导体选择

各电压等级的导体，在满足动、热稳定、电晕和机械强度等的条件下进线选择，母线允许载流量按发热条件考虑，主变进线按经济电流密度选择。

110kV 配电装置主变进线采用软导线，35kV 配电装置主变进线采用硬导体。

（1）导体选择的原则。

① 本次设计按照系统规划的要求，结合已投入运行工程的经验进行导体选择。

② 母线的载流量根据系统规划要求的最大交换容量考虑，按照发热条件选择导线截面。

③ 各级电压的设备引线按回路通过的最大电流选择导线截面。主变各侧导线载流量按不小于主变容量的 1.05 倍计算，母线分段及母联按系统规划的最大通流考虑。

④ 主变低压侧进线按经济电流密度选择导体截面。

（2）导体选择结果见表 5-42。

表 5-42　电压等级回路导体计算选择结果

电压等级	回路名称	回路最大电流/A	选择导体		控制条件
			导体根数×型号	载流量/A	
110kV	母线	1581	GIS 共箱母线	2000	由母线流通容量控制
	主变进线	528	2×(JL/G1A-240/30)	1193(80℃)	由载流量控制
	出线	1581	2×(JL/G1A-400/30)	1552(80℃)	与线路保持一致
35kV	母线	1639	开关柜铜母线	2000	由载流量控制
	主变进线	1639	2×(TMY-80×8)	2175(80℃)	由载流量控制
	SVG	394	3×(ZRC-YJV-26/35-1×240)	533(土壤中)	由载流量控制
	接地变高压侧	17	3×(ZRC-YJV-26/35-1×150)	409(土壤中)	由短路热稳定控制
10kV	站用变高压侧	30	ZRC-YJV22-8.7/15-3×70	269(土壤中)	由短路热稳定控制
0.38kV	站用变低压侧	797	2×(ZRC-YJV22-1-3×240+1×120)	2×530(土壤中)	由载流量控制

（四）绝缘配合及过电压保护

为了防御大气过电压和操作过电压对电气设备的危害，在线路出口处、主变出口处及母线上装设氧化锌避雷器，并以110kV避雷器10kA雷电冲击残压、35kV避雷器5kA雷电冲击残压作为绝缘配合依据。

绝缘配合设计依据文件：

《高海拔地区35~750kV变电站通用设计主要技术原则》国网基建部（2018年）

《绝缘配合 第1部分：定义、原则和规则》（GB/T 311.1—2012）

《交流电气装置的过电压保护和绝缘配合设计规范》（GB/T 50064—2014）

《交流电气装置的过电压保护和绝缘配合》（DL/T 620—1997）

《交流无间隙金属氧化物避雷器》（GB/T 11032—2020）

《交流电力系统金属氧化物避雷器的使用导则》（DL/T 804—2014）

1. 绝缘配合设计原则

（1）环境条件。

海拔高度：设备外绝缘按1300m进行修正。

污秽等级：按e级污秽区设计，爬电比距31mm/kV，电气设备爬电距离110kV按3906mm、35kV按1256mm选择。

（2）最小安全净距修正。高海拔地区配电装置最小安全净距修正按照《绝缘配合　第1部分：定义、原则和规则》（GB/T 311.1—2012）、《交流电气装置的过电压保护和绝缘配合设计规范》（GB/T 50064—2014）、《高压配电装置设计规范》（DL/T 5352—2018）确定的原则进行。

屋外各配电装置最小安全净距见表5-43。

表5-43　屋外各配电装置最小安全净距（按海拔1300mm修正后）

符号	适用范围	安全净距/mm					
		110kV		35kV		10kV	
		原值	修正后	原值	修正后	原值	修正后
A1	带电导体（设备）至接地构架	900	940	400	410	200	200
A2	带电导体相间	1000	1040	400	410	200	200
B1	（1）带电导体至栅栏 （2）运输设备外轮廓至带电导体 （3）不同时停电检修的垂直交叉导体之间	1650	1690	1150	1160	950	950
B2	网状遮栏至带电部分之间	1000	1040	500	510	300	300
C	带电导体至地面	3400	3440	2900	2910	2700	2700
D	（1）不同时停电检修的两平行回路之间水平距离 （2）带电导体至围墙顶部 （3）带电导体至建筑物边缘	2900	2940	2400	2410	2200	2200

（3）绝缘配合。配电装置操作冲击绝缘配合宜采用《绝缘配合　第1部分：定义、原则和规则》（GB/T 311.1—2012）中的简化统计法。确定变电站空气间隙50%放电电压时，海

拔修正系数宜采用下式进行计算。

$$K_a = e^{q \cdot (H/8150)}$$

式中，H 为电气设备安装地点的海拔高度，m；q 为指数，取值如下：

——对雷电冲击耐受电压，$q=1.0$；

——对空气间隙和清洁绝缘子的短时工频耐受电压，$q=1.0$；

——对操作冲击耐受电压，q 按规程选取。

经计算，本站海拔修正系数 $K_a=1.17$。

（4）设备外绝缘爬电距离。爬电距离 L 按下式计算：

$$L \geqslant K_d \lambda U_m = L_0 \cdot K_d$$

式中，L 为电气设备户外电瓷绝缘的几何爬电距离，mm；

K_d 为电气设备户外电瓷绝缘爬电距离增大系数；

K_d 与瓷件直径 D_m 有关，对应不同的 D_m，宜采用如下的爬电距离增大系数 K_d：

D_m<300mm　　　　$K_d=1.0$

300mm$\leqslant D_m \leqslant$500mm　　　　$K_d=1.1$

D_m>500mm　　　　$K_d=1.2$

L_0为海拔 1000m 及以下爬电距离。

2. 绝缘子串设计原则

（1）悬式绝缘子串的选择。

工频电压要求的绝缘子串片数 m 按下式选取：

$$m \geqslant \lambda U_m / K_e L_o$$

式中，m 为每相绝缘子片数；U_m 为系统最高电压，121kV；λ 为爬电比距，31mm/kV（本站按 e 级污秽区设计）；L_o 为每片悬式绝缘子的几何爬电距离，450mm；K_e 为绝缘子爬电距离的有效系数，本工程取 1。

考虑绝缘子老化，均压环的影响等因素，耐张绝缘子串增加 2 片零值绝缘子，悬垂绝缘子串增加 1 片零值绝缘子。

（2）片数修正。根据《高海拔地区 35～750kV 变电站通用设计主要技术原则》国网基建部（2018 年）中要求高海拔地区变电站绝缘子数量按照《导体和电器选择设计规程》（DL/T 5222—2021）进行修正设计海拔高度为 1300m，耐张绝缘子串和悬垂绝缘子串的片数需按下式进行修正：

$$N_H = N[1+0.1(H-1)]$$

式中，N_H为修正后的绝缘子片数；N 为海拔 1000m 及以下地区绝缘子片数；H 为海拔高度，km，本工程取 1.3。

3. 110kV 配电装置过电压保护及绝缘配合

（1）110kV 配电装置过电压保护。主要采用金属氧化锌避雷器限制 110kV 系统过电压水平。

110kV 配电装置避雷器的配置：110kV 线路出口处装设避雷器；主变回路靠近变压器

处装设避雷器。

110kV 氧化锌避雷器按国内制造厂生产的设备选型，作为 110kV 绝缘配合的基准，其主要技术参数见表 5-44。

表 5-44 110kV 氧化锌避雷器主要技术参数

额定电压(有效值)/kW	102
最大持续运行电压(有效值)/kV	78
操作冲击残压(峰值)/kV	221
雷电冲击(8/20μs)10kA 残压(峰值)/kA	266
陡波冲击(1/5μs)10kA 残压(峰值)/kA	299

(2) 110kV 电气设备的绝缘水平。

① 悬式绝缘子串：

$$N=(31\times126)/450=9;\ N_{\mathrm{H}}=7\times1.3=9.1$$

考虑零值后本站耐张串选 11 片、悬垂串 10 片。

设备外绝缘爬电距离：

$$L\geqslant K_{\mathrm{d}}\lambda U_{\mathrm{m}}=3906K_{\mathrm{d}}$$

② 110kV 外绝缘水平：110kV 系统以雷电过电压决定设备的绝缘水平，在此条件下一般都能耐受操作过电压的作用。所以，在绝缘配合中不考虑操作波试验电压的配合。雷电冲击的配合以 10kA 雷电冲击残压为基准，配合系数取 1.3。有关取值见表 5-45。

表 5-45 110kV 电气设备的绝缘水平

设备名称	设备耐受电压值				
	雷电冲击耐压(峰值)/kV			1min 工频耐压(有效值)/kV	
	全波		截波		
	内绝缘	外绝缘		内绝缘	外绝缘
主变压器中压侧	480	450×Ka	530	200	185×Ka
其他电气设备	550	550×Ka	605	230	230×Ka
断路器断口间	550	550		230	230×Ka
隔离开关断口间	630	630×Ka		265	265×Ka

4. 35kV 配电装置过电压保护及绝缘配合

(1) 35kV 配电装置过电压保护。主要采用金属氧化锌避雷器限制 35kV 系统过电压水平。

35kV 配电装置避雷器的配置：

主变回路靠近变压器处装设避雷器；

35kV 每段母线装设避雷器；

35kV 氧化锌避雷器按国内制造厂生产的设备选型，作为 35kV 绝缘配合的基准，其主要技术参数见表 5-46。

表 5-46　35kV 氧化锌避雷器主要技术参数

额定电压(有效值)/kV	51
最大持续运行电压(有效值)/kV	41
操作冲击残压(有效值)kV	114
雷电冲击(8/20μs)5kA 残压(有效值)/kA	134
陡波冲击(1/5μs)5kA 残压(有效值)/kA	154

(2) 35kV 电气设备的绝缘水平。35kV 电气设备的绝缘水平按国家标准选取。有关取值见表 5-47。

表 5-47　35kV 电气设备的绝缘水平

设备名称	设备耐受电压值				
	雷电冲击耐压(峰值)/kV			1min 工频耐压(有效值)/kV	
	全波		截波		
	内绝缘	外绝缘		内绝缘	外绝缘
主变压器低压侧	200	185×Ka	220	85	80×Ka
其他电气设备	185	185×Ka		95	95×Ka
断路器断口间	185	185		95	95×Ka
隔离开关断口间	215	215×Ka		118	118×Ka

(五) 配电装置及电气总平面布置

1. 电气总平面布置

按电气工艺布置要求，在结合地形、进站道路的条件、兼顾出线和节约用地的前提下，提出了两种布置方案。

方案一：两台主变压器布置于站区中央，110kV 采用户外 GIS 布置在主变南侧，向南架空出线；35kV 配电室布置在主变北侧，向北、向东电缆出线；SVG 成套设备(水冷)，布置在站区北侧，其中电抗器采用户外布置，IGBT 模块及控制柜等布置在 SVG 小室内。继电器室设备室布置在生活区办公楼内，35kV 接地变压器就近布置在 35kV 配电室西侧。

方案二：两台主变压器布置于站区中央，35kV 配电装置采用预制舱，布置在主变南侧，向北、向东电缆出线；110kVGIS 采用预制舱，布置在 35kV 预制舱二楼，向南架空出线；SVG 成套设备，布置在站区北侧，其中电抗器采用户外布置，IGBT 模块及控制柜等放置在 SVG 预制舱内。继电器室设备室布置在生活区办公楼内，35kV 接地变压器布置在 SVG 成套设备东侧。

本工程经过方案比选，方案二 35kV 配电装置、110kV GIS 及 35kV SVG 成套设备采用预制舱式模块化布置方案，减少施工量，有效缩短施工周期。方案二布置紧凑，有效利用场地，较方案一南北向压缩 3.52m，缩小地平处理范围，预制舱布置形式便于后期运行维护，密封、防火、防潮效果好。因此设计推荐方案二。

2. 110kV 配电装置

110kV 配电装置采用户内 GIS 组合电器设备，断路器单列布置。

110kV 配电装置全架空出线。出线间隔宽度取 8m。110kV 配电装置区场地内设主变压器进线构架。为满足安装、运行、检修维护、实验要求，110kV 预制舱(长×宽)18m×3.6m、GIS 设备纵向尺寸为 3.6m。间隔构架、导线和设备布置尺寸见表 5-48。

表 5-48　110kV 配电装置构架尺寸

项　　目	高度/m	项　　目	高度/m
间隔宽度	8	设备相间距离	2.2
出线挂点高度	10	相-构架柱中心距离	1.8
出线相间距离	2.2		

3. 35kV 配电装置

35kV 配电装置采用户内充气开关柜，外形尺寸为 2600mm×800mm×1800mm(高×宽×深)，单列布置，方案一采用常规建筑方案，布置于主变北侧，配电室宽度为 6.9m，方案二采用预制舱方案，放置于主变南侧，预制舱宽度为 6.5m。

4. 主变压器、无功补偿装置

(1) 主变压器布置。110kV 主变压器采用户外落地式安装，远景 3 台，本期 2 台，采用三相有载调压油浸式电力变压器。主变 110kV 侧进线为软导线；35kV 侧方案一采用封闭母线桥，方案二采用绝缘管母引入 35kV 配电装置。变压器间(不满足距离要求的情况)设置防火墙，防火墙间距在考虑防火规范要求的前提下，还需满足设备安全净距和消防设备安全净距的要求。主变构架、导线尺寸见表 5-49。

表 5-49　主变构架尺寸

项　　目	高度/m	项　　目	高度/m
构架宽度	2×12.5	110kV 挂线相间距离	2.2
挂点高度	10		

(2) 无功补偿装置布置

35kV 无功补偿装置采用 SVG 型动态无功补偿装置，布置于场区北侧，采用水冷直挂式方案。

(3) 接地变及站用变

10kV 站用变拟采用干式变压器，采用箱式，利用 110kV 区域空位布置。35kV 接地变兼站用变压器户外箱式布置于 SVG 成套装置旁。

(六) 全站防雷、接地

1. 全站防直击雷

根据《交流电气装置的过电压保护和绝缘配合》(DL/T 620—1997)，结合各配电装置的实际布置以及电气设备的耐雷水平相应采取防雷保护措施。

本站通过在 110kV 配电装置构架上设置构架避雷针以及独立避雷针联合保护的方式构成全站防直击雷保护。110kV 构架避雷针高度为 35m，共 1 支；场区北侧 SVG 区域设置独立避雷针高度为 35m，共 1 支。

2. 全站接地

本站环绕变电站生产区四周设置一个闭合回路的全站接地装置，供工作接地和保护接地之用，接地装置采用以水平接地体与垂直接地体相结合的人工接地体，水平接地体按网格布置。根据本工程岩土勘察报告，在拟建物场区勘探深度内，未发现地下水或裂隙水，设计时可不考虑地下水对建筑工程的影响。

由于暂未提供本站土壤电阻率等相关数据，现阶段水平接地体暂时采用-60mm×8mm镀锌扁钢，按8m×8m网格布置。设计考虑水平接地体埋深在冻土层以下，通过加装垂直接地体的方式降低土壤电阻率；垂直接地体选用ϕ50mm镀锌钢棒，长度为2.5m。

为满足接触电势的要求，需在隔离开关操作机构、设备本体、支架构架周围地表铺设绝缘地坪；在经常走人及巡视处，增设帽檐式均压带。

GIS设备采用专用接地端子与接地主网两点连接，同时在GIS设备接地点预埋镀锌槽钢与主网可靠相连。

独立避雷针设置独立的接地装置，构架避雷针接地装置与接地网连接，并应在其附近装设集中接地装置，并需满足《交流电气装置的过电压保护和绝缘配合》(DL/T 620—1997)的规定。对于避雷器也应装设集中接地装置，并以最短的接地线与主接地网相连。

本变电站接地按相关技术规程的要求设计，并按《电力系统继电保护及安全自动装置反事故措施要点》要求，计算机监控系统不设置独立的接地网，在主控室及二次设备室的电缆沟内设置了专用TMY-25×4铜排接地母线，并经4点与主接地网可靠连接。

(七) 智能辅助控制系统

变电站内设置一套智能辅助系统，实现对图像监视、安全警卫、消防、室内温湿度监测等辅助控制系统的智能运行管理功能。

1. 图像监视及安全警卫系统

为便于运行维护管理，保证变电站安全运行，设置全站安全监视系统一套，以实现全站安全、防火、防盗功能配置。监视服务器按全站远景规模配置，就地摄像头按本期规模配置，具体方案如下：

① 在站内四周围墙设置电子脉冲围栏，防止非法分子翻墙入内；

② 在站区大门口，小室入口及室内设置枪形摄像机，识别来访人员的身份；

③ 在主控室、35kV配电室设置球形摄像机，观察是否有人闯入，设备运行情况；

④ 在主变压器、110kV配电装置和SVG区域设置球形摄像机，对设备区巡视、鉴定工作人员合法性。

⑤ 变电站内重要建筑出入口配置电子门禁系统，控制、鉴别和记录进入的人员。

视频、报警信号在二次设备室监视终端显示并报警。

2. 火灾报警系统

变电站内设置一套火灾自动报警系统，火灾自动报警主机安装于主控室内。考虑在办公楼、宿舍楼、主控室、35kV配电室等较易发生火灾处设置感温、感烟探测器。

3. 环境监测系统

根据二次设备安全防护要求，建议机房应设置温、湿度自动调节设施，使机房温、湿度的变化在设备运行所允许的范围之内。

本站按以上要求配置环境监测系统，即在办公楼内主控制室及电气二次设备室内设置温度、湿度探测器，接入动环主机中。探测器与主机间连线由厂家提供。

（八）照明及检修

1. 照明电源系统

站内设置正常工作照明和事故照明：

① 工作照明系统采用380/220V三相四线制，照明电源由站用电馈线柜引至各小室照明配电箱再进行分配；

② 事故照明系统采用交流220V，在电气二次设备室内设置事故照明切换柜1面，为事故照明系统提供电源。事故照明切换柜电源输入为1路交流进线及1路直流进线，分别取自站用电馈线柜及直流馈线柜。

2. 照明方式

照明设备应选用配光合理、效率高的节能环保灯具，以降低能耗。

① 继电器室、主控室、会议室及安全工器具间采用LED低顶灯；

② 蓄电池室采用防爆灯；

③ 屋外照明采用低式布置投光灯，分散布置；

④ 继电小室、主控室、蓄电池室设事故照明；

⑤ 屋内外照明线路均采用穿管暗敷。

3. 检修系统

根据不同设备的检修需要，为便于户外设备检修，在110kV配电装置区设动力检修箱为检修提供动力电源：

① 110kV配电装置共设置1面动力检修箱。

② 主变区域共设置1面动力检修箱。

（九）全站电缆敷设、防火与高压电力电缆选择

1. 电缆敷设

本站在继电器室内柜间设有电缆沟，继电器室与各级电压配电装置之间的联系电缆通过电缆沟道敷设，从电缆沟引向设备的较短电缆以及某些穿越土建设施的电缆采用穿管敷设，个别距离较长、数量较少的电力电缆则采用直埋敷设。

电缆沟内支架采用镀锌角钢支架，光缆设置槽盒。

2. 电缆防火

在建筑物进出口处的电缆沟及站区电缆沟适当的位置设置阻火隔墙，阻火隔墙的位置、厚度等应符合相关规程规范要求，并在阻火墙两侧各1m内涂防火涂料。

3. 电力电缆的选择

本站35kV电力电缆选择35kV阻燃型单芯交联聚乙烯绝缘铜芯电力电缆，绝缘水平26/35kV，截面选择见导体选择章节。

（十）站用电源方案

按照规程规定和微机综合自动化变电站用电可靠性的需要，本站设置容量为500kVA的

35kV 站用电源，接于 35kV Ⅰ段母线；另设置容量为 500kVA 的 10kV 备用变压器一台，10kV 备用变压器选用干式无载调压变压器，引接方案由线路专业进行设计，以满足本工程站用电需求。

本工程远景站用电系统主要负荷为继电器室采暖及综合楼通风采暖、各个电压等级配电装置电气加热及操作负荷、直流；经计算站用变压器容量按 500kVA 选择，任何一台站用变压器均可承担全站负荷(包括生活区用电负荷)。

(十一) 电缆敷设及防火

1. 电缆敷设

本站在 35kV 配电室内及室外设有户外一次电缆。35kV 配电室外一次电缆沟采用复合型加筋塑模预制电缆沟道，电缆沟道宽 1.4m、深 1.9m，工厂内预制，现场组装，施工便捷；并设有下人孔，方便检修运维。35kV 配电室室内设有一次电缆沟，室内电缆沟与室外电缆沟之间采用排管敷设的方式。

本站在二次设备室内柜间设有电缆沟，二次设备室与各级电压配电装置之间的联系电缆通过电缆沟道敷设，从电缆沟引向设备的较短电缆以及某些穿越土建设施的电缆采用穿管敷设，个别距离较长、数量较少的电力电缆则采用直埋敷设。

电缆沟内支架采用成品复合支架。

2. 电缆防火

在建筑物进出口处的电缆沟及站区电缆沟适当的位置设置阻火隔墙，阻火隔墙的位置、厚度等应符合相关规程规范要求，并在阻火墙两侧各 1m 内涂防火涂料。

四、电气二次部分

(一) 计算机监控系统

1. 主要设计原则

本升压站计算机监控系统的设备配置和功能要求应按无人值班模式设计。升压站计算机监控系统的设计原则如下：

① 计算机监控系统采用开放式、分层分布式网络结构，由站控层、间隔层以及网络设备构成。站控层设备按工程终期规模配置，间隔层设备按工程实际规模配置。

② 升压站内由计算机监控系统完成对全站设备的监控，采用 IEC-61850 通信标准，统一建模，统一组网，实现站控层、间隔层二次设备信息交互。

③ 设置两台远动数据传输设备，冗余配置，计算机监控主站与远动数据传输设备信息资源共享，不重复采集。

④ 升压站内由计算机监控系统完成对全站设备的监控，不再另外设置其他常规的控制屏和模拟屏。

⑤ 保护动作及装置报警等重要信号输入测控单元采用硬接点形式。

⑥ 计算机监控系统配有与电力数据网的接口，软、硬件配置应能支持联网的通信技术以及通信规约的要求。

⑦ 向调度端上传的保护、远动信息量执行现有相关规程。

⑧ 计算机监控系统网络安全应严格按照《电力二次系统安全防护规定》来执行。

⑨ 五防操作票系统纳入计算机监控系统统一考虑。

2. 监控范围

无人值班变电站要求调度端能全面掌握变电站的运行情况，计算机监控系统的监控范围按照《35kV～220kV 无人值班变电站设计规程》（DL/T 5103—2012）执行，并在其基础上至少还需要增加交直流一体化电源系统的重要馈线断路器状态。

（二）系统构成

变电站计算机监控系统应符合 DL/T 860，在功能逻辑上由站控层和间隔层组成。

站控层由主机兼操作员工作站、远动通信主机及网络打印机等设备构成，提供站内运行的人机联系界面，实现管理控制间隔层设备功能，形成全站监控、管理中心，并与远方监控/调度中心通信。

间隔层由继电保护、测控、计量等若干个二次子系统组成，在站控层及网络失效的情况下，仍能独立完成间隔层设备的就地监控功能。

（三）系统网络

1. 站控层网络

站控层设备通过网络与站控层其他设备通信、与间隔层设备通信；本站站控层安全Ⅰ区网络采用双星形以太网络，安全Ⅱ/Ⅲ区网络采用单星形以太网络。

站控层网络所传送的信息不影响保护功能，因此可按照常规选择超五类屏蔽以太网线，可节约工程造价并方便现场施工。

2. 间隔层网络

间隔层设备通过网络与本间隔其他设备通信、与其他间隔层设备通信、与站控层设备通信。

3. 系统软件

110kV 升压站计算机监控系统应采用安全或经过软件加固的操作系统。具备成熟商用历史数据库及实时数据库功能。主机加固的方式主要有：安全配置、安全补丁、采用专用软件强化操作系统访问控制能力，以及配置安全的应用程序。关键控制系统软件升级、补丁安装前要请专业技术机构进行安全评估和验证。

4. 系统功能

计算机监控系统实现对变电站可靠、合理、完善的监视、测量、控制等功能，并具备遥测、遥信、遥调、遥控全部的远动功能和时钟同步功能，具有与调度通信中心交换信息的能力。具体功能要求按《35kV～220kV 无人值班变电站设计规程》（DL/T 5103—2012）执行。

（1）五防闭锁。计算机监控系统应具备逻辑闭锁软件实现全站的防误操作闭锁功能，同时在受控设备的操作回路中串接本间隔的闭锁回路。升压站远方、就地操作均具有闭锁功能，本间隔的闭锁回路宜采用电气闭锁接点实现。

（2）远动功能。远动通信设备需要的数据应直接来自数据采集控制层的测控装置，直采直送，要求远动通信设备与站内监控设备无关；操作员站、系统服务器或工程师站的任何操作和设备故障对远动通信设备都不应有任何影响，反之亦然；远动通信设备的上传数据不需从这些系统的数据库中获取，而直接从间隔层设备中获取。

(3) 信号采集和处理。计算机监控系统应采集升压站生产过程中的实时量(包括模拟量、开关量)；检测出事故信号和设备的运行状态信号，实时更新计算机数据库，为监控系统提供可分析的数据。

(4) 控制操作。执行调度端(远端控制站)或当地监控主机下达的操作命令，完成对断路器、主变调压开关等设备的操作，同时应具有安全操作闭锁的功能。

(5) 调度端通信。计算机监控系统应能与调度端通信，通过部颁 101 等标准通信规约向调度端通信，执行调度端下达的控制命令，应能实现主备通道的自动切换。

(四) 设备配置

1. 站控层设备配置原则

按照功能分散配置、资源共享、避免设备重复配置的原则，站控层主要设备如下：监控主机兼操作员站、工程师站、远动通信设备、接口设备及打印机等；其中主机兼操作员站、工程师站按单套配置，远动通信设备按双机冗余配置。

站控层数据库建库以及主接线图等按变电站远期规模设置参数化，便于以后扩建工程的实施。

2. 间隔层设备配置原则

间隔层设备包括继电保护、测控装置、故障录波及电能计量装置等。

(1) 继电保护。继电保护具体配置见系统保护相关章节。

(2) 测控装置。测控装置按照 DL/T 860 标准建模，具备完善的自描述功能，与站控层设备直接通信。测控装置需具备时钟管理功能，被对时设备具备时钟自检功能与时钟告警输出功能。

(3) 故障录波装置具体配置详见系统保护相关章节。

(4) 计量装置具体配置详见调度自动化相关章节。

3. 网络通信设备配置原则

(1) 站控层网络交换机。站控层交换机按双星型网络考虑配置，每台交换机端口数量应满足应用要求。

(2) 间隔层网络交换机。间隔层网络交换机宜按配电室或电压等级配置，交换机端口数量应满足应用要求。

(五) 设备配置方案

1. 站控层设备

全站配置 1 套监控主机兼操作员工作站；全站配置 1 套维护工程师站；全站配置 1 台网络打印机；全站配置 2 台远动通信设备。

2. 间隔层设备

继电保护及安全自动装置具体配置详见本说明相关章节；主变压器高、低压侧及本体各配置 1 套独立的测控装置，本期 6 套；110kV 线路间隔配置 1 套独立的测控装置，本期 1 套；110kV 母线间隔配置 1 套独立的测控装置，本期 1 套。

35kV 每段母线配置 1 套测控装置+1 套 PT 重动装置，本期各 2 套，可考虑安装在 35kV

母线设备柜内；35kV 集电线路、SVG、接地变均采用保护测控一体化装置，单套配置，本期共 12 套；电气二次设备室配置 1 套公用测控装置。

3. 网络通信设备

站控层配置 4 台交换机，端口数量按 22 电口 2 光口考虑；35kV 系统配置 2 台间隔层交换机，端口数量按 22 电口 2 光口考虑。

（六）元件保护

1. 元件保护配置原则

元件保护装置配置原则遵循《继电保护和安全自动装置技术规程》（GB/T 14285—2006）及国家电网公司《防止电力生产重大事故的十八项重点要求》的相关要求。应能完成对升压站一次设备的保护，具体有变压器保护、线路保护、接地变保护、站用变保护、SVG 保护等。保护装置在硬件和功能上完全独立，不依赖于整个系统，能单独完成对一次设备的保护。

（1）主变压器保护配置原则。主变保护按单套主、后备分置配置，选用微机保护装置，其中非电量、两侧纵差、零序差动保护为主保护，过流保护、零序过流、过压、过负荷等作为后备保护，每台主变压器主、后备保护装置组 1 面主变保护柜。

（2）主变压器保护技术要求。

① 高压侧配置复合电压闭锁过流保护，保护动作延时跳开变压器。

各侧断路器；中性点设置间隙的主变压器，配置中性点间隙电流保护、零序电压保护，保护动作延时跳开变压器各侧断路器；配置零序电流保护，保护动作延时跳开变压器各侧断路器。

② 低压侧配置时限速断、复合电压闭锁过流保护。保护为二段式，第一段跳开本侧断路器；第二段跳开主变压器各侧断路器。

③ 各侧均配置过负荷保护，保护动作于发信号。

④ 保护装置采用以太网接口接入站内计算机监控系统，通信规约采用 DL/T 860；35kV 线路保护选用微机型保护测控一体化装置，设有电流速断、过流保护、零序保护等，按间隔单套配置，安装于开关柜内；35kV SVG 保护选用微机型保护测控一体化装置，设有电流速断、过流保护、零序保护等保护，按间隔单套配置，安装于开关柜内；35kV 接地变保护选用微机型保护测控一体化装置，设有电流速断、过流保护、零序保护等，按间隔单套配置，安装于开关柜内。

2. 设备配置方案

110kV 主变压器电量保护按主后分置，单套配置，本期每台主变 3 台；非电量保护按单套配置，本期 2 台。

35kV 系统采用保护测控一体化装置，按功能布置于开关柜内。本工程配置 35kV 接地变保护测控装置 2 台，SVG 保护测控装置 2 台，35kV 集电线路保护测控装置 8 台。

（七）一体化电源系统

1. 系统组成

升压站采用一体化站内电源系统，将交流电源子系统、直流电源子系统、UPS（逆变）

电源子系统、通信电源子系统统一设计，统一监控，实现变电站交直流二次监视控制统一管理。

2. 系统功能

一体化电源系统运行工况和信息数据能够上送综自后台系统，能够实现远方和就地控制功能，能够实现站用电源设备的系统联动。

系统中各电源通信规约相互兼容，能够实现数据信息共享。

系统的总监控装置通过以太网通信接口采用 DL/T860 规约与变电站后台设备连接，实现对一体化电源系统的远程监控维护管理。

系统能够监视交流电源进线断路器、馈线断路器、充电装置输出断路器、蓄电池组输出保护电器、交流不间断电源输入断路器、直流变换电源输入断路器等智能型断路器，具备远方控制及通信功能。

系统具有监视站用交流电源、直流电源、蓄电池组、交流不间断电源等设备的运行参数。

系统能够监视交流电源馈线、直流电源馈线断路器的脱扣告警信号功能。

系统具有交流电源切换、充电装置充电方式转换等功能。

3. 交流子系统

交流子系统为全站照明系统、动力系统、直流设备等提供交流电源，额定电压为 AC220V/AC380V，单母线接线，双电源进线，两回进线互为备用，配置一套 ATS 实现电源自动投切。本工程需考虑生活区负荷，站用变选用 500kVA 及以上容量的站用变。

4. 站用电系统接线

站用电低压系统设 380/220V 工作母线段 1 段，由两路电源进线经 ATS 模块切换后供电。正常运行时，380/220V 工作母线段由 1#站用工作变压器供电，当工作变压器故障或检修退出时，由专用备用变压器自动切换至工作母线段继续供电，供给全站控制、动力、照明等用电负荷，其供给电压为 380/220V。

5. 直流子系统

直流子系统为全站控制系统、信号系统、微机自动化装置等提供直流电源，额定电压为 DC220V，单母线接线，设单套配置的高频开关电源充电装置，一套 48V 通信电源装置，一组阀控式铅酸蓄电池。蓄电池容量按无人值班变电站，2h 事故放电时间考虑，通信电源按 4h 事故放电时间考虑，经计算蓄电池容量为 300A · h。蓄电池由 104 只阀控式密封铅酸蓄电池组成，不设端电池。

6. UPS 子系统

站内交流不停电电源(UPS)按双套设置，容量均为 8kVA，每套 UPS 电源组 1 面柜，本期 2 面。UPS 的直流电源来自 220V 直流母线，交流电源则来自交流站用电系统。UPS 电源系统采用单母线接线。主要为计算机监控系统、网络通信装置、GPS 对时系统、电能量计费系统、火灾报警系统等重要负荷提供不间断电源。

7. 事故照明子系统

站内配置 1 套事故照明子系统，组 1 面柜。事故照明系统直流电源来自 220V 直流母线，交流电源来自交流站用电系统。

（八）站时间同步系统

1. 配置原则

升压站配置1套公用的时间同步系统，主时钟应双重化配置，另配置扩展装置实现站内所有对时设备的软、硬对时。支持北斗系统和GPS系统单向标准授时信号，优先采用北斗系统，时间同步精度和守时精度满足站内所有设备的对时精度要求。扩展装置的数量应根据二次设备的布置及工程规模确定。该系统宜预留与地基时钟源接口。

时间同步系统对时或同步范围包括监控系统站控层设备、保护装置、测控装置、故障录波装置、相量测量装置及站内其他智能设备等。

站控层设备对时宜采用SNTP方式；

间隔层设备对时宜采用B码对时；

时间同步系统应具备RJ45、RS-232/485等类型对时输出接口扩展功能，工程中输出接口类型、数量按需求配置。

2. 配置方案

时间同步系统组于公用测控柜内。

（九）二次设备组柜

1. 站控层设备组柜

1套监控主机兼操作员站、1套维护工程师站、1套五防工作站及1台网络打印机均置于监控室工作台上；2套远动通信设备+1套通信管理机+4台交换机+1台防火墙+2台横向隔离装置组1面柜。

2. 间隔层设备组柜

1套110kV线路保护装置+1套110kV线路测控装置组1面柜，本期1面；1套110kV母线保护装置组1面柜，本期1面；3套主变电量保护装置+1套主变非电量保护装置+高低压侧操作箱组1面柜，本期2面；1套主变高压侧测控装置+1套主变低压侧测控装置+1套主变本体测控装置组1面柜，本期2面；1套110kV母线测控装置+1套110kV电压重动装置组1面柜，本期1面；1套35kV母线保护装置组1面柜，本期2面；35kV保护测控装置，分散就地布置于开关柜内；公用测控装置与对时装置组1面柜。

3. 其他二次设备组柜

时间同步系统：配置时间同步系统柜1面，时钟同步扩展装置1套；交直流一体化电源系统：站用电进线柜1面、站用电馈线柜2面；蓄电池屏2面、直流电源充电柜1面、直流电源馈线屏3面、UPS电源柜2面、事故照明切换柜1面。

4. 二次系统布置

本站二次系统采用微机综合自动化方案，为分层分布式结构，计算机监控系统的操作员工作站、工程师站、五防工作站、有功功率无功电压控制系统、风功率预测系统布置于综合楼监控室内，其他计算机监控系统的站控层设备、继电保护、调度自动化及系统通信设备等二次设备均布置于升压站电气二次设备室内。

（十）二次设备接地、防雷、抗干扰

控制电缆的屏蔽层两端可靠接地。所有敏感电子装置的工作接地不与安全地或保护地混接。在二次电缆沟的沟道等处用 25mm×4mm 截面的接地铜排敷设一个与升压站主接地网紧密连接的等电位接地网，作为二次接地平台。

各装置的交、直流电源输入处设置电源防雷器。微机型继电保护装置的所有二次回路电缆使用屏蔽电缆。经长电缆跳闸回路采取增加继电器动作功率的措施防止误动。保护装置 24V 开入电源不出保护室，以免引进干扰。经配电装置的通讯网络联线均采用光纤介质。二次电缆的敷设路径避开高压母线、避雷器、避雷针接地点、SVG 无功补偿等设备，避免和减少迂回，尽量缩短二次电缆的长度。

五、土建部分

（一）概述

1. 站址场地概述

（1）站区地理位置。中电建中卫麦垛山 200MW 风电项目 110kV 升压站为新建工程，整个工程位于宁夏回族自治区中卫市美利工业园区内，距中卫市市区直线距离约 30km。地形起伏，地势比较开阔。

升压站及生活区位于风电场区中部，占地面积共 3.0338hm^2。场区为山前缓坡丘陵，地形较开阔，地势有起伏。站址西距镇照公路 3.0km，可以站区东侧乡道做引接道路，满足运输条件。

（2）地形地貌及土地使用状况。中电建中卫麦垛山 200MW 风电项目 110kV 升压站位于宁夏回族自治区中卫市美利工业园区内，中电建中卫麦垛山 200MW 风电场中部。

站区所处区域地貌单元属山前缓坡丘陵，地形较开阔，地势有起伏，地表零星分布固定沙丘，沙丘高度一般小于 0.5m，地形起伏东北侧较大，局部有凸起小丘陵，凸起小丘陵基岩出露，地表植被覆盖度大致在 30%~40%，植被以沙蒿为主。勘探点地面标高在 1231.314~1240.214m 之间，最大高差约 8.9m。站址区域内无冲沟发育。

（3）交通情况。站址位于宁夏回族自治区中卫市美利工业园区内，站址附近有镇照公路，由此路修建道路至升压站，主要采用大型平板车直接公路运输到升压站。

2. 工程地质、水文地质和水文气象条件

（1）工程地质。根据本次勘察结果，现将站区地基土进行工程地质分层，并就站区地层岩性及其分布和特性自上而下描述如下：

粉砂（Q_4^{eol+pl}）：风积及冲洪积成因，风积形成为主。黄褐色，稍密，稍湿，矿物成分主要为石英、长石。偶夹砾砂薄层。表层夹微胶结的粉土薄层。属高–中等压缩性土，该土层浅层具湿陷性。主层普遍分布于拟建站区表层。层厚 0.5~3.0m，平均层厚 1.75m。

角砾（Q_3^{a+pl}）：杂色、灰色，一般粒径 2~15mm，最大粒径 25mm，骨架颗粒粒径约占总重的 60%。母岩成分为全风化的页岩，充填物主要为粉细砂。处稍密~中密状态。层厚 1.0~2.5m。

其下层为页岩，按其风化程度可划分为 2 个亚层。分述如下；

强风化页岩(C)：褐黄~灰黑色，局部呈铁锈红色。层状结构，泥质碎屑沉积。多节理，处强风化状态。普遍分布于站区。该层相对较坚硬，人工难以挖掘。层厚0.3~2.1m，平均揭露层厚0.94m。

中风化页岩(C)：褐黄~灰黑色，局部呈铁锈红色。碎块状结构，少节理，处中等风化状态。该层普遍分布于站区。本次勘探未揭穿该层。最大揭露厚度2.5m。

(2) 水文地质。低洼地段、岩层表面及易汇水地段存在上层滞水的可能，在施工过程中如遇到此种情况，采取简单排水措施后即可进行后续施工。该层水补给来源以大气降水和色井沟沟道水侧向补给为主，排泄途径主要为大气蒸发。地下水的埋深可按3.0m考虑。

(3) 水、土腐蚀性评价。地基土和地下水对混凝土结构其弱腐蚀性，对钢筋混凝土结构中的钢筋具微腐蚀性。

(4) 水文气象。

① 站址概况：中卫地区属中温带干旱、半干旱大陆性高原气候区。气候干燥，雨量稀少，日照充分，蒸发强烈，风大沙多，夏热而短促，冬寒而漫长，冷热变化急剧，年温差、日温差较大。七八月平均气温最高，一月份平均气温最低；季风从当年的10月至来年5月，长达7个月，多集中于春秋两季，西北风及偏西风为主导风，每年11月下旬开始冰冻，翌年3月解冻。站址区常规气象资料如表5-50所示。

表5-50 站址附近气象站常规气象要素特征值

<table>
<tr><td colspan="2">站 名</td><td>中 卫</td></tr>
<tr><td colspan="2">站址</td><td>中卫市沙坡头区</td></tr>
<tr><td colspan="2">东经/(°)</td><td>105.12</td></tr>
<tr><td colspan="2">北纬/(°)</td><td>37.32</td></tr>
<tr><td colspan="2">观测场海拔高度/m</td><td>1184.8</td></tr>
<tr><td colspan="2">平均气压/hPa</td><td>878.3</td></tr>
<tr><td rowspan="7">气温/℃</td><td>平均</td><td>8.8</td></tr>
<tr><td rowspan="2">最大日温差及其出现时间</td><td>30.2</td></tr>
<tr><td>2004.02.18</td></tr>
<tr><td rowspan="2">极端最高及其出现时间</td><td>38.5</td></tr>
<tr><td>2000.07.24</td></tr>
<tr><td rowspan="2">极端最低及其出现时间</td><td>-29.2</td></tr>
<tr><td>1975.12.12</td></tr>
<tr><td colspan="2">平均相对湿度/%</td><td>56.7</td></tr>
<tr><td colspan="2">年平均降水量/mm</td><td>178.6</td></tr>
<tr><td colspan="2">最大日降水量/mm</td><td>68.3</td></tr>
<tr><td colspan="2">最大冻土深度/cm</td><td>83</td></tr>
<tr><td colspan="2">最大积雪深度/cm</td><td>12</td></tr>
<tr><td colspan="2">50年一遇基本风压值/(kN/m²)</td><td>0.45</td></tr>
<tr><td colspan="2">50年一遇基本雪压值/(kN/m²)</td><td>0.10</td></tr>
</table>

续表

站名			中卫
风	平均风速/(m/s)		2.4
	最大风速/(m/s)		20.3
	主导风向		E
天气日数/d	雨天	平均	72.1
	雪天	平均	12.5
	大风	平均	9.9
	雷暴	平均	15.3
		最多	30

② 暴雨：

实测暴雨：本区域暴雨为典型的干旱区暴雨特征，降雨历时短，强度大，易形成洪水灾害，站址区域实测各历时最大暴雨量见表5-51。

表5-51 站址区域实测各历时最大暴雨

历时/h	雨量/mm	发生时间
24	82.6	1968.8.01
6	45.2	1968.8.01
1	45.1	1958.7.25

设计暴雨：设计暴雨采用《宁夏暴雨洪水图集》，查算24h、6h、1h最大点雨量，变差系数 C_v 等设计暴雨计算参数见表5-52。

表5-52 站址区域各历时设计雨量参数

历时/h	点雨量均值/mm	变差系数 C_v	C_s/Cv
24	36.0	0.75	3.5
6	27.0	0.75	3.5
1	15.0	0.76	3.5

计算得24h、6h、1h $P=1\%$、$P=2\%$设计点雨量见表5-53。

表5-53 站址区域各历时设计点雨量

历时/h	点雨量/mm	
	$P=1\%$	$P=2\%$
24	141.3	119.1
6	106.0	89.3
1	59.6	50.1

站址区防洪：本风电项目110kV升压站工程等级为110kV，根据《防洪标准》(GB 50201—2014)第7.3.2条规定，本工程防洪标准应为50年一遇。

根据现场查勘，站址周围无较大的河流冲沟，可不考虑河流冲沟洪水影响。

站址地貌单元属于缓坡丘陵，地势开阔，站址区域东北侧属于开挖区，西南侧属于填方区；东北侧开挖深度范围0~1.6m，开挖后与原地形有一定高差，会受到坡面汇水影响；由于坡面汇水面积较小，修建小排水沟即可；建议在站址北侧围墙外修建小排水沟，自东北角向西北角按原地形坡降倾斜；站址东侧修建排水沟，自东北角修至整平标高部位以下；站址西侧修建排水沟，自西北角修至整平标高部位以下。

（二）站区总布置及交通运输

1. 总体规划

(1) 生活区部分。生活区设置在升压站西侧，外接进站道路，进站大门采用电动伸缩门。生活区与升压站之间采用围栏隔开，留有通向升压站的通道。

生活区内建筑朝向均为南北方向，满足采光要求。根据业主需求，本次生活区建筑物有生产运维楼、生活楼、库房、油品库、煤气房及消防泵房，满足业主日常生活及工作需求。同时升压站内带有部分绿化带，提升站内的环境品质，提高环境质量。

生产运维楼总建筑面积1378.12m^2，由电气二次设备室、中控室、蓄电池室、通信室、会议室、会客室、集控室、档案室、安全工器具室、2间卫生间、2间茶水间及13间办公室组成，可满足升压站正常运维人员的工作需求。生产运维楼采用双层框架混凝土结构，基础为独立基础。

生活楼总建筑面积1341.46m^2，由乒乓球室、健身室、阅读室、配电室、洗衣室、通信室、厨房、餐厅、2间办公室及25间办公室组成，可满足升压站正常运维人员的生活需求。生活楼采用双层框架混凝土结构，基础为独立基础。

库房建筑面积343.57m^2，由7间库房组成，库房采用单层混凝土框架结构，基础为独立基础。

油品库建筑面积52.85m^2，采用单层混凝土框架结构，基础为独立基础。

生活区内设置一座消防水泵房，消防泵房内设有消防水池及生活蓄水池，生活区内用水采用自来水。

(2) 升压站部分。本升压站共设两个方案。

方案一：出线为110kV、35kV两个电压等级。其中110kV出线1回，本期1回，向南架空出线；35kV采用电缆向东和向北出线。

站区主要建筑物有35kV配电室、SVG小室；布置有110kV屋外配电装置、SVG电抗器、接地变、主变等构、支架及设备基础，根据电气工艺需要设置电缆沟、环形道路。

方案二：

站区建筑物采用预制舱，综合电气设备预制舱一座、SVG预制舱两座；布置有110kV屋外配电装置、SVG电抗器、接地变、主变等构、支架及设备基础，根据电气工艺需要设置电缆沟、环形道路。

升压站按终期规模征地，站内布置按两台主变建设位置进行设计。

设计采用的建筑坐标为假设直角坐标系，测量坐标采用2000国家大地坐标系。

2. 站区总平面布置

(1) 总平面布置。

方案一：生活区布置在升压站西侧，生产运维楼在生活区南侧，生活楼布置在生活区北侧，库房、油品库在生活区西侧，消防泵房及污水处理系统布置在生活区北侧，篮球场等活动场地在升压站外北侧。升压站区域以主变为中心，110kVGIS 采用户外布置，110kV 从站区南侧进线；35kV 配电室布置在主变南侧，35kV 向东、向北采用电缆出线；SVG 小室布置在站区北侧，进站道路由南侧进站，由站区西南侧镇照公路引接，满足运输条件。

方案二：生活区布置在升压站西侧，生产运维楼在生活区南侧，生活楼布置在生活区北侧，库房、油品库在生活区西侧，消防泵房及污水处理系统布置在生活区北侧，篮球场等活动场地在升压站外北侧。升压站区域以主变为中心，110kVGIS 采用户内布置，110kV 从站区南侧进线；综合电气设备预制舱布置在主变南侧，35kV 向东、向北采用电缆出线；SVG 预制舱布置在站区北侧，进站道路由南侧进站，由站区西南侧镇照公路引接，满足运输条件。

根据电气工艺需要设置综合管沟、电缆沟、道路。升压站南北宽 78m，东西长 139m。升压站东侧为生活区。生活区与升压站之间采用砖垛铁栅围墙隔离。

具体布置详见“站区总平面布置图”。依据电气工艺布置要求，结合地形、进站道路的条件、兼顾出线和节约用地的前提下，提出了总平面布置方案。

方案二较方案一，布置规整，土建作业少，施工周期短，结合电气专业论述，本站推荐方案二。

(2) 进站大门及围栅。升压站进站大门采用电动不锈钢伸缩门，正对站区主干道；生活区进站大门采用电动不锈钢伸缩门；站区围墙采用 2. 3m 高 0. 24m 厚实体带壁柱清水砖围墙，毛石基础。

(3) 站区绿化规划。新建生活区内可以考虑适当设置绿化，绿化用水可以从站区泵房蓄水池内引接。

(4) 防火间距和消防通道。变电站内主变压器距综合电气预制舱(35kV 配电室)距离小于 10m，按《火力发电厂与变电站设计防火标准》(GB 50229—2019)第 11. 1. 4 条规定，在主变侧墙体上不应设有门窗、洞口。其余建筑物距主要带油设备间距离均大于 10m，满足防火要求。

方案一：主变压器外形间距离大于 8m，根据《火力发电厂与变电站设计防火标准》(GB 50229—2019)第 6. 6. 3 条规定，主变之间可不设置防火墙。

方案二：主变压器外形间距离小于 8m，根据《火力发电厂与变电站设计防火标准》(GB 50229—2019)第 6. 6. 3 条规定，主变之间需设置防火墙。

站内道路宽为 4m，转弯半径 9m，且形成环路，满足防火规范中关于消防通道的相关要求。

3. 站区竖向布置

(1) 竖向布置。结合站址自然地形、电气工艺要求，同时考虑合理的排水坡度、土石方量及方便行车进行站区的竖向设计。站区采用平坡设计，场地设计标高为 1235. 70m，有组织排水。

为防止站外东侧及北侧地面雨水影响站址安全，站外设置 600mm×600mm 混凝土排水沟，并在挖方区护坡顶部设置 400mm×400mm 毛石泄洪沟，将地面雨水引至站区西南侧的冲沟。

站区竖向布置地形图采用设计等高线法，采用假定高程。

（2）土石方量平衡见表5-54。站址土方综合平衡后无需外购，挖方出的土填至升压站的填方区，其余土方外弃，运距20km。

表5-54　土石方量平衡表　　m^3

项　　目		土方工程量	
		挖方	填方
站区场地平整		3680.12	8648.47
站区基槽（本期）		7300	0
进站道路		3000	1200
护坡土方量		250	0
表层土清除挖方量		3300	0
砂石垫层量（本期）		0	3500
站区土方综合平衡	弃土量	3300	
	取土量	3500	

（3）防涝措施。站区北侧地形略高于站区场地，在此区域设置护坡及排水沟，雨季雨水通过排水沟排至低水位。

（4）地下管沟线。本工程地下管线主要有：地下管沟、电缆沟、排水管、事故排油管、雨水管。在沟、管线平面规划中，尽量平行路网，力求管线顺捷，少交叉，并考虑运行、检修方便。

站区综合地下管沟为混凝土结构，高1.9m，宽1.4m，埋深1m，设置人孔，方便运维检修。电缆沟沟壁采用混凝土沟壁。盖板为钢筋混凝土盖板，与沟壁整浇，隔段留有活动盖板，电缆沟沟顶高出设计地面163mm。

4. 道路及场地处理

（1）进站道路。进站道路由站区西南侧镇照公路引接，引接长度约3000m。站外道路路面宽度为4.0m，采用碎石路面，引接站内部分直线段道路采用混凝土道路。

（2）站内道路。在满足运输需要的前提下，站内设置了环形道路，采用城市型混凝土道路，中级路面，道路中心低于场地设计标高0.10m。道路宽为4.0m，站区主要道路转弯半径均为9m，不设巡视小道。

（3）屋外配电装置场地地面处理。为方便检修、巡视，屋外配电装置设备周围地面采用混凝土硬化地面。预留场地采用碎石场地封闭。

5. 主变运输

本站主变压器，比照同容量变压器，其运输尺寸大致为8.5m×9m×6m（长×宽×高），运输重量大致为120t，采用大型平板车由公路直接运输至升压站。

（三）建筑

方案一：升压站站区建筑物根据电气方案布置有35kV配电室和SVG小室。

方案二：升压站站区35kV配电装置及SVG采用预制舱。

生活区根据运行人员生活需求布置有生产运维楼、生活楼、煤气房、库房、水泵房。

1. 35kV 配电室

35kV 配电室为单层框架结构建筑，室内外高差为 0.45m，建筑高度为 6.45m，建筑面积为 221.00m^2。屋面为钢筋混凝土现浇梁板结构，墙体采用 240mm 厚 MU3.5 厚烧结多孔砖，M7.5 混合砂浆砌筑。抗震设防烈度为 8 度，抗震措施按 8 度设防。

基础为钢筋混凝土独立基础。

2. SVG 小室

SVG 室为单层框架结构建筑，室内外高差为 0.45m，建筑高度为 5.70m，建筑面积为 231.00m^2。屋面为钢筋混凝土现浇梁板结构，墙体采用 240mm 厚 MU3.5 厚烧结多孔砖，M7.5 混合砂浆砌筑。抗震设防烈度为 8 度，抗震措施按 8 度设防。

基础为钢筋混凝土独立基础。

3. 生产运维楼

生产运维楼为双层钢筋混凝土框架结构，屋面为钢筋混凝土现浇梁板结构，墙体采用 240mm 厚 MU3.5 厚烧结多孔砖，M7.5 混合砂浆砌筑。抗震设防烈度为 8 度，抗震措施按 8 度设防。基础为钢筋混凝土独立基础。

4. 生活楼

生活楼为双层钢筋混凝土框架结构，屋面为钢筋混凝土现浇梁板结构，墙体采用 240mm 厚 MU3.5 厚烧结多孔砖，M7.5 混合砂浆砌筑。抗震设防烈度为 8 度，抗震措施按 8 度设防。基础为钢筋混凝土独立基础。

5. 库房

库房为单层框架结构建筑，室内外高差为 0.15m，建筑高度为 3.15m，建筑面积为 343.57m^2。屋面为钢筋混凝土现浇梁板结构，墙体采用 240mm 厚 MU3.5 厚烧结多孔砖，M7.5 混合砂浆砌筑。抗震设防烈度为 8 度，抗震措施按 8 度设防。

基础为钢筋混凝土独立基础。

6. 油品库房

油品库房为单层框架结构建筑，室内外高差为 0.15m，建筑高度为 3.15m，建筑面积为 54.37m^2。屋面为钢筋混凝土现浇梁板结构，墙体采用 240mm 厚 MU3.5 厚烧结多孔砖，M7.5 混合砂浆砌筑。抗震设防烈度为 8 度，抗震措施按 8 度设防。

基础为钢筋混凝土独立基础。

7. 煤气房

煤气房为单层框架结构建筑，室内外高差为 0.15m，建筑高度为 3.15m，建筑面积为 8.75m^2。屋面为柔性结构，墙体采用 240mm 厚 MU3.5 厚烧结多孔砖，M7.5 混合砂浆砌筑。抗震设防烈度为 8 度，抗震措施按 8 度设防。

基础为钢筋混凝土独立基础。

8. 泵房蓄水池

单层地下钢筋混凝土箱形结构。

9. 主要建筑材料

站内结构使用的混凝土等级有：C35、C30、C20 混凝土。

钢筋：采用 HPB300 级、HRB335 级、HRB400 级钢筋。

型钢：角钢、槽钢、钢板，采用 Q235B 级钢。

砌体：页岩粉煤灰混凝土砌块。

站址所处位置具备交通运输条件，便于建筑材料的运输。施工用水暂定从站区西侧云基地生活用水管道接入。

（四）建筑装修

防火设计按照现行《建筑设计防火规范》(GB 50016—2014，2018 年版)、《火力发电厂与变电站设计防火规范》(GB 50229—2019)及相关设计规程规范设计。

节能设计根据电气设备对建筑防水要求高的特点及《严寒和寒冷地区居住建筑节能设计标准》(JGJ 26—2018)进行设计。屋面设双层防水材料，防水材料采用三元乙丙丁基橡胶防水卷材，防水等级为Ⅱ级，满足防水要求。屋面采用节能屋面设计，保温层采用 100 厚聚苯乙烯挤塑板，满足节能要求。

窗户面积符合《严寒和寒冷地区居住建筑节能设计标准》(JGJ 26—2018)同朝向的窗墙面积比，外门窗采用气密性高、传热性小的材料，采用单框中空玻璃平开式，窗缝设橡胶密封带，气密性不低于现行国家标准《建筑外门窗气密、水密、抗风压性能检测方法》(GB/T 7106—2019)规定的Ⅲ级水平。配电室门采用防盗、保温、隔声等性能的金属门板，内衬 15mm 玻璃棉。

（五）结构

建、构筑物结构形式是根据《建筑抗震设计规范》(GB 50011—2010)和《变电站建筑结构设计技术规程》(DL/T 5457—2012)的规定进行设计。

本地区地震基本烈度为 8 度：按《变电站建筑结构设计技术规程》(DL/T 5457—2012)，该升压站为 110kV 升压站，建(构)筑物抗震设防措施见表 5-55。

表 5-55 建(构)筑物抗震设防措施

项目序号	建(构)筑物	地震设防烈度		结构设计安全等级	结构设计使用年限	抗震设防类别
		地震作用计算烈度	抗震措施调整烈度			
1	SVG 小室 35kV 配电室、生产运维楼、生活楼、库房、油品库、煤气房、水泵房	8	8	二级	50 年	丙类
2	屋外配电装置构架、主变及设备支架、设备基础	8	8	二级	50 年	丙类
3	围墙	8	8	二级	25 年	丁类

建筑物的结构措施是加强结构整体性，SVG 小室、35kV 配电室、库房、油品库、煤气房采用单层框架结构，生产运维楼、生活楼采用双层框架结构，现浇屋面。

（六）屋外变电构、支架

1. 110kV 屋外配电装置构、支架

出线构架跨度为 8.0m，高度为 10.0m，构架柱顶设置避雷针，总高度为 35m。

构架柱采用 A 型直缝焊接等截面圆钢管结构，构架横梁采用三角形断面格构式钢梁，梁与柱铰接。柱、钢梁弦杆拼接接头采用法兰连接，钢梁腹杆采用螺栓连接。

构架基础为钢筋混凝土插入式独立杯口基础。基础杯口构造配筋，并设置混凝土保护帽。

设备支架柱等截面圆钢管杆件，型钢横梁，钢构件均需热浸镀锌防腐，支架基础为混凝土插入式独立杯口基础，并设置混凝土保护帽。设备基础及设备支架基础均采用 C30 混凝土基础，垫层采用 C20 混凝土。

2. 主变构架、基础及油坑

主变构架共有两跨，跨度 12.5m，高度 10.0m，结构形式同 110kV 构架。

主变基础采用 C30 混凝土筏板独岛基础，油坑采用 C30 混凝土，主变油坑内设一个事故排油泄油井，油坑内铺钢筋混凝土盖板；设备支架同 110kV 屋外配电装置支架。

3. SVG 装置

设置 SVG 预制舱，基础采用箱型基础，抗震设防烈度 8 度。

4. 接地变

接地变基础采用 C30 箱形混凝土基础。

5. 独立避雷针

独立避雷针基础采用大块式 C30 钢筋混凝土结构。

（七）地基处理及防腐

1. 地基处理

（1）挖方区。依据场地整平情况，①层黄土状粉土多已挖除，基底多位于②层砂质泥岩上（部分位于①层黄土状粉土上），建议采用天然地基浅基础方案。如基底不位于同一岩土层，应加设褥垫层。

（2）填方区。场平处理后基底多位于填土层上，建议应挖除基底下①层细砂采用垫层法进行换填。

2. 防腐

依据《工程地质勘查报告》，地基土和地下水对混凝土结构具弱腐蚀性，对钢筋混凝土结构中的钢筋具微腐蚀性。

混凝土防腐：根据《工业建筑防腐设计标准》（GB/T 50046—2018），升压站建、构筑物及设备基础采用 C30 混凝土，垫层采用 C20 混凝土。

钢构件均需热浸镀锌防腐。

建构筑物重要性等级及地基处理措施见表 5-56。

表 5-56 建构筑物重要性等级及地基处理措施

项目 序号	建(构)筑物	重要性等级	基础型式	基础埋深/m	地基处理措施
1	SVG 小室、35kV 配电室、生产运维楼、生活楼、库房	丙	独立基础	-2.5	砂石换填法
2	110kV、主变构架、避雷针	丙	独立基础	-2.5	
3	主变压器、SVG 装置基础、接地变及外引电源基础	丙	筏板式	-1.6	
4	110kVGIS、主变设备及设备支架	丙	独立基础	-1.2	
5	SVG 预制舱、35kV 预制舱	丙	箱式基础	-1.6	

(八) 采暖通风

暖通专业设计范围为库房、煤气房通风、空调设计；生产运维楼、生活楼采用空调设计。

(1) 采暖。生产运维楼、生活楼采用对流壁挂式电暖气采暖。

(2) 通风。库房、油品库、煤气房采用机械排风，事故通风兼做夏季排除室内余热。

(3) 空调根据工艺要求，需装设空调的房间如下：生产运维楼、生活楼设 5P 及 3P 空调。

(九) 消防系统

1. 消防总体设计

(1) 场区布置。本次设计范围为升压站内的消防系统设计。本升压站包含升压站区及生活区两部分。升压站区域以主变为中心，110kV GIS 采用户内布置，110kV 从站区南侧进线；综合电气设备预制舱布置在主变南侧，35kV 向东、向北采用电缆出线；SVG 预制舱布置在站区北侧，进站道路由南侧进站，由站区南侧乡道引接。生活区布置在升压站西侧，生产运维楼在生活区南侧，生活楼布置在生活区北侧，库房、油品库在生活区西侧，消防泵房及污水处理系统布置在生活区北侧临近建筑物，篮球场等活动场地在升压站外北侧。

站区围墙内占地面积约为 1.0842hm^2，各建筑物防火间距均满足规程要求，主变压器运输道路宽 4m，站内场地环形车道及消防车道宽 4m。

(2) 设计采用的标准及规范如下：

《电力设备典型消防规程》(DL 5027—2015)

《火力发电厂与变电站设计防火标准》(GB 50229—2019)

《建筑设计防火规范》(GB 50016—2014)(2018 年版)

《建筑灭火器配置设计规范》(GB 50140—2005)

《陆上风电场工程可行性研究报告编制规程》(NB/T 31105—2016)

(3) 消防设计方案。本工程站区内建构筑物均按《火力发电厂与变电站设计防火标准》(GB 50229—2019)规定的火灾危险性分类和最低耐火等级要求进行设计。升压站设置了环形道路，生活区道路与升压站相通，生产运维楼南侧有大型广场，兼做回车场，满足相关规范要求。

场区内设置有消防水泵房作为消防水源，运行期供水引接自来水管。

生活区建筑物外设置室外消火栓，生活区场地硬化后，空地可停靠消防车。

2. 工程消防设计

(1) 建筑消防设计

建筑物一览表见表5-57。

表5-57 建筑物一览表

序号	建筑物名称	建筑类别	耐火等级	建筑面积/m²	层数	建筑高度/m
1	35kV 配电室	丙	二级	221.00	1	6.45
2	SVG 小室	丙	二级	231.00	1	5.70
3	生产运维楼	丙	二级	1378.12	2	7.80
4	生活楼	丙	二级	1341.46	2	7.80
5	库房	丙	二级	343.57	1	3.15
6	油品库	丙	二级	54.37	1	3.15
7	煤气房	丙	二级	8.75	1	3.15
8	水泵房	丙	二级	168	1	
	总建筑面积			3744.75		

本工程建筑主疏散口均通向主道路。生产运维楼及生活楼一层设有三个疏散门，二楼设有两个疏散楼梯(含一座室外楼梯)，满足防火规范要求。

(2) 消防给水系统设计。依据《建筑设计防火规范》(GB 50016—2014)要求，本工程生活区楼建筑物单体积未超过5000m³，火灾危险性类别均为戊类，耐火等级为二级，设置室外消火栓系统，可不设室内水消防，仅采用化学灭火措施；场区内设置有消防水泵房作为消防水源，运行期供水引接自来水管。

(3) 通风空调系统消防设计。本站库房、油品库、煤气房采用机械排风，事故通风兼做夏季排除室内余热。所有房间采暖均采用对流壁挂式电暖气采暖，严禁采用明火取暖。厨房用火适用煤气放置于厨房外煤气房内，杜绝危险源。当火灾发生时，送、排风系统、空调系统均需自动停止运行。

(4) 消防设施配置。升压站建构筑物内灭火器按《建筑灭火器配置设计规范》(GB 50140—2005)的有关规定配置。对设有电气仪表设备的房间(35kV 配电室、SVG 小室)，考虑采用移动式气体灭火器作为主要灭火手段。消防设施配置见表5-58。

表5-58 消防设施配置

配置区域	单位	数量	规格
生产运维楼	具	66	5kg 手提式干粉灭火器
生活楼	具	76	5kg 手提式干粉灭火器
库房	具	14	5kg 手提式干粉灭火器
油品库	具	2	5kg 手提式干粉灭火器
煤气房	具	2	5kg 手提式干粉灭火器

续表

配置区域	单位	数量	规格
水泵房	具	2	5kg 手提式干粉灭火器
110kV 屋外配电装置区	具	2	8kg 手提式干粉灭火器
SVG 装置区	具	4	5kg 手提式干粉灭火器
接地变	具	2	5kg 手提式干粉灭火器
主变压器区	台	4	50kg 推车式干粉灭火器
	座	1	消防设备间
	座	1	1.0m^3 黄砂箱，25L 黄砂铅桶 20 个，每 2 桶配置 1 把消防铲，每 4 桶配置 1 把消防斧

第八节　110kV 外送线路

一、工程概况

麦垛山升压站-凯歌 110kV 线路工程，线路途经宁夏中卫市境内，起点为新建麦垛山 110kV 升压站，终点为已建凯歌 330kV 变电站。线路全长约 1×7.2km（架空）+0.6km（电缆），曲折系数 1.23。

根据系统规划，导线推荐采用 2×JL/G1A-400/35-48/7 钢芯铝绞线，双分裂垂直布置，子导线间距 400mm；地线两根推荐采用 24 芯 OPGW 光纤复合架空地线。电缆采用 YJLW03-64/110-1×630mm^2 铜芯交联聚乙烯绝缘皱纹铝护套聚乙烯护套电力电缆，采用电缆沟方式敷设。

设计基本风速取 27m/s，设计覆冰为 5mm 轻冰区。线路污秽等级按 e 级配置绝缘。

本工程路径的沿线海拔高程 1200～1400m，本工程沿线途经中卫市。

二、线路路径

1. 两侧变电站进出线

（1）凯歌 330kV 变电站 110kV 侧进出线。线路自凯歌变电站北侧 110kV 间隔进线。

（2）麦垛山升压站进出线。本工程从升压站构架向南出线。

2. 路径方案

（1）线路路径总体走向及影响路径方案的主要因素。影响本工程路径方案的主要因素有以下几点：

① 线路钻沙坡头-三元中泰 330kV 线路，尽可能保证线路对 330kV 交跨距离满足规范，并且选择合理的钻越点是制约线路走径的主要原因之一。

② 线路并行沙坡头-三元中泰 330kV 线路，节约线路走廊，制约线路走径。

③ 线路约有 5.1km 位于宁夏昊丰伟业钢铁有限责任公司的中卫北山铁矿 4 区块，线路压矿制约线路走径。

④ 线路路径位于中卫香山机场，线路路径受机场制约。

⑤ 线路进展受三元中泰变电站站址位置与三元中泰线路和凯歌变 110kV 线路出线制约。

（2）路径方案的选择。

方案一：线路从麦垛山升压站南侧间隔出线后向南走线，钻越待建沙坡头-三元中泰 330kV 线路后并行 330kV 线路走线，其间跨越 35kV 宁清光伏线路 1 次，在沙坡头-三元中泰 330kV 线路 G20 号杆位右转采用电缆敷设接入凯歌变电站 110kV 间隔，期间钻越 110kV 凯风线 1 次、35kV 金光线线路 1 次。本工程线路全长约 1×7.2km（架空）+1×0.6km（电缆）。

方案二：线路从麦垛山升压站南侧间隔出线后向南走线，避让风机后，在待建沙坡头-三元中泰 330kV 线路北侧并行待建沙坡头-三元中泰 330kV 线路走线，在三元中泰厂区附近右转采用电缆敷设钻越沙坡头-三元中泰 330kV 线路，然后左转接入凯歌变电站 110kV 间隔，其间跨越 35kV 宁清光伏线路 1 次、110kV 凯风线 1 次、35kV 金光线线路 1 次。本工程线路全长约 1×7.0km（架空）+1×0.6km（电缆）。

方案一和方案二路径走向详见线路路径图。

（3）路径方案的选择。本工程线路方案一与方案二线路走径大体位于中卫市，方案比较主要从线路技术特性、交叉跨越、交通运输、当地政府部门的意见及工程投资等方面进行。线路路径方案比较如表 5-59 所示。

表 5-59 线路路径方案比较

方案	方案一（推荐）	方案二
海拔高度/m	1200~1400	1200~1400
线路长度/km	1×7.2km（架空）+1×0.6km（电缆）	1×7.0km（架空）+1×0.6km（电缆）
曲折系数	1.23	1.23
地形地质	丘陵、山地	丘陵、山地
外围环境	约 5.1m 在宁夏昊丰伟业钢铁有限责任公司矿区内	约 4.8km 在宁夏昊丰伟业钢铁有限责任公司矿区内
重要交叉跨越	钻 330kV 线路 1 次、钻 110kV 线路 1 次、钻 35kV 线路 2 次	钻 330kV 线路 1 次、跨 110kV 线路 1 次、跨 35kV 线路 2 次
协议情况	同意	不同意
交通运输	交通运输困难	交通运输困难
架设方案	单	单

三、沿线地形地貌

拟建线路走廊位于卫宁北山与腾格里沙漠东缘的过渡地段，现多为荒地，微地貌单元为丘陵间夹沙地地貌、低山丘陵地貌。现按线路走径（以中电建中卫麦垛山 200MW 风电项目 110kV 升压站为起点，凯歌变电站为终点进行叙述），对沿线地貌分段如下：

1. 拟选 J1~J2

地貌单元为丘陵间杂沙地地貌，本段线路长约 1.3km。

现多为荒地，该段线路总体趋势地形起伏较和缓，地表零星分布耐寒性荒草，多为旱生小灌木、旱生杂草。局部地段沙化较严重，多呈半流动低矮沙丘状。靠近升压站位置邻近施工道路，多邻近简易砂石路，总体上交通条件尚可。

2. 拟选 J2~J6

地貌单元为低山丘陵地貌，本段线路长约6.0km。

现多为荒地，地形总体趋势为由北向南呈地势渐高态势。地形起伏稍大，山体相对高差约50~100m。多呈条状、浑圆状，山体自西向东呈条带状分布。丘陵分布于低山之间，多地势较平缓，地表局部沙化严重。地表植被微发育，冲沟微发育。近线路走廊局部有采矿场、采石场分布。总体而言，交通条件较困难。

3. 拟选 J6~J8

地貌单元为低山丘陵地貌，本段线路长约0.5km。

该段线路走廊内主要为弃土堆场，成分主要为碎石，厚度5~8m。邻近施工道路，多为简易砂石路，总体上交通条件尚可。

本工程线路途径中卫市，线路经过向沿线各部门征求意见。协议情况一览表见表5-60。

表5-60 协议情况一览表

序号	单位	状态	备注
1	中卫市自然资源局	取得	国土：对自治区境内的输电线路走廊不用进行预审，但需落实好被占地农民的补偿；涉及压覆重要矿产资源的线路，项目业主应主动协调妥善处理好与矿业权人的关系，并做好压覆重要矿产资源审批工作。 林业：原则同意麦垛山200MW风电项目110kV升压站送出线路工程，如需使用林地请在施工前与治沙林场对接同意后，按照森林法等相关法律法规的规定办理使用林地及相关手续后方可开工建设。 规划：原则同意中卫麦垛山200MW风电项目110kV升压站送出线路工程路径方案一，设计过程中需严格按照相关技术标准规范设计，确保与周边环境设施的安全。同时，需征求沿线乡镇意见、市工业园区管委会，以及宁刚公司意见，并将设计方案报我局备案
2	中卫市水务局	取得	原则同意，按水保法要求做好水土方案及防洪影响评价
3	中卫市交通运输局	取得	原则同意
4	中卫市公安局	取得	无民爆设施
5	中卫市旅游和文化体育广电局	取得	沿线100m范围内，地表以上无文物设施
6	中卫市地震局	取得	同意
7	中卫市生态环境局	取得	不涉及沙坡头区城市饮用水源地保护区
8	中卫市沙坡头区人民武装部	取得	无军事设施
9	中卫市沙坡头区镇罗镇人民政府	取得	原则同意
10	宁夏昊丰伟业钢铁有限责任公司	取得	原则同意

续表

序号	单位	状态	备注
11	中卫市治沙林场	未取得	正在办理中
12	宁夏振武新能源有限公司	未取得	正在办理中
13	北京京能新能源有限公司宁夏分公司	未取得	正在办理中
14	民航宁夏空管分局	未取得	正在办理中

四、对邻近电信线路和无线电设施的影响

经过现场踏勘、收资，已对沿线各类无线电设施及通信微波塔进行了避让。本工程所在地区没有三级以上通信明线、地埋或架空通信光缆或电缆，工程线路能够避免对其的干扰和危险影响。

五、气象条件

本工程为新建110kV线路工程，线路途经中卫市。设计气象条件直接关系到线路的安全性和经济性，是影响工程投资的重要因素之一。为使工程设计安全可靠、技术经济合理，本专业收集了距离本线路最近的中卫气象台站气象资料，并对气象条件各个主要参数进行统计、分析及论证。

在统计、分析及论证过程中，执行的规范、规定有：

(1) 中华人民共和国电力行业标准《110kV ~ 750kV 架空输电线路设计规范》(GB 50545—2010)中有关气象条件条款。

(2)《建筑结构荷载规范》(GB 50009—2012)。

(3)《电力工程水文技术规程》(DL/T 5084—2021)。

(4)《电力工程气象勘测技术规程》(DL/T 5158—2021)。

(5) 沿线各气象台站气象观测资料，已有电力、通信线路的设计运行经验，以及现场调查资料。

(一) 气象条件选择原则

基本风速、基本高度、重现期的取值标准，根据《110kV ~ 750kV 架空输电线路设计规范》(GB 50545—2010)，采用离地面10m高，30年一遇10min平均的年最大风速；其他气象要素的取值按照《110kV ~ 750kV 架空输电线路设计规范》(GB 50545—2010)的有关规定选取；向宁夏气象台咨询当地气象变化并收集宁夏中卫气象台站基本气象要素特征值统计。

(二) 设计最大风速的选取

为充分反映线路沿线地区地理环境和风速特征，考虑到风速资料的代表性和一致性，对代表气象站建站以来的历年最大风速资料，进行统计分析计算，满足《建筑结构荷载规范》中基本风压分析计算对风速观测数据系列资料的要求。

1. 设计风速计算及推荐值

线路所在区域地形属平地，地势起伏变化相对不大，采用气象站多年实测的风速资料

进行统计计算，风速计算成果见表 5-61。

表 5-61 气象站风速计算成果表 m/s

项目		站名
		中卫
三十年一遇	10m 高	20.3

线路走廊地形平坦开阔，气象站周边遮挡较少，其风速资料对本线路工程具有很好的代表性；根据《宁夏电网风区图》(2016 年版)，本工程线路所处在 27、29m/s 风区范围内。

2. 综合分析

气象站均设置在城镇内，受城镇建筑物和树木遮蔽，所测风速已不能完全反映该地区实际风速。而线路所经地区为开阔地，人烟与建筑物稀少，根据气象部门测算，风速会增大约 5%~10%。

宁夏回族自治区位于我国西部的黄土高原上，干旱少雨，荒漠化严重，偶见浮尘扬沙天气。由于在沙尘情况下空气密度增加，在相同风速条件下风压增大，风速会增大约 3%~5%。

结合对沿线线路设计条件收资，330kV 中凯线、110kV 卫红线、110kV 凯新线在设计风速为 27m/s 的情况下，运行多年，情况良好，未发生风、冰灾线路事故，认为上述工程设计风速符合该地区实际情况。银北地区大风区主要分布在贺兰山东侧平原地区，中卫地区距大风区相距较远，根据沿线附近气象站设计风速、结合本工程线路沿线的地形特征，确定本工程线路离地 10m 高，30 年一遇设计风速为 27m/s。

(三) 设计冰厚的选取

(1) 覆冰的影响。由于西北地区属干旱、半干旱气候区，降水稀少、空气湿度相对较低，针对本线路工程所处地理位置，线路沿线的地形、地貌以及气象条件，会有覆冰发生，但不会严重。

(2) 设计覆冰厚度的分析确定。根据《宁夏电网冰区分布图》(2016 版)，本工程位于中卫市境内，该地区的 30 年重现期的覆冰在 0~5mm。

(3) 为确保送电线路的安全运行，再考虑到国家重视西北地区"植树造林，退耕还林还草"计划的实现，数年之后，宁夏地区生态环境会有所改变，小气候区域的增多，会使空气中的相对湿度增大，所形成的微地形地貌均有利于导线覆冰的产生，且实地调查情况也能证明这一点。

(4) 结合本工程临近的 330kV 中凯线、110kV 卫红线、110kV 凯新线等均采用 5mm 覆冰，运行多年，情况良好。

综上所述，从覆冰调查和沿线邻近送电线路的设计覆冰条件及运行情况，以及线路沿线的地形地貌，进行综合分析后认为：本线路覆冰厚度推荐按 5mm 设计。

(四) 设计最低气温的选取

中卫气象台站气象要素表统计结果表明，统计年内极端最低气温值为-29.2℃；由于中卫地区地处西北黄土高原，气候环境恶劣无常，受西伯利亚寒流影响频繁，有时小范围会产生超低气温。

宁夏典型气象区的设计最低气温为-30℃。中卫地区建设的110~330kV电力线路，均采用-30℃最低气温设计。根据每年进行的工程回访和供电公司反馈回来的信息，认为该设计最低气温值符合宁夏实际情况，投运线路运行情况良好。

综合以上几个方面分析，本工程设计最低气温取-30℃。

（五）雷暴日的取值

常规气象要素特征值表统计结果表明，平均雷暴日数为18.4。根据规程，平均雷暴日数超过15但不超过40的地区为中雷区。本工程按中雷区考虑。结合中卫地区建设的110~330kV电力线路雷暴日均按30设计，其雷击跳闸率均满足规范要求，故本工程推荐采用30个雷暴日。

（六）最高气温及平均气温的选取

中卫气象台站气象要素表统计结果表明，极端最高气温为38.5℃，历年平均气温为8.8℃，结合该区已建线路工程设计气象条件及运行情况，本工程最高气温和平均气温分别取40℃和10℃。

（七）微气候

据调查，本工程所经地段无微气候存在。

（八）结论

本工程线路参考附近地区及其他已建110kV线路的设计和运行经验，设计推荐采用的主要设计气象参数组合见表5-62。

表5-62 主要设计气象参数组合

序号	情况	温度/℃	风速/(m/s)	冰厚/mm
1	最低气温	-30	0	0
2	平均气温	10	0	0
3	基本风速	-5	27	0
4	覆冰	-5	10	5(10)
5	最高气温	40	0	0
6	安装	-15	10	0
7	外过电压	15	10	0
8	内过电压	10	15	0
9	雷电日	30d		
10	冰重密度	0.9g/cm^3		

注：冰厚括号内数值用于地线荷载计算。

六、导地线选型及换位

（一）导线型号的选择

1. 导线机械电气特性

通过导线铝钢截面比对线路电气特性、工程造价和项目综合经济性的综合比较，结合本工程的地形和气象条件，以及附近已建110kV线路工程中导线的使用情况，参照《圆线同心绞架空导线》(GB/T 1179—2017)的相关资料，根据系统规划本工程推荐采用2×JL/G1A-400/35-48/7钢芯铝绞线，导线机械电气特性见表5-63。

表5-63 导线机械特性

型号	截面/mm^2	外径/mm	计算拉断力/kN	重量/(kg/km)
JL/G1A-400/35-48/7	425.24	26.8	98486.5	1347.3

2. 导线的排列形式

中卫地区现运行的110kV送电线路，导线均采用双分裂垂直排列，这种布置形式对施工、运行维护来说都有较丰富的经验，因此，本工程线路推荐采用双分裂垂直布置，分裂间距400mm。

(二) 地线型号的选择

根据系统通信要求，本工程需架设1根24芯OPGW光纤复合架空地线，另一根推荐采用JLB40-80铝包钢绞线。

(三) 导地线防震

本工程导线的防振措施主要采用安装预绞式防振锤防振。

(四) 导地线防舞动及次档距震荡

根据《宁夏电网舞动区分布图》(2016版)，本工程位1级舞动区内，本工程不需要特殊防舞动措施。

(五) 导线换位

经不平衡电流计算，本工程电力系统公共连接点正常电压不平衡度小于2%，因此不考虑换位。

七、绝缘配合及金具选型

(一) 污秽区划分

1. 污秽区划分原则

参照《污秽条件下使用的高压绝缘子的选择和尺寸确定 第1部分：定义、信息和一般原则》(GB/T 26218.1—2010)和《电力系统污区分级与外绝缘选择标准》的规定。

参照国家电网公司《国家电网公司跨区电网建设落实十八项反事故措施实施办法(试行)》关于防止电网污闪的有关技术规定，并充分考虑大气条件和环境污秽的发展总态势，线路污区等级制定应具有前瞻性，结合现场调查的情况，进行污区的划分。

2. 沿线污秽调查

在现场踏勘工作中重点对沿线的污源进行了详尽的调查，并参考所经地区电力系统污区分布图等在内的相关资料，线路途经大部分为轻污秽区。对于线路通过或靠近的国道、中等城市附近，人口活动频繁，以及有明显污源的地段划分为重污区。

经现场调查，沿线附近的主要污染源有以下几类：

（1）城市、村镇污源。城市大气污染的污染物主要有粉尘、二氧化硫、氮氧化物、一氧化碳、氟和氟化氢等。城市大气污染的主要来源有汽车尾气、生活废气、工业废气、公路粉尘、工业粉尘等。农村村镇的生活炊烟、废气、积肥燃烧烟尘等也是大气污染来源。

（2）交通污源。交通污源主要指包括交通工具产生的废气及卷起的扬尘。

（3）自然污秽。自然污秽主要是由大气降尘、风沙、农药以及化肥产生的污染。待建线路沿线多数地段附近工业并不发达，大气环境污染状况相对较轻；从环境及气候变化的趋势和电网污闪事故的发展趋势来论述沿线地区污秽发展的总态势。

我国国民经济正处于高速发展时期，火电、煤矿、化工、农药、钢铁、焦化、炼油等企业排放大量的烟尘、废气、废水，这些污染物含有大量的二氧化硫、氮氧化物、颗粒物等，冬季二氧化硫超标的地方多，而且大气污染呈不断加剧之势，尽管我国对环境治理的力度和投入都很大，由于能源结构中仍以煤炭为主，并且用量越来越大，因此污染特征在短期内不会有明显改变。

在全球气候变暖的大背景下，各种极端气候事件显著增多，大雾天气时有发生。大雾是造成电网大面积污闪的主要大气条件：大雾使绝缘子串的外绝缘强度显著下降，在持续大雾天气下，绝缘子表面的污秽物被充分湿润，在运行电压的作用下，绝缘子表面流过泄漏电流。如果绝缘子的表面比较脏污，或绝缘子的爬电比距较小，局部放电就很强烈。在一定的条件下，局部电弧会逐步沿面发展成贯穿性的电弧，即发生污闪；持续大雾时的湿沉降使绝缘子表面污秽度快速增加，进一步降低了绝缘子串的外绝缘强度；雾水酸化进一步降低了绝缘子串的外绝缘强度。从大气环境质量上看，环境科学及气象部门的大量观测结果表明，近几年来大气环境的酸性污染日趋严重，湿沉降水（雨、毛毛雨、雾、露）酸化剧增。

3. 污秽等级划分

全线海拔高度在1200~1400m之间，根据《宁夏电网污区分布图》（2018年版），和《国家电网公司〈电力系统污区分级与外绝缘选择标准〉实施意见》（2006-1203号），结合现场调查，本工程污区为d、e级污秽区。考虑“绝缘到位，留有裕度”的原则，本工程按e级污秽区配置绝缘。本工程污区分级见表5-64。

表5-64 污秽度划分

污秽度分级/污秽等级	e
统一爬电比距（Q/GDW 152—2014）/（mm/kV）	55
爬电比距（GB/T 26218.1—2010）/（mm/kV）	35

（二）绝缘子吨位选择

本工程导线采用2×JL/G1A-400/35-48/7钢芯铝绞线，机械参数见表5-63。

按照《110kV~750kV架空输电线路设计规范》（GB 50545—2010）的规定，绝缘子机械强度的安全系数不应小于表所列数值。双联绝缘子串应验算断-联后的机械强度，其荷载和安全系数按断-联情况考虑。

（三）绝缘子型式选择

1. 本工程绝缘子选择原则

输电线路绝缘子是输电线路中的一个关键部件，如何选择绝缘子对整个工程建设十分重要，必须考虑下列因素。依据《绝缘配合 第1部分：定义、原则和规则》(GB/T 311.1—2012)、《交流电气装置的过电压保护和绝缘配合》(DL/T 620—1997)、《110kV~750kV 架空输电线路设计规范》(GB 50545—2010)中的研究结论和方法进行绝缘配合。

(1) 对瓷绝缘子、玻璃绝缘子、复合绝缘子的各自的绝缘性能、机电性能、耐气候性能、运行检修等特点进行分析比较，并结合线路导线方案对绝缘子强度的要求分析计算，给出了线路绝缘子选型意见。

(2) 在确定线路绝缘子型式的基础上，采用泄漏比距法计算绝缘子串的片数，在分析、对比国内外相关研究成果的基础上推荐不同海拔高度下、不同类型绝缘子串的片数。

(3) 雷电过电压间隙是与不同海拔所选用的绝缘子串进行配合得出的。

(4) 带电作业间隙由带电作业试验确定，并给出建议值。

2. 各类绝缘子主要优缺点

目前，我国架空送电线路采用的绝缘子主要有三种，即盘式瓷绝缘子、盘式玻璃绝缘子、复合绝缘子。对于玻璃绝缘子和瓷绝缘子，国内外在实验室和室外自然环境下开展了大量的研究和实验工作，两种形式的绝缘子在国内外线路工程中经历了长期的运行考验。

盘形瓷绝缘子具有良好的绝缘性能、耐气候性、耐热性和组装灵活等特点，被广泛应用于各级电压线路上。瓷绝缘子的一大优点是当需要采用防污产品时，可设计成伞盘下表面光滑的双伞型或三伞型，这种形式由于其良好的空气动力学特性，十分有利于刮风条件下的自洁，积污率低，有效地提高了防污能力，特别适合于干旱、少雨和风沙多的污秽场合。盘形瓷绝缘子属于可击穿型，随着运行时间的延长，其绝缘性能会逐渐降低，即通常所说的瓷绝缘子“老化”现象，尤其当瓷配方不完善、结构设计未尽可能优化和生产工艺控制不严时，该问题比较突出。

玻璃绝缘子与瓷绝缘子相比其特点在于：积污状况易于观测；劣化绝缘子自爆，便于发现事故隐患，不需登杆检测不良绝缘子；裙件自爆后仍具有足够的机械强度，不会发生掉串；山区线路可减少清扫运行维护工作。玻璃绝缘子的缺点是因制造工艺所限，防污型只能做成钟罩式。若要提高防污性能，就必须增加棱的数量和高度。因此导致棱槽深、易积污、难清扫、自洁性能差；但现在已有三伞型玻璃绝缘子，遇外力破坏时裙件易裂，较瓷绝缘子损坏率高，尤为突出的是早期自爆率较高。从统计情况看，在运行的第一年自爆率较高，随着运行年限的增加，自爆率下降并趋于稳定。

复合绝缘子具有机电强度高，重量轻，耐污性能好、易于安装和维护工作量小等优点，大量运行经验证实，复合绝缘子具有优异的耐污闪能力，在同样的爬距及污秽条件下，复合绝缘子的污耐压明显高于瓷绝缘子和玻璃绝缘子。在较重污秽地区复合绝缘子的爬电距离可取瓷绝缘子的3/4甚至2/3，即可达到相应的耐污闪能力，这样绝缘子串长大为减少，从而缩小杆塔尺寸，降低工程造价。而且，复合绝缘子价格与瓷或玻璃绝缘子相当，不需零值检测，不需清扫，有利于线路的运行维护。复合绝缘子在国际上已有30年的运行经验，经过长期的发展，材料配方不断改善，产品设计逐步完善，生产工艺趋于成熟。据2000年国际大电网会议公布的调查报告表明，复合绝缘子的损坏率为0.035%。但是，复合绝缘子的伞裙易老化(预期运行寿命最高不超过25年)，而瓷和玻璃绝缘子的运行寿命预期在50年以上。另外，据运行单位反映，复合绝缘子抗鸟害(鸟粪、鸟啄)能力较瓷或玻璃绝缘子差。我国复合绝缘子技术研究较国外起步晚，挂网至今约有十余年历史。由于在吸收了国外经验教训的基础上起点较高。目前我国生产复合绝缘子的技术已达到世界先进水平。由于本线路通过高海拔地区，强烈的紫外线照射对复合绝缘子的配方有更高的要求，在高海拔、强紫外线区域对选择有机绝缘子要进行认真分析，可能需要考虑经特殊伞裙设计的瓷绝缘子或玻璃绝缘子，而在海拔 1000m 以下的重污秽区采用有机复合绝缘子具有明显的优势。

3. 绝缘子型式选择

综上所述，各绝缘子形式都有其优缺点。从理论上讲，三种绝缘子都能满足本工程的要求，但采用瓷或玻璃绝缘子，悬垂串长度比复合绝缘子要长许多，从而使得塔头尺寸加大，塔重增加，相应的工程投资也会增加。使用复合绝缘子每支比采用瓷绝缘子(或采用玻璃绝缘子)每串价格要便宜些，因此本线路悬垂串采用 FXBW-110/120-3 复合绝缘子；耐张串绝缘子采用 FXBW-110/120-3 复合绝缘子；跳线串采用 FSP-110/0. 8-2 防风偏复合绝缘子。复合绝缘子技术参数推荐值见表 5-65。

表 5-65　复合绝缘子技术参数推荐值

型号	主要尺寸/mm				机电特性			
	高度	盘径	爬电距离	钢脚直径	工频放电电压(有效值)/kV		雷电冲击耐受电压/kV	机电破坏负荷/kN
					1min 湿耐受	击穿		
FXBW-110/120-3	1440		3800	16	250		550	120
FSP-110/0. 8-3	1440		3800	16	250		550	—

(四)绝缘子片数选择

本工程缘子推荐值参照《国家电网公司〈电力系统污区分级与外绝缘选择标准〉实施意见》的通知精神，本工程绝缘子片数推荐值见表 5-66。

表 5-66　绝缘子片数

海拔高度和污秽等级 / 每串数量 / 绝缘子形式	1500m
	e
复合绝缘子 FXBW-110/120-3(λ=3800mm，h=1440mm)	1 支
复合绝缘子 FSP-110/0. 8-3(λ=3800mm，h=1440mm)	1 支

(五) 导线对杆塔的空气间隙

风偏后导线对杆塔的最小空气间隙，应分别满足工频电压、操作过电压及雷电过电压的要求。

本工程所经地区海拔高度在 1200~1400m，本工程按 1500m 海拔进行修正。本工程的塔头带电部分与杆塔构件(包括拉线、脚钉等)的最小空气间隙在相应的风偏条件下，不小于表 5-67 所列数值。

表 5-67　带电部分与杆塔构件的最小间隙

工况	工频电压	操作过电压	雷电过电压	带电作业
最小空气间隙值/m	0.263	0.735	1.05	1.05(1.52)

对操作人员需要停留工作的部位，还应考虑0.5m的人体活动范围。校验带电作业的间隙时，计算用气象条件为：气温+15℃，风速10m/s。

（六）金具

根据《110kV～750kV架空输电线路设计规范》（GB 50545—2010）中的有关规定，绝缘子及金具机械强度的安全系数不应小于下列数值：

最大使用荷载情况：2.7；断线、断联、验算情况：1.5；本工程的金具组装采用国网公司定型设计。

本次推荐采用预绞式线夹及预绞式防震措施。预绞式线增大了导线的接触面积，减小了回路电阻，几乎不产生电能损耗，比传统铸铁线夹每件电能损耗节约85.9W，比国内铝合金线夹每件节能7.1W，节能约35.5%。首先，预绞式悬垂线夹将悬垂点应力分散到经过橡胶垫衬缓冲的整个预绞丝护线条长度上，有效地减小了导线所受的压应力、夹应力和弯曲应力等静态应力和微风振动等引起的动态应力，增长了导线断股发生的寿命时间；其次，预绞式悬垂线夹重量轻、防腐性能好、使用寿命长。

预绞式防振锤有效地防止防振锤滑动，减少了线材的磨损，为安全运行提供保障。

七、防雷、接地及防鸟设计

（一）防雷设计

本工程的防雷措施是架设双根地线，地线对边导线的保护角按不大于15°设计；杆塔上两根地线之间的距离，不应超过地线与导线间垂直距离的5倍。在一般档距的档距中央，导线与地线间的距离，应按 $S \geq 0.012L+1$（m）校验（校验条件为：气温+15℃，无风、无冰）。

（二）接地设计

接地装置材料除同铁塔接触处采用40×215热镀锌扁铁外，接地引下线与接地体采用 $\phi12$ 圆钢。所有杆塔均逐基逐腿接地，埋设接地装置。接地装置的形式采用方环加放射线水平体。装置本体材料采用热镀锌 $\phi12$ 热镀锌圆钢，埋置深度为0.8m（农田地为1m）。当由于土壤电阻率过大以及接地电阻无法降至30Ω时，接地采用降阻剂接地。具体设计以施工图阶段为准。变电站2km范围内所有铁塔的工频接地电阻在雨季干燥时不大于10Ω，其余铁塔的工频接地电阻在雨季干燥时不超过表5-68中的值。

表 5-68　杆塔工频接地电阻

土壤电阻率/(Ω·m)	≤100	100～500	500～1000	1000～2000	>2000
接地电阻/Ω	10	15	20	25	30

（三）防鸟设计

根据《宁夏电网鸟粪类分布图》（2016版），本工程位于Ⅰ级涉鸟故障风险等级区内，本线路工程全线加装防鸟刺。

八、导线对地距离及交叉跨越距离

（一）导线对地和交叉跨越距离

本工程对地距离和对交叉跨越距离以满足《110kV～750kV 架空输电线路设计规范》(GB 50545—2010)的要求为标准，具体数值见表 5-69。

表 5-69 导线对地和交叉跨越距离

<table>
<tr><th>序号</th><th colspan="2">对地和交叉跨越</th><th>最小垂直距离/m</th><th>备注</th></tr>
<tr><td>1</td><td colspan="2">居民区</td><td>7.0</td><td></td></tr>
<tr><td>2</td><td colspan="2">非居民区</td><td>6.0</td><td></td></tr>
<tr><td>3</td><td colspan="2">交通困难地区</td><td>5.0</td><td></td></tr>
<tr><td rowspan="2">4</td><td rowspan="2">建筑物</td><td>垂直距离</td><td>5.0</td><td></td></tr>
<tr><td>边导线风偏后与建筑物净距</td><td>4.0</td><td>最大风偏情况</td></tr>
<tr><td>5</td><td colspan="2">导线与树木</td><td>4.0</td><td>最大风偏情况，净空距离：3.5</td></tr>
<tr><td rowspan="2">6</td><td colspan="2" rowspan="2">高速公路、等级公路</td><td rowspan="2">7.0</td><td>导线温度：70℃</td></tr>
<tr><td>导线温度：40℃</td></tr>
<tr><td rowspan="2">7</td><td colspan="2" rowspan="2">铁路</td><td rowspan="2">11.5</td><td>导线温度：70℃</td></tr>
<tr><td>导线温度：40℃</td></tr>
<tr><td>8</td><td colspan="2">通信线路</td><td>3.0</td><td>水平距离：4.0</td></tr>
<tr><td rowspan="3">9</td><td colspan="2" rowspan="3">与通信线路的交叉角</td><td rowspan="3"></td><td>一级≥45°</td></tr>
<tr><td>二级≥30°</td></tr>
<tr><td>三级：不限制</td></tr>
<tr><td>10</td><td colspan="2">电力线</td><td>3.0</td><td>110kV 及以下线路</td></tr>
<tr><td>11</td><td colspan="2">特殊管道</td><td>4.0</td><td></td></tr>
</table>

（二）线路走廊宽度

线路走廊的控制主要是对无线电干扰、可听噪声水平和电场的控制。通过对导线选型和杆塔尺寸的优化，无线电干扰、可听噪声水平已经可以满足《110kV～750kV 架空输电线路设计规范》(GB 50545—2010)的要求。输电线路周围的电场对线路附近的人、动植物等的影响，国外虽已进行了许多研究，但 110kV 线路可能造成的有害效应及影响程度尚难以确定，因此，在研究 110kV 线路的对地距离时，主要考虑电场对人体的影响。我国目前高压电力线路电场对线路周围的环境影响的限制为边相导线外离地 1.5m 高处场强居民区不超过 4kV/m，非居民区不超过 10kV/m。

线路地面复合场强按控制在 4～6kV/m 内设计，运行多年无不良反应。

根据以上分析并参考西北地区运行经验和当地环保措施，本线路在确定走廊宽度方面做具体设想如下：

导线投影至房屋的水平距离应不小于 2.0m，即距边导线 2.0m 以内的所有房屋须拆迁；

导线与树木之间(考虑自然生长高度)的最小垂直距离应不小于4m，即导线4m以内的所有树木须砍伐。

九、电缆部分

本工程在钻越110kV凯风Ⅰ线和35kV金光线以及进凯歌变时采用交联聚乙烯绝缘铜芯电力电缆，该类型电缆具有工作温度高、传输容量大、电气性能优良、安装敷设方便、故障率低、易于维护等优点。

(一) 电缆的载流量影响因素

电缆布置排列方式、共沟电缆回路数、电缆埋设方式：直埋、电缆沟、排管、隧道、桥架；土壤及周围环境的物理化学因素：地温、热阻系数、回填土、地下水位等。

本工程电缆选择电缆沟方式敷设。

(二) 电缆截面及参数

本工程线路导线采用2×JL/G1A-400/35-48/7钢芯铝绞线，导线持续极限输送容量按300MW计算($J=1.65$，功率因数1.00，温度校正系数取0.96)，极限输送容量下电流为1574A。

本工程均采用单芯电缆，通过与导线极限输送容量下电流相匹配，选用电缆型号为：YJLW03-64/110-1X630mm^2，电缆参数如表5-70所示。

表5-70 电缆参数表

导线截面/mm^2	绝缘厚度/mm	电缆外径/mm	三角排列工作温度下载流量/A	电缆总重/(kg/km)
630	16	90.8	902	1120.7

(三) 电缆敷设要求

本工程电缆线路采用电缆沟方式敷设，相间距离≥250mm。

本工程对电缆敷设的具体要求：

电缆沟顶板、沟壁和底板采用C30级混凝土，垫层采用C20级。预埋铁件和$\phi10$及以下圆钢采用HPB300；$\phi12$及以上圆钢采用HRB400；沟体施工必须与沟体布置及电缆敷设密切配合，沟内凡安装管道支架用的预埋件、排水设施等，不得遗漏；根据中卫气象站基本气象要素特征值统计，最大冻土深度为0.83m。因此本工程电缆沟地面距地面按不应小于0.9m进行设计；所有预埋件均需热镀锌处理，外露铁件一律涂防锈两道；本工程电缆附件选用油浸式电缆终端头、干式避雷器，采用直接接地箱单端接地。

十、杆塔与基础

(一) 杆塔规划

本工程全线采用单回路铁塔架设。导线采用2×JL/G1A-400/35钢芯铝绞线，双分裂水平布置，子导线间距400mm；地线推荐采用2根OPGW光纤复合架空地线。气象条件为5mm覆冰，基本风速27m/s，最高气温40℃，最低气温-30℃。本工程铁塔采用ZMT直线塔和JGT耐张塔系列。

ZMT 直线塔模块为海拔 2500m 以内、设计风速 27m/s(离地 10m)，覆冰厚度 10mm，导线 2×JL/G1A-400/35 的单回路铁塔。该子模块按山区设计，共 4 种塔型。

JGT 耐张塔模块为海拔 2500m 以内、设计风速 27m/s(离地 10m)，覆冰厚度 10mm，导线 2×JL/G1A-400/35 的单回路铁塔。该子模块按山区设计，共 4 种塔型。

工程全线杆塔使用条件一览表见表 5-71。

表 5-71　工程全线杆塔使用条件一览表

序号	杆塔名称	水平档距/m	垂直档距/m	转角度数/(°)	呼称高/m	计算高度/m
1	ZMT14	350	500	0	15-30	27
2	ZMT24	450	670	0	15-36	33
3	ZMT34	650	1000	0	15-30	27
4	ZMT44	900	1350	0	15-30	27
5	JGT14	450	700	0-20	15-30	30
6	JGT24	450	700	20-40	15-30	30
7	JGT34	450	700	40-60	15-30	30
8	JGT44D	450	700	0-90	15-30	30

具体杆塔的外形尺寸及主要材料指标详见。

(二) 杆塔荷载

杆塔荷载和组合条件按《110kV～750kV 架空输电线路设计规范》(GB 50545—2010)所规定的正常、事故、安装的强度要求计算。考虑到覆冰、断线荷载及断线组合方式等规定特殊重要性，特从规范中摘抄出来，突出强调。

1. 杆塔正常运行工况下的荷载组合

基本风速、无冰、未断线(包括最小垂直荷载和最大水平荷载组合)；

设计覆冰、相应风速及气温、未断线(地线冰厚较导线增加 5mm)；

最低气温、无冰、无风、未断线(适用于终端和转角杆塔)。

2. 杆塔事故断线工况下的荷载组合

各类杆塔的断线情况，应按-5℃，有冰、无风的气象条件下考虑荷载组合。杆塔设计荷载在断线情况下纵向张力取值见表 5-72。

表 5-72　10mm 及以下冰区导地线断线张力(或分裂导线纵向不平衡张力)　　%

地形	地线	悬垂型杆塔	耐张型杆塔
		双分裂导线	双分裂及以上导线
平丘	100	25	70
山地	100	30	70

3. 杆塔安装工况下的荷载及其组合

各类杆塔的安装情况，应以 10m/s 风速，无冰、相应气温的气象条件下考虑荷载组合。所有直线塔需要考虑双倍起吊，安装工人及工具的附加荷载动力系数为 1.1。

安装情况附加荷载标准值见表5-73。

表5-73　安装情况附加荷载标准值　kN

电压/kV	导线		地线	
	悬垂型杆塔	耐张型杆塔	悬垂型杆塔	耐张型杆塔
110	1.5	2.0	1.0	1.5

4. 不均匀冰工况

各类杆塔的不均匀覆冰情况，应按-5℃、10m/s风速的气象条件考虑荷载组合。杆塔设计荷载在断线情况下纵向张力取值见表5-74。

表5-74　10mm冰区不均匀覆冰情况的导、地线不平衡张力取值　%

冰区	悬垂型杆塔		耐张型杆塔	
	导线	地线	导线	地线
10mm及以下	10	20	30	40

（三）杆塔选型

1. 杆塔型式选择

单回路铁塔国内采用的有干字型、猫头型等布置方式。本工程结合通用设计和以往单回路铁塔设计及运行经验，单回路耐张塔采用干字型，直线塔采用猫头型塔。

2. 杆塔材料

本工程杆塔均采用角钢塔，铁塔构件所用钢种为Q420、Q355和Q235。所有构件均采用热浸镀锌防腐。塔材质量应符合《碳素结构钢》(GB/T 700—2006)、《低合金高强度结构钢》(GB/T 1591—2018)的要求。构件焊接应按照焊接规程规范及有关焊接技术规定执行。为满足低温冲击韧性，所有钢材均需达到B级钢的质量要求。所有材质均应有出厂合格证书。所有铁塔螺栓热镀锌后的强度为6.8、8.8级，脚钉为6.8、8.8级。

3. 杆塔防腐措施、登塔措施、螺栓防盗、防松

（1）防腐：全线铁塔塔材热镀锌防腐。

（2）登塔措施：铁塔安装脚钉作为登塔措施。

（3）螺栓防盗、防松：铁塔地面以上8m采用防盗螺栓，塔身8m以上采取防松措施。

4. 高强钢应用情况

根据国家电网典型设计的精神，为更好地推广新技术，开展新工艺的研究与应用，本工程铁塔部分主材和结点板设计采用高强钢Q420。

（四）基础

1. 地质概况

拟建线路走廊位于卫宁北山与腾格里沙漠东缘的过渡地段，现多为荒地，微地貌单元为丘陵间夹沙地地貌、低山丘陵地貌。

（1）地形地貌。现按线路走径(以中电建中卫麦垛山200MW风电项目110kV升压站为起点，凯歌变电站为终点进行叙述)，对沿线地貌分段叙述如下：

方案一：J1~J2。地貌单元为丘陵间杂沙地地貌，本段线路长约1.3km。现多为荒地，该段线路总体趋势地形起伏较和缓，地表零星分布耐寒性荒草，多为旱生小灌木、旱生杂草。局部地段沙化较严重，多呈半流动低矮沙丘状。靠近升压站位置邻近施工道路，多邻近简易砂石路，总体上交通条件尚可。

方案二：J2~J6。地貌单元为低山丘陵地貌，本段线路长约6.0km。现多为荒地，地形总体趋势为由北向南呈地势渐高态势。地形起伏稍大，山体相对高差约50~100m。多呈条状、浑圆状，山体自西向东呈条带状分布。丘陵分布于低山之间，多地势较平缓，地表局部沙化严重。地表植被微发育，冲沟微发育。近线路走廊局部有采矿场、采石场分布。总体而言，交通条件较困难。

方案三：J6~J8。地貌单元为低山丘陵地貌，本段线路长约0.5km。该段线路走廊内主要为弃土堆场，成分主要为碎石，厚度5~8m。邻近施工道路，多为简易砂石路，总体上交通条件尚可。

（2）地层结构。现按地貌分段对各段地层岩性进行概述：

方案一：J1~J2（本段线路约1.3km）

按地表自上而下的顺序对本段线路地层结构叙述如下：

粉细砂（Q4al）：浅黄~褐黄色，稍湿，表层松散，其下多呈稍密状态。矿物成分主要为石英、长石。偶含砾。层厚差异稍大。层底埋深大多在0.5~2.5m，局部层底埋深大于5.0m。层厚多在0.5~2.5m（可按1.5km考虑），局部层厚大于5.0m（可按0.5km考虑）。

强风化页岩（C）：杂色，以黑褐色，褐红色为主，碎屑沉积，层状结构，水平或斜层理构造，铁锰氧化物含量较高，节理裂隙较发育，多呈碎块状，属较软岩，岩质偏硬。层顶埋深多在0.5~2.5m，局部层顶埋深大于5.0m。层厚多在1.0~1.5m。

中风化页岩（C）：褐红色、黑褐色为主，碎屑沉积，层状结构，水平或斜层理构造，铁锰氧化物含量较高，节理裂隙较隐蔽，属较软岩，岩质偏硬。层顶埋深多在2.0~4.0m，局部层顶埋深大于6.5m。层厚多大于5.0m。推荐物理力学指标详见表5-75。

表5-75　地基岩土物理力学性质指标

指标 岩性	重度 γ/（kN/m^3）	黏聚力 c/kPa	内摩擦角 ϕ/（°）	承载力特征值 f_{ak}/kPa	极限侧阻力标准值 q_{sik}/kPa	极限端阻力标准值 q_{pk}/kPa
①粉细砂	15	0	20	110	—	—
②1 强风化页岩	21	0	50	300	200	—
②2 中风化页岩	22	0	55	400	260	2800

注：表中页岩内摩擦角推荐值为近似内摩擦角值；极限侧阻力标准值、极限端阻力标准值均为干作业钻孔桩的参数。

方案二：拟选J2~J6。按下卧基岩不同，可分为两段：

① J2~J6-1km（本段线路约5km）。按地表自上而下的顺序对本段线路地层结构叙述如下：

粉细砂（Q4al）：浅黄~褐黄色，稍湿，表层松散，其下多呈稍密状态。矿物成分主要为石英、长石。偶含砾。层厚依地势差异显著，地势较高或坡顶层厚较薄。层底埋深0.5~

1.5m。层厚0.5~1.5m。（可按3km考虑）。地势较低或坡脚层厚较厚，层底埋深3.0~5.0m。层厚3.0~5.0m。（可按2km考虑）。

强风化页岩（C）：杂色，以黑褐色，褐红色为主，碎屑沉积，层状结构，水平或斜层理构造，铁锰氧化物含量较高，节理裂隙较发育，多呈碎块状，属较软岩，岩质偏硬。地势较高或坡顶层厚较薄段，层顶埋深多在0.5~1.5m。层厚1.0~1.5m。（可按3km考虑）。地势较低或坡脚层厚较厚段，层顶埋深3.0~5.0m。层厚1.0~1.5m。（可按2km考虑）。

中风化页岩（C）：褐红色、黑褐色为主，碎屑沉积，层状结构，水平或斜层理构造，铁锰氧化物含量较高，节理裂隙较隐蔽，属较软岩，岩质偏硬。地势较高或坡顶层厚较薄段，层顶埋深多在2.5~4.5m。层厚大于5.0m。（可按3km考虑）。地势较低或坡脚层厚较厚段，层顶埋深4.0~6.5m。层厚大于5.0m。（可按2km考虑）。

推荐物理力学指标详见表5-75。

② J6-1km~J6（本段线路约1km）。按地表自上而下的顺序对本段线路地层结构叙述如下：

粉细砂（Q4al）：浅黄~褐黄色，稍湿，表层松散，其下多呈稍密状态。矿物成分主要为石英、长石。层底埋深0.5~1.5m。层厚0.5~1.5m。

强风化砂岩（C）：青灰色，钙质结构，水平层理构造，节理裂隙较发育，岩体多成碎块状。层顶埋深0.5~1.5m。层厚1.0~1.5m。部分地段该层出露于地表。

中风化砂岩（C）：青灰-深灰色，钙质结构，水平层理构造，节理裂隙微发育，岩体呈整块状。层顶埋深1.0~3.0m。层厚大于5.0m。

推荐物理力学指标详见表5-75。

③ 拟选J6~J8（本段线路约0.5km、按3基塔位考虑）。按地表自上而下的顺序对本段线路地层结构叙述如下：

填土（Q4ml）：杂色，松散-稍密，主要由碎石组成，母岩成分为砂岩，粒径多为20-180mm，最大粒径可达500mm，呈棱角状，为新近堆填而成，堆填时间小于1年。层底埋深5~8m。层厚5~8m。

强风化砂岩（C）：青灰色，钙质结构，水平层理构造，节理裂隙较发育，岩体多成碎块状。层顶埋深5~8m。层厚2.0~3.0m。

中风化砂岩（C）：青灰-深灰色，钙质结构，水平层理构造，节理裂隙微发育，岩体呈整块状。层顶埋深7~11m。层厚大于5.0m。

推荐物理力学指标详见表5-75。

2. 水文、地质评价

线路经过地区为中国内陆主要的干旱、半干旱地区，地面的平均蒸发量远远大于年平均降水量，地下水的补给来源十分有限，地下水位埋深多大于10.0m。可不考虑地下水的影响。

3. 腐蚀性评价

地基土对混凝土结构具微~弱腐蚀性（微腐蚀占75%，弱腐蚀占25%），对钢筋混凝土结构中的钢筋具微~弱腐蚀性（微腐蚀占75%，弱腐蚀占25%），对钢结构具微~弱腐蚀性。

本阶段塔位未定，为满足设计估算工程量需要，以上仅对沿线地基土、地下水的腐蚀性做概述，本阶段设计应按此考虑足够的防腐工程量。定位阶段应依据地貌单元分段取样进行腐蚀性评价。

4. 不良地质

本次勘察沿线不良地质作用主要表现为：

（1）陡峭破碎山体对线路影响。沿线低山丘陵段（J2～J6 段），局部地段山体单薄，坡度较大，塔位完整性较差。沿不利结构面产生局部的滑塌和变形是存在的，处于高耸孤立的山、陡坡、陡坎等地段杆塔为不利地段。对可能发生滑坡、崩塌、泥石流的危险地段，线路应予以避让。

（2）沙埋风蚀。线路位于腾格里沙漠南缘地带，个别地段（J1～J2 段）可能会存在风蚀和沙埋问题。可采用草方格进行处理。本阶段应考虑一定的草方格量。

除此之外，线路无其他明显不良地质作用。

5. 特殊岩土

（1）湿陷性土。线路沿线①层粉细砂为湿陷性土，应对其进行分析。

线路沿线粉细砂多层厚较小，基底位于非湿陷性土层，可不考虑湿陷性的影响。

仅个别地段（J1～J2 段）塔位基底下残存湿陷性土层，根据基础埋深结合邻近工程湿陷数据，①层粉细砂场地湿陷类型为非自重，湿陷等级为Ⅰ级，应依据线路特点进行设计。

（2）液化土。线路沿线地下水埋藏较深，可不考虑液化土的影响。

6. 压覆矿产资源评价

线路经过地区附近无规则分布有数个煤矿，目前处于停产状态。本工程现处可研阶段，应委托相关部门进行《压覆矿产资源状况报告》，具体结论应以压覆报告为准。本阶段考虑采取相应措施及材料量。

（五）基础选型

根据沿线地形地貌特征、岩土工程条件，结合上部荷载的特点和环境保护、水土保持的要求，本工程推荐采用板式基础、台阶式基础、掏挖基础、人工挖孔基础，在下卧层岩石较好的地区也可采取岩石基础，位于采空区附近的塔位考虑采用防护大板基础。

（六）基础材料

基础钢筋采用 HPB300 和 HRB400 级钢，地脚螺栓采用 35#钢；在微腐蚀性地段基础混凝土强度等级为 C25，垫层混凝土强度等级为 C15；弱腐蚀性地段基础混凝土强度等级为 C30，垫层混凝土强度等级为 C20；保护帽混凝土强度等级为 C15。

（七）电缆敷设

1. 电缆敷设布置

本工程电缆采用电缆沟敷设。

2. 电缆敷设方式

铺设保护管纵向坡度不大于 2%，管与管连接处不得有水平角度。电缆最小弯曲半径应≥20 倍的电缆外径。电缆在与架空线连接引下时，采用直接引下方式。

3. 电缆敷设施工及验收

电缆敷设施工及验收，应遵照：《城市电力电缆线路设计技术规定》（DL/T 5221—

2016)、《电气装置安装工程电缆线路施工及验收标准》(GB 50168—2018)、《电力工程电缆设计标准》(GB 50217—2018)、《电力电缆隧道设计规程》(DL/T 5484—2013)和《混凝土结构工程施工质量验收规范》(GB50204—2015)等有关规定要求执行。

4. 材料

电缆沟顶板、沟壁和底板采用C30级混凝土，垫层采用C20级。预埋铁件和ϕ10及以下圆钢采用HPB300；ϕ12及以上圆钢采用HRB400。

5. 地基处理

杂填土、素填土及灰黑色含腐殖质粉质黏土应挖除，其他土层均为良好基础持力层及下卧层，回填土应采用砂或软土进行回填。沿线地下水位较深。

6. 其他

(1) 电缆支架及预埋的构件均需热浸镀锌。

(2) 本工程基槽开挖后，混凝土浇筑前，应严格调查地下设施，如遇重大地质异常处或与本次设计有交叉、碰撞的障碍物时，应及时通知设计方，以便调整设计方案。

(3) 若工程电缆沿线地埋设施较多，建议施工单位采用人工开挖方式施工。

(4) 电缆与地埋水管交叉时，最小距离不得小于0.5m；电缆与电缆之间交叉时，最小距离不得小于0.5m。

(5) 电缆通道开挖后，如发现未标示的地下管线等设施，应及时与设计联系。

(6)电缆接头井内要求电缆接头呈水平状，并列电缆接头位置相互错开，近距≥0.5m。

十一、环境保护

(一) 对树木砍伐的影响

线路走径在合理的情况下尽量避让树木。由于本工程线路路径部分在林场内，线路走廊通道内存在树木，塔位处树木按砍伐考虑，线路通道内树木按高跨考虑。

(二) 对水土流失的影响

为贯彻“环保型输电线路”的设计理念，结合以往工程设计的成功经验，对位于植被区域的杆塔，在基础形式设计中，就要考虑尽量少破坏植被的问题，对塔基的开挖要有序、小范围，避免大面积的破坏，对于无法避免而造成破坏的植被要进行恢复；对位于沟、渠较近的塔位基础认真做好杆塔和基础的防洪砌护工作，这样既确保了线路的安全稳定运行，又防止了水土流失。

3. 塔基开挖时注意作业方式

为贯彻“环保型输电线路”的设计理念，结合以往工程设计的成功经验，在基础形式设计中，要考虑尽量少破坏植被，对塔基的开挖要有序、小范围，避免大面积的破坏，对于无法避免而遭破坏的植被要进行恢复。

十二、控制工程造价的措施

为确定电网安全、可靠、经济运行，建设出一流的送电线路优良工程，降低工程的初期投资和运营成本，获得最佳的投资效益，特为本工程制定如下控制造价的措施：

(1) 参与本工程勘测设计的人员，必须有一定的技术水平和业务能力，树立设计争创一流的设计意识，做到有所提高，有所进步，使本工程的设计水平达到国内同类工程的先进水平。

(2) 推广典设塔型的使用，根据现场地形地貌、地质条件，充分使用全方位塔型，合理地降低工程造价。

(3) 在综合考虑路径长度、地形影响、交通条件、民房拆迁、树木砍伐、通信影响等因素的前提下，优化路径，确定最佳路径方案。

(4) 充分利用杆塔的使用条件，以取得施工图最优工程量。

(5) 认真做好本工程的勘测设计工作，特别是地质勘探工作，既要充分有效地利用地形选定塔位，因地制宜地选配基础类型，又要满足工程的安全运行要求，力求使土石方量最小。

(6) 技经人员要深入学习领会典型造价及限额设计参考造价，实地调查路径现状情况，收集类似工程材料招标价，清赔费用等相关信息，编制符合工程实际的概预算书。

(7) 线路结构人员要与测量、地质人员一起在塔位的选择上，充分考虑环保、水保要求，对每一个塔位的土石方量与基础混凝土量，在现场进行多方案经济比较分析后，提出最优方案。把不降基或少降基，减少工程土石方量的要求逐基落到实处。

十三、劳动安全

贯彻执行国家及电力行业有关安全生产方针、政策、法规、指令，执行《电力建设安全施工管理规定》《电力建设安全工作规程》《安全生产工作规定》及《电力建设安全健康与环境管理工作规定》。施工必须有安全措施，并在施工前进行交底和做好现场监护工作。

主要受力工器具应符合技术检验标准，并附有许用荷载标志；使用前必须进行检查，未经审批人同意，不得擅自变更。

严禁违章作业、违章指挥、违反劳动纪律；对违章作业的指令有权拒绝；有权制止他人违章行为。

遇有雷雨、暴雨、浓雾、沙尘暴、六级及以上大风时，不得进行高处作业，水上运输、露天吊装、杆塔组立和放紧线等作业。

特殊跨越必须编制施工技术方案或施工作业指导书，并按规定履行审批手续后报相关方审核批准。

结　语

在水电厂建设的施工中，要根据工程的设计特点及施工要求，完善质量控制标准，加强施工现场的质量管理，同时加强对建筑材料的质量管理，规范施工程序，保证施工质量，同时做到人力资源及物资的合理配置，组织好现场施工，各环节相互协调，才能有效提升水电厂工程施工质量，保证水电厂的安全、平稳运行，促进社会和谐稳定。

太阳能光伏发电作为一种洁净、安全、可再生的绿色新型能源，随着我国建筑行业光伏组件的不断研制和开发，必将被广泛地应用于我国的民用住宅建筑供电系统当中。相信在不久的将来，在我国相关主管部门的大力推动下，太阳能光伏发电与民用住宅建筑的一体化建设将会大规模兴起，太阳能将会成为发展建筑行业所必需的能源，也必将成为我国的常规能源之一。

风电工程主要分为三个阶段：规划发展期、工程建设期、生产运行期。风电工程三个阶段的主要内容可分别简单描述为：规划发展：风资源选址，可研编制，过程审批；工程建设：初步设计，设备、建安招标，建设施工，调试、移交；生产运营：并网运行，维护消缺，定期检修。作为三者之中的工程建设期，是承上启下的关键，如何将衔接过程无缝化，就是将前一阶段资源充分利用到下一阶段，使之整个风电工程在经济性、安全性、周期性上达到最优，也是风电工程的重要研究内容之一。风电工程的施工主要包括土建、道路、吊装场地、风力发电机基础、风机、塔架、集电线路、电网接入工程、场内运输、机组吊装和调试试运行等。风电工程施工专业门类多，风电工程施工复杂，协调工作量大。安全、质量、造价、工期是工程建设主要控制指标，如何获得安全、质量、工期、造价的最佳平衡点，始终是所有工程管理人员的最终目标。

参 考 文 献

[1] 建设新安江水电站[J]. 浙江档案，2009(08)：7-9.

[2] 李耀东，樊志超. 风力发电的创新必要性、发展条件及前景探析[J]. 南方农机，2018，49(13)：192.

[3] 李迎春，刘琳. 小水电站建设对当地的影响研究[J]. 中国农村水利水电，2007(10)：141-142+146.

[4] 林毅. 芹山水电站建设的项目管理[J]. 水力发电，2000(02)：9-11.

[5] 刘国柱. 十堰市五十年水利建设投入分析及改进建议[J]. 中国农业会计，2000(02)：40-41.

[6] 诺雅克中标琴池水上光伏发电站项目[J]. 华东电力，2014，42(08)：1621.

[7] 彭天骄. 生态环境保护视域下的太阳能光伏发电站管理[J]. 环境工程，2021，39(07)：268.

[8] 申秘蔓. 风力发电站接入电力系统的最大容量分析[J]. 光源与照明，2022(01)：192-194.

[9] 万锋. 光伏发电站在纺织企业的应用[J]. 棉纺织技术，2021，49(05)：66-70.

[10] 徐枪声，边卓伟，和海涛，等. 风力发电塔基础沉降监测方法研究[J]. 中国设备工程，2022(06)：162-163.

[11] Gu Peng，Zhang Zhaochang，Liu Jing，et al. Effects of Small Hydropower Stations Along Rivers on the Distribution of Aquatic biodiversity [J]. Frontiers in Ecology and Evolution，2022.

[12] Ji Qianfeng，Li Kefeng，Wang Yuanming，et al. Effect of floating photovoltaic system on water temperature of deep reservoir and assessment of its potential benefits，a case on xiangjiaba reservoir with hydropower station [J]. renewable energy，2022，195.

[13] Ya Lin，Huifang Guo，Shixia Zhang. Analysis and Study on Rainfall Trend of Jiajiadu Hydropower Station in Taishun County[J]. International Core Journal of Engineering，2022，8(6).

[14] Zhenyue Fu，Geng Liang，Wei Wang. Talking about the Intelligent Development of Hydropower[J]. International Core Journal of Engineering，2022，8(7).

[15] Zhou Y，Tuo Y，Cao D F，et al. Study on Measurement of Penstock Head Loss for Hydropower Station with Multiple Units Per Penstock[J]. IOP Conference Series：Earth and Environmental Science，2022，1037(1).